混凝土细观损伤断裂数值模拟

黄宇劼 张 慧 著

中国建材工业出版社

北 京

图书在版编目（CIP）数据

混凝土细观损伤断裂数值模拟/黄宇劼，张慧著. --北京：中国建材工业出版社，2024.9. -- ISBN 978-7-5160-4253-3

Ⅰ.TU528

中国国家版本馆CIP数据核字第2024F6F114号

内容简介

随着力学理论和计算机技术的发展，针对混凝土细观结构进行数值仿真和分析已经成为传统试验、解析方法和宏观模拟的重要补充，也是研究的热点和难点之一。本书基于作者的研究工作和成果，系统总结了混凝土细观损伤断裂模拟的前沿方法，包括理论基础、算法设计和验证分析，聚焦于混凝土细观结构表征和非线性损伤断裂力学行为，以准确预测裂缝演化和宏观承载力，掌握不确定性传播的多尺度机制。本书涵盖的研究方法具有一定的通用性，可推广应用于复合固体推进剂、金属基复合材料和陶瓷基复合材料等颗粒增强复合材料的损伤断裂分析。

本书可作为从事损伤断裂研究的科研工作者和工程技术人员的参考书，也可作为土木工程材料、计算力学及相关专业研究生的教学用书。

混凝土细观损伤断裂数值模拟
HUNNINGTU XIGUAN SUNSHANG DUANLIE SHUZHI MONI
黄宇劼 张 慧 著

出版发行：中国建材工业出版社
地　　址：北京市西城区白纸坊东街2号院6号楼
邮　　编：100054
经　　销：全国各地新华书店
印　　刷：北京天恒嘉业印刷有限公司
开　　本：787mm×1092mm　1/16
印　　张：13.75
字　　数：300千字
版　　次：2024年9月第1版
印　　次：2024年9月第1次
定　　价：110.00元

本社网址：www.jccbs.com，微信公众号：zgjcgycbs
请选用正版图书，采购、销售盗版图书属违法行为
版权专有，盗版必究。本社法律顾问：北京天驰君泰律师事务所，张杰律师
举报信箱：zhangjie@tiantailaw.com　　举报电话：(010) 63567684
本书如有印装质量问题，由我社事业发展中心负责调换，联系电话：(010) 63567692

序
FOREWORD

自1824年波特兰水泥发明以来，如何准确描述混凝土材料从微观组分到宏观结构的多尺度物理力学性质，掌握材料的开裂机理，并提出有效的增韧控裂方法，一直是国内外学术界和工程界努力的重要方向。混凝土结构普遍存在开裂问题，宏观裂缝不仅会严重缩短结构寿命，还常常成为重大安全事故的根源。为解决这些关键科学问题，国内外同行学者进行了持续不懈的努力，先后取得了大量的研究成果，推动混凝土材料科学不断向前发展。

随着新材料和新结构的迅猛发展，传统的实验方法逐渐难以完全满足现代材料结构研究的需求。新兴技术如数字图像相关、数字体积相关以及CT原位加载实验，使得微观尺度上的损伤与断裂观测和表征变得更加便捷。同时，描述混凝土材料破坏过程的损伤断裂理论模型也取得了新的进展，为混凝土类材料断裂行为的预测提供了有效的途径。此外，以力学和计算机技术为基础的数值模拟方法，不仅能够对比和验证已有的理论与实验结果，还能克服实验的离散性问题，降低成本。除了大量的实验数据外，一些具有可信的数值模拟计算也可积累大量材料破坏过程的数据信息，得以揭示关键参数对材料结构断裂性能的显式或隐式关系。因此，《混凝土细观损伤断裂数值模拟》一书的出版，有助于促进混凝土类准脆性材料及其大体积结构的破坏机理的深入认识。

该书系统总结和深入讨论了混凝土细观结构及损伤断裂的模拟方法。第2章介绍了骨料、砂浆和孔洞等组分的显式模拟，包括顺序算法和并发算法两种随机模拟方法，通过CT实验获取真实细观结构的逆向建模，以及利用物理引擎正向模拟真实骨料浇入堆积、振捣密实的动态浇筑过程，从而高效生成兼具真实性和可控性的混凝土细观模型。在网格划分方面，该书讨论了基于各相边界的非结构化网格生成方法、基于像素和体素的均匀网格生成方法及四叉树网格的渐进划分方法。在第3章和第4章中，作者分别采用以损伤塑性模型为代表的弥散损伤模型和以黏结裂缝模型为代表的离散断裂模型，对混凝土静动力损伤断裂行为进行验证分析和细观机理阐释。第5章介绍了比例边界有限元法相较于传统有限元法的高精度和灵活性，并探讨了其在混凝土细观断裂和均匀化研究中的新颖应用，还介绍了光滑有限元法作为补充方法。第 6 章讲述了随机场模型的特点，突破传统细观模型拘泥于刻画显式结构的局限，从概率层次精细反映材料的随机力学行为。由于相场黏结裂缝模型在理论上能够统一损伤力学与断裂力学，并具备诸多优点，作者将随机场和相场模型结合，深入研究了混凝土构件的多尺度断裂模拟和尺寸效应这两个关键方面。这些内容有助于读者建立混凝土细观模拟的基本思路和理论方法。

该书将作者近年来的研究成果进行了系统的梳理和归纳。内容编排从前处理建模算法设计、损伤断裂理论分析和数值计算，到后处理显示和结果讨论，层层递进，帮助读者快速掌握混凝土细观研究的主要步骤和分析技巧，并解决一些简单的工程问题。尽管书中涉及的模型和方法包含较新的理论知识，但通过简明的图形表达和直接的编程公式叙述，例如第 6 章中的相场模型控制方程和数值格式采用 Voigt 简记，将算符和张量转化为矩阵和向量形式，使读者更易于理解数值实现过程。此外，作者不仅关注混凝土的细观结构和损伤断裂行为，还将研究成果扩展到其他复合材料领域，如第 2 章介绍的并发算法在复合固体推进剂细观结构中的应用。这种跨学科的应用使得本书的研究方法具有一定广泛性，对于推动新型水泥基复合材料的设计与应用、优化材料性能和提高工程结构安全性具有重要意义。

该书的作者黄宇劼和张慧在浙江大学攻读博士学位期间，勤奋刻苦并致力于创新。他们在水泥基复合材料断裂力学方面的研究已有多年，涵盖了微观 CT 原位实验、混凝土/FRC/UHPC 材料的静动力损伤断裂等领域，并在国内外高水平学术刊物上发表了相关成果，受到同行专家的关注和借鉴。目前，作者所在的中北大学被誉为我国"人民兵工第一校"，拥有雄厚的科研和师资力量，在我国科技、教育和国防建设等领域取得了卓越成就。希望作者的研究工作能够充分利用中北大学在军民融合领域的特色和优势资源，持续开展高水平的学术研究，推动团队科研工作的展开和成果的产出，为山西的科学发展作出有益的贡献。

青年学者成长不易，取得了一定成果尤为可喜。藉此书出版之际应约写了几句话，为之序。

中国科学院院士
浙江大学教授
2024 年初秋于浙江大学

前 言
PREFACE

　　混凝土是目前工业与民用结构中最主要的工程材料，广泛应用于各种土木和水利基础设施建设。在外部荷载、温度应力与环境侵蚀等多重因素作用下，混凝土可能在微细观尺度出现不同程度的损伤断裂现象，萌生微裂缝，进而扩展、连通，造成局部破坏甚至宏观结构坍塌，不利于工程结构全生命周期的安全服役。因此，准确地分析和预测混凝土损伤断裂过程并揭示其复杂破坏机理具有十分重要的科学研究意义和工程实践价值。

　　混凝土在宏观结构尺度可被视为均质材料，在细观尺度则是一种随机异质的多相复合材料，由粗骨料、砂浆、界面、孔洞和初始裂缝等组分构成，这些细观组分具有随机的几何形态、尺寸大小和空间分布，决定了损伤产生、应力重分布、微裂缝扩展或闭合以及宏观断裂形态的随机性，也导致宏观应力应变关系的非线性和离散性。以上过程体现了损伤断裂复杂的多尺度作用机理；同时，混凝土内在的异质性使得裂缝尖端前存在非线性断裂过程区，受到微细观损伤起裂、界面脱黏、骨料阻裂、咬合或桥连作用以及裂缝面摩擦等因素的影响，使得混凝土类材料具有准脆性，在宏观上表现出峰后软化行为，伴随有应力重分布、能量耗散和应变/损伤局部化等微细观特征，这也凸显了混凝土细观研究的必要性，有助于在材料结构和性能之间建立耦合关系。

　　随着力学理论和计算机技术的发展，针对混凝土细观结构开展数值仿真分析已成为传统实验、解析方法和宏观模拟的重要补充。同时，采用如 CT 扫描实验等新方法对细观结构进行有效观测和表征，并与前沿的损伤断裂力学模型进行紧密结合，正成为一大研究热点，有望更高效和准确地预测混凝土损伤断裂行为，揭示混凝土在外部荷载、自然环境和内部结构互相作用过程中的基本变化规律，建立关键细观参数和宏观力学性能的定量关联，为混凝土材料组成设计和新材料、新技术、新工艺的研发提供数据基础和技术支撑，并为工程结构的安全性评价提供必要的理论依据。

　　本书主要介绍了混凝土细观损伤断裂模拟方法，围绕理论基础、算法设计和验证分析进行展开，是作者在多年研究成果基础上较系统的总结、提升和探讨。全书共分为六章，分别介绍了混凝土细观模型生成方法、基于连续损伤塑性模型的混凝土细观断裂模拟、基于离散黏结裂缝模型的混凝土细观断裂模拟、基于比例边界有限元法的混凝土细观模拟，以及基于随机场和损伤相场的混凝土多尺度断裂模拟和尺寸效应研究。本书研究方法具有一定的通用性，可以推广应用于复合固体推进剂、金属基复合材料和陶瓷基复合材料等颗粒增强复合材料的损伤断裂分析中。

混凝土细观损伤断裂模拟研究涉及工程材料学、多尺度实验、固体力学、计算力学和数字图像处理等交叉学科，有许多理论和实际应用问题需要进一步研究，由于作者理论水平和学识水平有限，不妥之处在所难免，恳请读者批评指正。在写作过程中，作者参考了国内外许多学者的研究成果，并得到了许多专家和同行友人的帮助和支持，本书的出版得到国家自然科学基金项目（52208296）、山西省基础研究计划项目（202203021212142、202203021212132）、山西省"百亿工程"科技创新支撑项目（1101054611）的支持，在此一并表示诚挚的感谢。

最后，特别感谢中国科学院院士、浙江大学徐世烺教授欣然为本书作序。

黄宇劼　张　慧
2024 年 1 月

目 录
CONTENTS

第1章 绪论 ········· 001

1.1 研究背景 ········· 001
1.2 混凝土损伤断裂数值模拟研究现状 ········· 002
1.3 混凝土细观数值模拟研究现状 ········· 005
1.4 本书内容简介 ········· 008
参考文献 ········· 009

第2章 混凝土细观模型生成方法 ········· 023

2.1 概述 ········· 023
2.2 基于随机生成算法的细观模型 ········· 023
2.3 基于CT图像的细观模型 ········· 035
2.4 基于CT骨料库和动态浇筑的细观模型 ········· 040
2.5 有限元网格生成算法 ········· 045
2.6 本章小结 ········· 049
参考文献 ········· 049

第3章 基于连续损伤塑性模型的混凝土细观断裂模拟 ········· 055

3.1 概述 ········· 055
3.2 混凝土损伤塑性模型 ········· 055
3.3 CT原位实验模拟和验证 ········· 059
3.4 静态单轴压缩和拉伸模拟 ········· 062
3.5 动态压缩破坏特性的蒙特卡洛模拟 ········· 073

3.6 本章小结 090
参考文献 090

第4章 基于离散黏结裂缝模型的混凝土细观断裂模拟 096

4.1 概述 096
4.2 黏结界面单元 096
4.3 单轴拉伸断裂模拟和骨料含量的影响 099
4.4 抗拉强度和断裂能的影响 112
4.5 本章小结 116
参考文献 117

第5章 基于比例边界有限元法的混凝土细观模拟 120

5.1 概述 120
5.2 比例边界有限元法 121
5.3 基于 SBFEM 的细观建模方法 125
5.4 基于 SBFEM-FEM 耦合的线弹性和黏性断裂模拟 134
5.5 基于全 SBFEM 的均匀化蒙特卡洛模拟 144
5.6 本章小结 158
参考文献 159

第6章 基于随机场和损伤相场的混凝土多尺度断裂模拟 164

6.1 概述 164
6.2 随机场模型 165
6.3 相场黏结裂缝模型 166
6.4 基于四叉树和 SBFEM-FEM 耦合的多尺度网格划分 171
6.5 多尺度断裂的蒙特卡洛模拟 174
6.6 混凝土拉伸特性的尺寸效应统计分析 195
6.7 本章小结 205
参考文献 206

第1章

绪　论

1.1 研究背景

混凝土广泛应用于建筑结构、地基、桥梁、大坝、道路、隧道等领域，是基础设施建设中重要的工程材料。作为一种准脆性复合材料，混凝土由粗骨料、水泥砂浆及其界面等多相材料组成，各相材料具有差异较大的物理力学特性和随机的空间分布，使得混凝土在微观、细观等小尺度上呈现随机、非均质、多孔和复杂界面等特点[1-5]，这直接决定了宏观结构的承载力与可靠性。因此，通过实验或数值方法先研究混凝土材料在小尺度上的力学特性，然后采用多尺度模拟方法获得结构宏观力学性能，已成为力学界和工程界的一大热点和难点[6-9]。充分理解混凝土的多尺度特性有利于高强、高韧、抗裂、耐久混凝土的发展，对材料和结构的设计和优化具有重要意义。

混凝土结构设计实践中需要采用较高的经验性安全系数或分项系数，即便如此，工程结构的断裂破坏事故仍然时有发生。设计、施工、管理的人为因素是一方面原因，另一方面也反映了混凝土材料的复杂性。混凝土断裂发生于应变局部区的微裂缝、孔洞等初始缺陷，之后扩展和连通引起宏观裂缝形成、贯穿，导致混凝土破坏，传统结构设计中依赖的经验系数和传统强度理论（例如许用应力）无法准确地反映上述物理机理的多尺度性质。因此，对混凝土材料在微观、细观尺度下力学特性的随机性和非均质性的深入研究，对其导致的结构宏观尺度整体性、安全性和可靠性开展探讨，具有很强的理论意义和工程应用价值。

实验是研究混凝土力学特性最基本的方法，但其场地要求、设备条件、试件制备等方面存在诸多限制，时间和经济成本较高，所得结果往往具有一定的局限性和离散性。另一方面，混凝土的损伤断裂机理非常复杂，目前只有少数简单的问题有理论解析解。随着计算机硬件和软件的发展，对混凝土进行数值模拟已成为一种重要的研究方法[10,11]，能够精确地模拟加载条件、高效地进行大量样本的数值模拟、形象地后处理显示损伤破坏过程、多角度地分析计算结果，这为传统实验和理论方法提供了非常重要的补充。特别是对于考虑微观、细观尺度和随机动力作用的复杂非线性损伤断裂问题，数值模拟已经成为不可或缺的研究方法[12]。

1.2 混凝土损伤断裂数值模拟研究现状

1.2.1 力学理论模型

断裂力学作为固体力学的重要组成部分，主要研究裂缝扩展的规律以及带裂缝固体结构的力学特性。继 Neville[13]于 1959 年首次将 Griffith 断裂理论应用于混凝土，Kaplan[14]于 1961 年采用线弹性断裂力学分析了混凝土断裂韧度实验结果，从此混凝土断裂力学研究逐步展开。时至今日，以理论分析和实验研究为基础，采用数值模拟来预测和验证力学响应规律、裂缝演化过程成为混凝土损伤断裂研究的最有效方法[15]，目前数值模型主要分为离散裂缝模型（discrete crack models）和弥散裂缝模型（smeared crack models）两大类[16]。

离散裂缝模型由 Ngo 和 Scordelis[17]于 1967 年提出，可以显式地模拟主裂缝的起裂与扩展。此类模型能够直观反映裂缝几何实体，直接描述裂缝处的强间断或非连续性，这符合裂缝的物理特征，并能够量化裂缝宽度。在离散裂缝模型中，裂缝一般定义在单元的边界，能够在开裂过程实施网格重划分来解决网格依赖性问题[18-21]。但网格重划分需要保持几何拓扑的连续性，同时进行位移、力场等状态变量的映射，因此算法较为复杂。另外，对近距分布的多裂缝扩展进行网格自动重划分也是一大难点[22]。

在具体模拟裂缝扩展方面，离散裂缝模型又可细分为线弹性断裂力学模型（linear elastic fracture mechanics，LEFM）和非线性断裂力学模型（nonlinear fracture mechanics，NFM）。LEFM 假设裂缝两边完全分离，只在裂尖处存在应力传递，通过计算裂尖应力强度因子来判断裂缝的扩展方向，而 NFM 假设裂缝两边仍可传递应力。然而 LEFM 不能描述混凝土断裂过程区（fracture process zone，FPZ）能量耗散现象，更适用于 FPZ 相对于结构尺寸可以忽略的情况，例如大坝等大体积混凝土结构[23]。NFM 能够模拟 FPZ 中的能量耗散，不需要求解裂尖应力强度因子，因而具有更广泛的应用，例如 Hillerborg[24]提出的虚拟裂缝模型（fictitious crack model），作为一种典型的 NFM 已大量应用于混凝土结构的断裂模拟研究，此模型也称为黏结裂缝模型（cohesive crack model）。该模型假设裂缝两边存在黏结力，而且随着裂缝张开或错动而逐渐减小，通过该应变软化过程来描述能量的耗散。一般通过插设零厚度的黏结界面单元（cohesive interface element）来模拟裂缝起裂、扩展或闭合，既可以将黏结界面单元预先插设到目标区域的网格中[25-27]，也可以采用随裂缝扩展而动态插设的方法[28-30]，因此不需要进行网格重划分，同时也具有较弱的网格敏感性[31]，但黏结界面单元的应变软化会使整体刚度矩阵出现奇异，在计算中容易造成收敛困难。

弥散裂缝模型由 Rashid[32]于 1968 年提出，认为受混凝土细观非均质性以及钢筋、纤维等的影响，先有小裂缝弥散地分布在模型中而后才形成主裂缝。此类模型将开裂混凝土当作连续介质，通过赋予一定的本构关系来表征开裂引起的刚度和强度的劣化过程。但此类模型存在应变局部化问题，使得单元尺寸趋近于零时裂缝扩展中的能量耗散也趋于零，因此会有一定的网格依赖性。为此，Bažant[33]提出了一种裂缝带模型，成功限制了局部化程度。Bažant和Planas[34]研究发现，当裂缝带模型中开裂宽度取为开裂应变在裂缝带宽度上的积分时，弥散裂缝模型与离散裂缝模型可获得相同的结果。

弥散裂缝模型通常在单元积分点引入损伤变量对应力和刚度进行调整，从而有效地描述开裂过程中的应变软化行为，并且只需控制开裂单元的本构关系而保持网格不变，便于计算机编程实现，因此在混凝土结构（包括素混凝土、纤维混凝土等）的断裂模拟中广泛使用[16]，并被大多数通用有限元软件采用。目前，弥散裂缝模型的本构关系较多，例如在加载过程中考虑最大主应力方向不断变化的旋转裂缝模型、考虑动力效应的混凝土损伤力学模型、考虑塑性变形的损伤塑性模型等[35,36]。需要注意的是，弥散裂缝模型建立在连续介质力学的基础上，用于描述本质上是非连续或强间断的断裂问题，因此不能定量预测裂缝宽度，也不能描述已经完全脱开的宏观裂缝。另外，当局部化发生时，传统弥散裂缝模型的控制方程往往不再具有椭圆性，尚存在网格依赖性和应力闭锁等问题。因此，有学者提出了积分型[37,38]或梯度增强型[39,40]改进的非局部损伤模型，但仍存在一些问题，如无法保证边值问题的适定性，尺度参数的物理意义不明确而且对模拟结果有较大影响，能量持续从损伤区传递到周围卸载区从而导致裂缝带的失真弥散等。Poh等[41,42]提出了局部化梯度损伤模型（localizing gradient damage model，LGDM），其附加微力平衡方程包含了非定常且与损伤负相关的微裂缝相互作用函数，能够避免在软化阶段出现虚假的能量作用和裂缝带过宽等问题，从而更准确地描述断裂局部化的过程机制。

吴建营[43-45]提出了同时适用于脆性和准脆性材料破坏的统一相场理论（unified phase field theory），结合黏结裂缝模型发展了相场黏结裂缝模型（phase field-regularized cohesive zone model，PFCZM）。该模型兼具梯度损伤模型弥散化的裂缝描述方法和黏结裂缝模型的软化特征，突破了传统脆性相场模型[46-48]无法描述断裂过程区非线性能量耗散的局限，给出了裂缝几何函数和能量衰减函数的通用表达式，对物理裂缝的拓扑进行了规范化处理，进而在热力学框架下通过变分原理构建固（位移）-相场（损伤）耦合的控制方程。该模型无须额外的裂缝描述和路径追踪准则，仅通过求解节点的损伤相场变量来自动追踪裂缝演化过程，因此无须对混凝土多裂缝问题做特殊处理，也无须预设起裂位置，能够在不改变网格的情况下自动预测多裂缝起裂、扩展、交会、分叉等复杂现象。此外，该模型能够使高度损伤区域的裂缝相场驱动力减小，从而避免损伤带的过度弥散。根据统一相场理论，当相场长度尺度（length scale）趋于零时，相场黏结裂缝模型能等效为离散黏结裂缝模型，因此一般需要较小的尺度参数和单元来适应有限带宽内的损伤梯度，但能够保证模拟结果对尺度参数不敏感[49]，这也优于其他相场模型。

以上两类裂缝模型主要从数值模拟的角度出发，另外还有一些基于实验的裂缝模型，如双参数模型[50]、尺寸效应模型[51]、等效裂缝模型[52]以及双K断裂模型[2,53]等。双K断裂模型是我国学者徐世烺于20世纪80年代提出的：国内外大量的实验研究已表明，混凝土的断裂过程分为裂缝的起裂、稳定扩展和失稳扩展三个阶段，使用传统的单参数判据，如临界应力强度因子 K、临界能量释放率 G、J 积分来分析混凝土结构，特别是严格控制缝产生的结构如高坝、输水结构、大型储蓄罐等的裂缝发展显然是不够的，而已有的名义上采用双参数的模型均关注失稳时刻[50-52]，忽视了混凝土类准脆性材料的断裂并不像脆性材料那么突然，在失稳破坏前还要经过线弹性到非线性稳定扩展的过程，即裂缝起裂到稳定扩展。因此，徐世烺紧密结合混凝土断裂的实验现象，从线弹性断裂力学出发，考虑了 FPZ 中的黏结力作用，以应力强度因子为参量提出了描述混凝土断裂的双 K 断裂模型，除了使用失稳断裂韧度这一参数来控制裂缝的临界失稳外，还引入了一个新的概念即起裂断裂韧度作为裂缝起裂的控制参数，并创立了双 K 断裂判据，同时也考虑了其他模型忽略的塑性变形的影响。该模型的物理意义明确，使用的实验技术方法简易可行，因此获得了国内外许多知名学者的广泛应用和正面高度评价，在 2005 年被确定为我国首部混凝土断裂试验规程《水工混凝土断裂韧度试验规程》制定的理论依据，2021 年国际材料与结构研究实验联合会（RILEM）TDK 技术委员会以双 K 断裂理论为理论依据制定了国际标准《确定混凝土裂缝扩展双 K 断裂准则的实验方法》[54,55]。

1.2.2 数值计算方法

前述混凝土损伤断裂理论模型一般通过传统有限元法（finite element method，FEM）来建立数值格式。其他数值方法，如边界元法（boundary finite element method，BEM）、无网格法（meshless method）、扩展有限元法（extended finite element method，XFEM）、比例边界有限元法（scaled boundary finite element method，SBFEM）等也可用于混凝土损伤断裂模拟。

BEM 由 Jaswon[56]提出用于求解位势问题，该方法将数值解与基本解相结合，只需离散边界变量从而降低了问题的维度。该方法适用于边界变量有较大梯度变化的情况，而且只在边界上及裂缝表面布置节点，因而在断裂问题中应用广泛[57]。BEM 所用微分算子一般可满足无限远的条件，因此也较适合模拟无限域与半无限域问题[58]。但该方法需要微分算子的解析基本解，限制了其应用范围。

Nayroles[59]于 1992 年提出无网格法，通过求解域中一些离散点来拟合场函数，可以彻底或部分消除网格，但需要引入插值域和背景积分域的大小等相关参数。进行断裂模拟时，只需在裂尖布点而无需单元信息，即可追踪裂缝扩展，并且不存在网格重划分问题，求解效率高[60]，但在精度和稳定性上相对不足。

XFEM 由 Belytschko 等[61-64]于 1999 年提出，其前身是 Benzley[65]于 1974 年提出的增强有限元模型（enriched finite element model）。该方法通过单位分解法（partition of unity method）对裂缝所在单元的位移作增强（enrichment）处理，通过 Heaviside 阶跃函数来描述裂缝造成的位移场不连续性，即通过普通节点的增强自由度来描述裂缝位移跳跃，同时引入裂尖增强函数来量化裂尖渐进位移场。裂缝处的本构行为一般采用基于断裂能的黏结裂缝模型来描述。此外，XFEM 利用水平集（level set）理论确定裂缝位置、追踪裂缝路径，使裂缝与网格无关，因此避免了网格重划分。XFEM 可用于模拟复合材料，采用水平集间接或隐式地描述孔洞、夹杂和界面[64,66]。吴建营等[67]提出的扩展内嵌裂缝有限元法（extended embedded crack finite element method，EFEM）也能够在单元内部有效地模拟强间断，与XFEM的区别在于，EFEM是在单元层次直接考虑裂缝引起的位移不连续，并将裂缝处的牵引力连续条件作为求解附加未知量的补充方程。研究表明[68]，该补充方程严格满足力平衡条件，因此在混凝土裂缝扩展分析中往往具有更高的粗网格精度。

SBFEM是由Wolf和Song[69-71]提出的一种新颖的半解析数值方法；SBFEM类似于BEM只需离散边界，从而将问题的维度降低了一维，提高了网格（重）划分的灵活性，但不像BEM需要基本解与奇异积分[72]。同时，SBFEM位移和应力场半解析的特性也使其在同等自由度情况下的精度高于其他数值方法，位移解和应力解均可表达为矩阵幂函数形式，利于编程实现。SBFEM对于求解无限域问题[73,74]和应力奇异性问题[75]具有明显优势，后者只需要将SBFEM子域的相似中心置于裂尖，就能够从位移场或应力场直接求出应力强度因子，无须用XFEM位移增强处理来考虑裂缝不连续性与裂尖奇异性。发展至今，SBFEM已成功应用于求解线弹性和非线性裂缝扩展问题[23,76-78]、线弹性动力学问题[79-81]、弹塑性问题[82]、流场问题[83,84]以及地震中土与地基相互作用[85,86]等问题。近年来，由于多边形或多面体SBFEM具有很强的灵活性[87-89]，众多学者将其与四叉树或八叉树网格划分技术结合来求解二维或三维断裂问题[90-93]。值得注意的是，多边形SBFEM不同于多边形有限元法（polygonal FEM）[94]，后者使用非多项式的位移插值函数，造成数值积分困难。虽然多边形FEM可以通过Schwarz-Christoffel映射方法提高求解精度[95]，但多边形SBFEM因其半解析特性而更加精确有效[96]。多边形SBFEM也被拓展用于非均匀有理B样条等几何分析（NURBS isogeometric analysis）[97]和XFEM[98]等多种数值方法耦合研究中。SBFEM也被拓展用于多孔电磁弹性材料等效参数的均匀化研究[99]，但在细观混凝土模拟研究中尚不多见。

1.3 混凝土细观数值模拟研究现状

1.3.1 混凝土细观模拟方法

混凝土具有显著的多尺度特性，一般分为微观尺度（10^{-4} m以下）、细观尺度（$10^{-4} \sim 10^{-1}$ m）与宏观尺度（$10^{-1} \sim 10^{3}$ m）[5]。在微观尺度上，混凝土由水泥水化物构成，可借助扫描电镜或电子显微镜进行观察，这个尺度是水泥化学研究领域；在细观尺度上，混凝土具有随机分布的细观结构，由骨料、砂浆、界面过渡区、孔洞和微裂缝构成，使得混凝土呈现出非均质、各向异性的物理和力学性质；在宏观尺度上，混凝土一般作为均质材料用于工程结构设计中。目前，混凝土材料力学特性的模拟研究主要从宏观和细观两个尺度进行，宏观尺度的物理力学性能实质是细观组成结构的体现[100-102]。

传统的混凝土模型假设混凝土为均质的各向同性材料，这实际上是一种宏观模型。

这样的宏观均质模型无法反映细观组分的空间分布随机性,难以描述细观非均质性引起的混凝土材料损伤与应力集中导致的局部破坏现象,因而无法可靠地预测材料的力学响应以及裂缝扩展规律[27]。因此,进行细观混凝土的模拟研究对于深入理解混凝土的损伤断裂机理具有十分重要的意义,有利于准确认识混凝土复杂的损伤演化过程,也有助于建立混凝土的细观组成与宏观力学性能之间的跨尺度关联[103,104]。与宏观均质模拟相比,细观计算模拟更具挑战:一方面需要模拟复杂的细观各相材料及其相互作用,另一方面需要求解大规模非线性方程,准确地模拟损伤断裂中的材料软化现象。

在混凝土细观研究中,通常需要直接建立多相材料(粗骨料、砂浆、孔洞、界面)的唯象模型,描述细观尺度上随机分布的结构。各相的几何形态与空间分布均由算法随机产生,进行参数化控制,所生成的混凝土细观模型也称为随机骨料模型(random aggregate model)[105-120]。此类模型中,以骨料为代表的细观结构的几何特征需要做适当简化,以方便生成与投放,圆形、椭圆和凸多边形较为常见。采用随机骨料模型,杜成斌等[111]、彭一江等[112]、党发宁等[113]、马怀发等[114]、Leite 等[115]、Wriggers 等[116]、Wang 等[117]对混凝土的损伤断裂、均匀化以及尺寸效应等问题进行了研究。杜修力和金浏等[5,118,119]建立了具有不同骨料形态的二维和三维模型,采用 XFEM 和损伤模型研究了细观结构对混凝土静动态破坏过程、宏观承载力和尺寸效应等的影响。Song 等[120]建立了含多边形骨料的细观模型,表明细观结构非均质性对动态抗压强度的增益作用随应变率的提高而愈发显著。陈胜宏等[121,122]建立了球体、椭球、凸多面体随机骨料模型,用于研究混凝土的损伤破坏和抗渗透耐久性能。还有一种非直接的细观模拟方法,采用满足高斯或非高斯分布的随机场(random field)[26,27,123-126]描述材料属性如弹性模量、抗拉强度及断裂能等的空间随机分布,间接地模拟混凝土细观结构异质性。随机场需要满足一定的统计量,如均值、方差和多点相关函数等[9]。Grassl 和 Bažant[127]用随机场描述抗拉强度和断裂能,并采用格构模型(lattice model)分析了四点弯曲梁的尺寸效应。由于随机场的点阵网格与数值方法所用网格彼此独立,不同的随机场可以方便地映射到同一套网格的积分点上,这使大量随机样本的生成十分直接和高效。

然而,上述方法建立的模型中,细观结构与随机场的相关函数和基本参数大多基于假设,往往与实际的混凝土内部结构不相符;模拟结果也只能通过如荷载-位移曲线和表面裂缝分布等的宏观实验结果来间接验证,所预测的损伤断裂过程也不能被直接验证。此外,上述细观研究大多采用二维模型,难以预测实际中非平面的三维断裂现象,而有限的三维损伤断裂研究报道大多采用凸多面体或球形骨料进行模型简化,因此所得结果的准确性和代表性有待进一步探讨。

基于高分辨率数字图像的数值模型有望为以上问题提供一种有效的解决思路。例如,采用数码相机或显微镜等成像设备[128-130]可以获取更加准确的细观结构,使用这些图像可以生成更加逼真的细观模型,但大多数仍局限于二维模型。近年来,X 射线计算断层扫描(computed tomography,CT)技术因其高精度、无损性、多尺度的三维扫描和分析性能,被广泛应用于材料内部结构的观测或检测,如地质材料(岩石、泥土、化石等)[131]、金属与合金[132-134]、多孔材料[135]、牙科复合材料[136]、沥青混合料[137,138]、水泥砂浆[139,140]以及混凝土[141-147]。然而，采用三维CT图像生成能重现真实内部结构的数值模型进而研究材料的力学特性，这方面的研究仍较为少见，如骨小梁[148]、金属基复合材料[149]、碳复合材料[150]、泡沫材料[151]、纤维混凝土[152]等，这些数值模型主要用于开展线弹性应力分析，或者基于均匀化方法来计算等效弹性参数。对CT图像获得的细观结构进行非线性断裂研究更为少见，如Mostafavi等[153]对多粒石墨开裂及断裂过程区开展了研究；Sharma等[154]研究了碳复合材料的界面损伤问题；Ren等[155]开展了混凝土二维黏性断裂模拟和参数化分析；Man和van Mier[156,157]建立了格构模型，研究了混凝土三点弯曲梁的尺寸效应；Li等[158]建立了界面单元来模拟混凝土圆柱的单轴拉伸破坏。由于混凝土细观结构具有高度复杂的随机异质性，基于CT图像进行非线性损伤断裂模拟，目前仍是研究一大热点和难点[159-161]。

传统CT实验大多限于无荷载状态下或破坏后的试件内部结构的几何表征或损伤断裂位置的定性描述。在加载的同时进行高精度扫描，即CT原位加载实验，能够将材料内部结构、损伤断裂和外部加载的时空演变过程联系起来，因此也称为4D扫描，受到越来越多的关注。陈厚群等[162]使用医用CT对单轴压缩下直径为60mm的混凝土圆柱进行分层扫描，在七个断面上获得了裂缝发展的全过程CT图像，体素分辨率为$0.35\text{mm}\times0.35\text{mm}\times1\text{mm}$。Yang等[163]采用工业CT开展了40mm混凝土方块的CT原位劈拉实验，获得了内部裂缝起裂与扩展全过程的三维图像，体素分辨率为$37.2\ \mu\text{m}$。CT原位实验的另一个优势是能够对基于图像的数值模型的多尺度破坏全过程进行高精度的直接验证，但目前对这个领域的研究刚刚起步。Asahina等[164]开展了圆柱混凝土的CT原位劈拉实验，建立了基于图像的格构模型，预测的承载力和裂缝分布与CT实验吻合良好，初步验证了模拟结果。该混凝土圆柱直径仅为5mm，且采用直径为0.5mm的玻璃珠作为骨料，骨料体积含量仅为7.8%。

1.3.2 细观结构网格划分算法

以传统FEM为代表的数值方法需要将计算域进行单元离散，所划分网格的质量与计算精度密切相关。对于均质结构，一般可基于通用软件如ABAQUS、ANSYS、HyperMesh等的自动算法，采用结构化（structured）或非结构化（unstructured）的FEM三角形或四面体、四边形或六面体等单元形式进行二维或三维网格划分。然而，对于细观模型，各相组分具有复杂的几何形状和界面，增加了网格划分的难度。本节以基于图像真实细观结构的网格划分作为讨论的重点。

通过如CT、显微镜、核磁共振成像（nuclear magnetic resonance imaging）与超声成像（ultrasound imaging）等数字成像技术获取高分辨率的图像，用于观察物体内部的几何信息与材料分布情况，是目前材料研究领域的一大热点。这些图像由具有一定灰度值的二维像素（pixel）或三维体素（voxel）组成，可以转化为合适的网格以建立数值模型，该方法称为基于图像的建模方法（image-based modelling）[155,165-172]。通过数字成像技术获得原始图像，在建模之前一般需要先进行图像处理（image processing）与材料分割（segmentation）以分离出各相材料，然后划分网格来进行有限元模拟与分析[165,173,174]。本节主要介绍基于图像的网格划分方法。

基于图像的网格划分方法主要有三类：第一类方法在网格划分之前需要定义各相的边界；第二类方法直接基于图像的像素正方形或体素正六面体建立网格；第三类方法则基于像素或体素网格建立四叉树或八叉树结构。

第一类网格划分方法基于各相边界，由 Lorensen 和 Cline 提出的二维的 Marching Square（MS）以及三维的 Marching Cubes（MC）算法[175,176]广泛用于边界识别。以三维为例，这种算法基于体素的均匀立方体网格（grid）生成等值曲面（iso-surfaces），从而实现体素网格的光滑化以逼近曲面状的原始边界。参考文献［171］介绍了一种改进的 MC 算法以解决特殊情况下网格奇异及不协调问题。在各相边界的识别后，有两种网格生成方法：一种是让网格与边界协调，便于开展传统有限元模拟，这种方法需要将边界曲面进行三角化（triangulation）离散，然后采用较为灵活的四面体单元进行整体非结构化网格划分[177]，而基于六面体单元的网格划分方法则不如四面体单元容易自动化[178]；另一种网格生成方法无须与边界保持协调一致，一般使用 XFEM 的水平集来隐式描述边界与各相材料[167]，虽然网格划分相对简单，但数值积分与单元刚度矩阵的计算更为繁琐耗时。

第二类网格划分方法则直接基于图像的像素或体素建立均匀的网格，思路简单且便于自动化。基于体素的 FEM 最先由 Keyak 等[168]于 1990 年提出，它将每个体素直接作为正六面体八节点等参数单元。产生的与分辨率相对应的单元和节点数量往往较大，同时存在阶梯状的边界。研究[167,169,170]表明，虽然这些阶梯状边界会在局部小单元引起应力集中，但整体平均应力与按光滑曲面边界划分网格的方法基本一致。随后发展的一种称为体积（volumetric）MC 的算法[179]，在大部分区域采用正六面体的体素单元进行网格划分，仅在边界上利用 MC 生成等值面对体素单元加以剪切而实现光滑化。

近年来，基于像素或体素网格建立四叉树（quadtree）或八叉树（octree）网格结构的划分方法引起关注，这种方法可以实现不同尺寸单元（cell）的有效过渡，显著减少了所需的单元数量。然而，这种网格用于 FEM 或 XFEM 时，会使相邻的不同尺寸单元上出现悬节点（hanging node）导致位移不协调，需要对单元进行剖分或构造特殊的形函数进行处理[180]，因此较为复杂。此外，传统 FEM 常在各相分界附近产生很密的网格，增加了模型的计算成本。Saputra 等[181]和 Ankit 等[93]使用 SBFEM 基于四叉树或八叉树网格对图像进行线弹性和非线性分析，将每个四叉树或八叉树单元直接当作一个 SBFEM 多边形或多面体单元，这种思路更加简单直接，而且不存在悬节点问题。

1.4 本书内容简介

目前混凝土材料和结构的研究仍多以实验为主，需要浇筑试件并进行力学试验来验证材料组分设计的正确性，导致研究周期较长、成本较高，并且实验具有一定的离散性，往往需要对结果进行经验修正，再用于评估工程结构的安全性。这种依赖于试验和经验修正的材料设计理念和研究方法已难以满足现今水泥基复合材料的发展需求。一方面，随着力学理论、计算机技术和数字化技术的快速发展，开展混凝土损伤断裂数值模拟已成为传统材料设计方法向模拟仿真和计算优化转变的重要途径。另一方面，通过计算机数值模拟获得的大量数据可以用来高效对比和验证已有理论和试验结果，一些微细观物理力学量可能是无法或难以在试验中测量的，而通过数值模拟方法则能够被精细和准确地计算出来，从而为建立微细观和宏观尺度的结构和性能之间的关系提供实现手段，有助于新型水泥基复合材料的设计。

本书将详细地阐述混凝土细观损伤断裂数值模拟的一般思路和具体流程，重点讨论不同方法的特点和适用情形。书中的大部分内容集中体现了作者近些年来在该领域的主要研究成果，聚焦混凝土细观结构表征和非线性损伤断裂力学行为，以获得对混凝土裂缝演化和宏观承载力的准确预测，掌握不确定性传播的多尺度机理。本书的第 2 章介绍了混凝土细观结构的建模方法，包括随机假设模型、基于 CT 图像的真实模型以及基于 CT 骨料库和动态浇筑的混合模型，探讨了各类模型和有限元网格划分方法的优缺点，为后面章节提供基础。第 3~6 章将损伤断裂力学理论和典型算例结合，详细介绍了连续损伤模型、离散黏结裂缝模型、比例边界有限元法的特点和在混凝土细观分析中的应用方法，其中第 6 章还介绍了随机场模型、相场黏结裂缝模型和多尺度模拟的基本理论和数值实现方法，探讨了如何在结构构件损伤断裂和尺寸效应研究中考虑细观异质性。本书内容也适用于其他颗粒增强复合材料如复合固体推进剂、金属基复材和陶瓷基复材等方面的研究，可为新型材料结构的发展提供借鉴作用。

参考文献

[1] 冯西桥，余寿文．准脆性材料细观损伤力学［M］．北京：高等教育出版社，2002．

[2] 徐世烺．混凝土断裂力学［M］．北京：科学出版社，2011．

[3] 徐世烺，李庆华．超高韧性水泥基复合材料在高性能建筑结构中的基本应用［M］．北京：科学出版社，2011．

[4] 张楚汉，唐欣薇，周元德，等．混凝土细观力学研究进展综述［J］．水力发电学报，2015，34（12）：1-18．

[5] 杜修力，金浏．混凝土细观分析方法与应用［M］．北京：科学出版社，2020．

[6] 方秦，吴昊，孔祥振．冲击爆炸荷载作用下的超高性能水泥基材料（英文版）［M］．北京：科学出版社，2021．

[7] 李杰，吴建营，陈建兵．混凝土随机损伤力学［M］．北京：科学出版社，2014．

[8] 丁发兴，吴霞，余志武．工程材料损伤比强度理论［M］．北京：科学出版社，2022．

[9] XU X F. Multiscale theory of composites and random media［M］．Boca Raton, FL:

CRC press, 2018.

[10] 杜修力, 金浏, 李冬. 混凝土与混凝土结构尺寸效应述评（Ⅰ）：材料层次 [J]. 土木工程学报, 2017, 50 (9): 28-45.

[11] 杜修力, 金浏, 李冬. 混凝土与混凝土结构尺寸效应述评（Ⅱ）：构件层次 [J]. 土木工程学报, 2017, 50 (11): 24-44.

[12] 李杰, 任晓丹. 混凝土静力与动力损伤本构模型研究进展述评 [J]. 力学进展, 2010, 40 (3): 284-297.

[13] NEVILLE A M. Some aspects of the strength of concrete [J]. Civil engineering, 1959, 54: 1153-1156.

[14] KAPLAN M F. Crack propagation and the fracture of concrete [J]. Journal of the American concrete institute, 1961, 58 (5): 591-610.

[15] 李庆斌. 混凝土断裂损伤力学 [M]. 北京：科学出版社, 2017.

[16] CHEN G M, CHEN J F, TENG J G. On the finite element modelling of RC beams shear-strengthened with FRP [J]. Construction and building materials, 2012, 32: 13-26.

[17] NGO D, SCORDELIS A C. Finite element analysis of reinforced concrete beams [J]. ACI journal proceedings, 1967, 64 (3): 152-163.

[18] BOCCA P, CARPINTERI A, VALENTE S. Mixed mode fracture of concrete [J]. International journal of solids and structures, 1991, 27 (9): 1139-1153.

[19] YANG Z J, CHEN J F, PROVERBS D. Finite element modelling of concrete cover separation failure in FRP plated RC beams [J]. Construction and building materials, 2003, 17 (1): 3-13.

[20] YANG Z J, CHEN J F. Fully automatic modelling of cohesive discrete crack propagation in concrete beams using local arc-length methods [J]. International journal of solids and structures, 2004, 41 (3): 801-826.

[21] YANG Z J, CHEN J F. Finite element modelling of multiple cohesive discrete crack propagation in reinforced concrete beams [J]. Engineering fracture mechanics, 2005, 72 (14): 2280-2297.

[22] BORST R D, REMMERS J J, NEEDLEMAN A, et al. Discrete vs smeared crack models for concrete fracture: bridging the gap [J]. International journal for numerical and analytical methods in geomechanics, 2004, 28 (7/8): 583-607.

[23] YANG Z J, DEEKS A J. Fully-automatic modelling of cohesive crack growth using a finite element-scaled boundary finite element coupled method [J]. Engineering fracture mechanics, 2007, 74 (16): 2547-2573.

[24] HILLERBORG A, MODEER M, PETERSSON P E. Analysis of crack formulation and crack growth in concrete by means of fracture mechanics and finite elements [J]. Cement and concrete research, 1976, 6: 773-782.

[25] XU X P, NEEDLEMAN A. Numerical simulations of fast crack-growth in brittle solids [J]. Journal of the mechanics and physics of solids, 1994, 42 (9): 1397-1434.

[26] YANG Z J, SU X T, CHEN J F, et al. Monte Carlo simulation of complex cohesive fracture in random heterogeneous quasi-brittle materials [J]. International journal of solids and structures, 2009, 46 (17): 3222-3234.

[27] SU X T, YANG Z J, LIU G H. Monte Carlo simulation of complex cohesive fracture in random heterogeneous quasi-brittle materials: A 3D study [J]. International journal of solids and structures, 2010, 47: 2336-2345.

[28] RUIZ G, PANDOLFI A, ORTIZ M. Three-dimensional cohesive modeling of dynamic mixed-mode fracture [J]. International journal for numerical methods in engineering, 2001, 52 (1/2): 97-120.

[29] YU R C, RUIZ G. Explicit finite element modeling of static crack propagation in reinforced concrete [J]. International journal of fracture, 2006, 141 (3/4): 357-372.

[30] YU R C, ZHANG X, RUIZ G. Cohesive modeling of dynamic fracture in reinforced concrete [J]. Computers and concrete 2008, 5 (4): 389-400.

[31] XIE M, GERSTLE W H. Energy-based cohesive crack propagation modeling [J]. Journal of engineering mechanics, 1995, 121 (12): 1349-1358.

[32] RASHID Y R. Analysis of prestressed concrete pressure vessels [J]. Nuclear engineering and design, 1968, 7: 334-344.

[33] BAŽANT Z P, OH B H. Crack band theory for fracture of concrete [J]. Materials and structures, 1983, 16 (3): 155-177.

[34] BAŽANT Z P, PLANAS J. Fracture and size effect in concrete and other quasibrittle materials [M]. Leiden: CRC press, 1997.

[35] DE BORST R. Some recent developments in computational modelling of concrete fracture [J]. International journal of fracture, 1997, 86: 5-36.

[36] 苏项庭. 基于黏结裂缝模型的非均匀准脆性材料断裂模拟研究 [D]. 杭州: 浙江大学, 2011.

[37] PIJAUDIER-CABOT G, BAŽANT Z P. Nonlocal damage theory [J]. Journal of engineering mechanics, 1987, 113 (10): 1512-1533.

[38] ZHANG Z H, LIU Y, DISSANAYAKE D D, et al. Nonlocal damage modelling by the scaled boundary finite element method [J]. Engineering analysis with boundary elements, 2019, 99: 29-45.

[39] PEERLINGS R H J, DE BORST R, BREKELMANS W A M, et al. Gradient enhanced damage for quasi-brittle materials [J]. International journal for numerical methods in engineering, 1996, 39 (19): 3391-3403.

[40] SIMONE A, ASKES H, SLUYS L J. Incorrect initiation and propagation of fail-

ure in non-local and gradient-enhanced media [J]. International journal of solids and structures, 2004, 41 (2): 351-363.

[41] POH L H, SUN G. Localizing gradient damage model with decreasing interactions [J]. International journal for numerical methods in engineering, 2017, 110 (6): 503-522.

[42] HUANG Y J, ZHANG H, ZHOU J J, et al. Efficient quasi-brittle fracture simulations of concrete at mesoscale using micro CT images and a localizing gradient damage model [J]. Computer methods in applied mechanics and engineering, 2022, 400: 115559.

[43] WU J Y. A unified phase-field theory for the mechanics of damage and quasi-brittle failure [J]. Journal of the mechanics and physics of solids, 2017, 103: 72-99.

[44] WU J Y. A geometrically regularized gradient-damage model with energetic equivalence [J]. Computer methods in applied mechanics and engineering, 2018, 328: 612-637.

[45] 吴建营. 固体结构损伤破坏统一相场理论、算法和应用 [J]. 力学学报, 2021, 53 (2): 301-329.

[46] FRANCFORT G A, MARIGO J J. Revisiting brittle fracture as an energy minimization problem [J]. Journal of the mechanics and physics of solids, 1998, 46 (8): 1319-1342.

[47] BOURDIN B, FRANCFORT G A, MARIGO J J. Numerical experiments in revisited brittle fracture [J]. Journal of the mechanics and physics of solids, 2000, 48 (4): 797-826.

[48] MIEHE C, WELSCHINGER F, HOFACKER M. Thermodynamically consistent phase-field models of fracture: variational principles and multi-field FE implementations [J]. International journal for numerical methods in engineering, 2010, 83 (10): 1273-1311.

[49] WU J Y, NGUYEN V P. A length scale insensitive phase-field damage model for brittle fracture [J]. Journal of the mechanics and physics of solids, 2018, 119: 20-42.

[50] JENQ Y S, SHAH S P. A Fracture-toughness criterion for concrete [J]. Engineering fracture mechanics, 1985, 21 (5): 1055-1069.

[51] BAŽANT Z P. Size effect in blunt fracture: concrete, rock, metal [J]. Journal of engineering mechanics, 1984, 110 (4): 518-535.

[52] KARIHALOO B L, NALLATHAMBI P. An improved effective crack model for the determination of fracture-toughness of concrete [J]. Cement and concrete Research, 1989, 19 (4): 603-610.

[53] 徐世烺, 赵国藩. 混凝土结构裂缝扩展的双K断裂准则 [J]. 土木工程学报, 1992, 25 (2): 32-38.

[54] XU S L, LI Q, WU Y, et al. RILEM Standard: testing methods for determination of the double-K criterion for crack propagation in concrete using wedge-splitting tests and three-point bending beam tests, recommendation of RILEM TC265-TDK [J]. Materials and structures, 2021, 54: 1-11.

[55] WU Y, XU S L, LI Q H, et al. Occurrence condition for steady crack propagation in quasi-brittle fracture and its application in determining initial fracture toughness [J]. International journal of solids and structures, 2023, 264: 112094.

[56] JASWON M A. Integral equation methods in potential theory: I [J]. Proceedings of the royal society of London, Series A mathematical and physical sciences, 1963, 275 (1360): 23-32.

[57] ALIABADI M H. Boundary element formulations in fracture mechanics [J]. Applied mechanics reviews, 1997, 50: 83-96.

[58] ZHANG C H, SONG C M, PEKAU O A. Infinite boundary elements for dynamic problems of 3-D half space [J]. International journal for numerical methods in engineering, 1991, 31 (3): 447-462.

[59] NAYROLES B, TOUZOT G, VILLON P. Generalizing the FEM: diffuse approximation and diffuse elements [J]. Computational mechanics, 1992, 10: 307-318.

[60] RABCZUK T, BELYTSCHKO T. A three-dimensional large deformation meshfree method for arbitrary evolving cracks [J]. Computer methods in applied mechanics and engineering, 2007, 196 (29/30): 2777-2799.

[61] BELYTSCHKO T, BLACK T. Elastic crack growth in finite elements with minimal remeshing [J]. International journal for numerical methods in engineering, 1999, 45 (5): 601-620.

[62] MOES N DOLBOW J, BELYTSCHKO T. A finite element method for crack growth without remeshing [J]. International journal for numerical methods in engineering, 1999, 46 (1): 131-150.

[63] SUKUMAR N, MOËS N, MORAN B, et al. Extended finite element method for three-dimensional crack modelling [J]. International journal for numerical methods in engineering, 2000, 48 (11): 1549-1570.

[64] SUKUMAR N, CHOPP D L, MOËS N, et al. Modeling holes and inclusions by level sets in the extended finite-element method [J]. Computer methods in applied mechanics and engineering, 2001, 190 (46): 6183-6200.

[65] BENZLEY S E. Representation of singularities with isoparametric finite elements [J]. International journal for numerical methods in engineering, 1974, 8 (3): 537-545.

[66] MOUMNASSI M, BELOUETTAR S, BÉCHET É, et al. Finite element analysis on implicitly defined domains: an accurate representation based on arbitrary

parametric surfaces [J]. Computer methods in applied mechanics and engineering, 2011, 200 (5-8): 774-796.

[67] 吴建营, 李锋波, 徐世烺. 混凝土破坏全过程分析的扩展内嵌裂缝模型 [J]. 水利水电科技进展, 2016, 36 (1): 53-59.

[68] OLIVER J, HUESPE A E, SÁNCHEZ P J. A comparative study on finite elements for capturing strong discontinuities: E-FEM vs X-FEM [J]. Computer methods in applied mechanics and engineering, 2006, 195 (37/38/39/40): 4732-4752.

[69] WOLF J P, SONG C M. Finite-element modelling of unbounded media [M]. Chichester: Wiley, 1996.

[70] WOLF J P, SONG C M. The scaled boundary finite-element method-a primer: derivations [J]. Computers & Structures, 2000, 78 (1): 191-210.

[71] SONG C M. The scaled boundary finite element method: introduction to theory and implementation [M]. Hoboken: John Wiley & Sons, 2018.

[72] SONG C M, WOLF J P. Semi-analytical representation of stress singularities as occurring in cracks in anisotropic multi-materials with the scaled boundary finite-element method [J]. Computers & Structures, 2002, 80 (2): 183-197.

[73] LI J, LIU J, LIN G. Dynamic interaction numerical models in the time domain based on the high performance scaled boundary finite element method [J]. Earthquake engineering and engineering vibration, 2013, 12 (4): 541-546.

[74] CHEN X, BIRK C, SONG C M. Transient analysis of wave propagation in layered soil by using the scaled boundary finite element method [J]. Computers and geotechnics, 2015, 63: 1-12.

[75] SONG C M. A matrix function solution for the scaled boundary finite-element equation in statics [J]. Computer methods in applied mechanics and engineering, 2004, 193 (23): 2325-2356.

[76] YANG Z J. Fully automatic modelling of mixed-mode crack propagation using scaled boundary finite element method [J]. Engineering fracture mechanics, 2006, 73 (12): 1711-1731.

[77] GOSWAMI S, BECKER W. Computation of 3-D stress singularities for multiple cracks and crack intersections by the scaled boundary finite element method [J]. International journal of fracture, 2012, 175 (1): 13-25.

[78] OOI E T, SONG C M, TIN-LOI F, et al. Polygon scaled boundary finite elements for crack propagation modelling [J]. International journal for numerical methods in engineering, 2012, 91 (3): 319-342.

[79] SONG C M. The scaled boundary finite element method in structural dynamics [J]. International journal for numerical methods in engineering, 2009, 77 (8): 1139-1171.

[80] OOI E T, YANG Z J. Modelling dynamic crack propagation using the scaled boundary finite element method [J]. International journal for numerical methods in engineering, 2011, 88 (4): 329-349.

[81] YANG Z J, ZHANG Z H, LIU G H, et al. An h-hierarchical adaptive scaled boundary finite element method for elastodynamics [J]. Computers & Structures, 2011, 89 (13): 1417-1429.

[82] OOI E T, SONG C M, TIN-LOI F. A scaled boundary polygon formulation for elasto-plastic analyses [J]. Computer methods in applied mechanics and engineering, 2014, 268: 905-937.

[83] DEEKS A J, CHENG, L. Potential flow around obstacles using the scaled boundary finite-element method [J]. International journal for numerical methods in fluids, 2003, 41 (7): 721-741.

[84] 林皋, 杜建国. 基于 SBFEM 的坝-库水相互作用分析 [J]. 大连理工大学学报, 2005, 45 (5): 723-729.

[85] YAN J Y, ZHANG C H, JIN F. A coupling procedure of FE and SBFE for soil-structure interaction in the time domain [J]. International journal for numerical methods in engineering, 2004, 59 (11): 1453-1471.

[86] GENES M C, KOCAK S. Dynamic soil-structure interaction analysis of layered unbounded media via a coupled finite element/boundary element/scaled boundary finite element model [J]. International journal for numerical methods in engineering, 2005, 62 (6): 798-823.

[87] SAPUTRA A A, TALEBI H, TRAN D, et al. Automatic image-based stress analysis by the scaled boundary finite element method [J]. International journal for numerical methods in engineering, 2017, 109 (5): 697-738.

[88] 庞林, 林皋, 李建波, 等. 比例边界有限元分析侧边界上施加不连续荷载的问题 [J]. 水利学报, 2017, 48 (2): 246-251.

[89] 陈楷, 邹德高, 孔宪京, 等. 多边形比例边界有限单元非线性化方法及应用 [J]. 浙江大学学报（工学版）, 2017, 51 (10): 1996-2004.

[90] OOI E T, MAN H, NATARAJAN S, et al. Adaptation of quadtree meshes in the scaled boundary finite element method for crack propagation modelling [J]. Engineering fracture mechanics, 2015, 144: 101-117.

[91] SAPUTRA A A, BIRK C, SONG C M. Computation of three-dimensional fracture parameters at interface cracks and notches by the scaled boundary finite element method [J]. Engineering fracture mechanics, 2015, 148: 213-242.

[92] 孙立国, 江守燕, 杜成斌. 基于图像四叉树的改进型比例边界有限元法研究 [J]. 力学学报, 2022, 54 (10): 2825-2834.

[93] ANKIT A, ZHANG J Q, EISENTRÄGER S, et al. An octree pattern-based

massively parallel PCG solver for elasto-static and dynamic problems [J]. Computer methods in applied mechanics and engineering, 2023, 404: 115779.

[94] SUKUMAR N, TABARRAEI A. Conforming polygonal finite elements [J]. International journal for numerical methods in engineering, 2004, 61 (12): 2045-2066.

[95] NATARAJAN S, BORDAS S, ROY MAHAPATRA D. Numerical integration over arbitrary polygonal domains based on Schwarz-Christoffel conformal mapping [J]. International journal for numerical methods in engineering, 2009, 80 (1): 103-134.

[96] NATARAJAN S, OOI E T, CHIONG I, et al. Convergence and accuracy of displacement based finite element formulations over arbitrary polygons: Laplace interpolants, strain smoothing and scaled boundary polygon formulation [J]. Finite elements in analysis and design, 2014, 85: 101-122.

[97] NATARAJAN S, WANG J, SONG C M, et al. Isogeometric analysis enhanced by the scaled boundary finite element method [J]. Computer methods in applied mechanics and engineering, 2015, 283: 733-762.

[98] NATARAJAN S, SONG C M. Representation of singular fields without asymptotic enrichment in the extended finite element method [J]. International journal for numerical methods in engineering, 2013, 96 (13): 813-841.

[99] SLADEK J, SLADEK V, KRAHULEC S, et al. Micromechanics determination of effective properties of voided magnetoelectroelastic materials [J]. Computational materials science, 2016, 116: 103-112.

[100] GUTIERREZ M A, DE BORST R. Deterministic and stochastic analysis of size effects and damage evolution in quasi-brittle materials [J]. Archive of applied mechanics, 1999, 69 (9/10): 655-676.

[101] 杜修力, 金浏. 混凝土静态力学性能的细观力学方法述评 [J]. 力学进展, 2011, 41 (4): 411-426.

[102] VAN MIER J G M. Concrete fracture: A multiscale approach [M]. Boca Raton, FL: CRC press, 2012.

[103] GRASSL P, JIRÁSEK M. Meso-scale approach to modelling the fracture process zone of concrete subjected to uniaxial tension [J]. International journal of solids and structures, 2010, 47 (7): 957-968.

[104] ZAITSEV Y B, WITTMANN F H. Simulation of crack propagation and failure of concrete [J]. Materials and structures, 1981, 14 (5): 357-365.

[105] WANG Z M, KWAN A K H, CHAN H C. Mesoscopic study of concrete I: generation of random aggregate structure and finite element mesh [J]. Computers & Structures, 1999, 70 (5): 533-44.

[106] HÄFNER S, ECKARDT S, LUTHER T, et al. Mesoscale modeling of concrete:

geometry and numerics [J]. Computers & Structures, 2006, 84 (7): 450-461.

[107] LILLIU G, VAN MIER J G M. 3D lattice type fracture model for concrete [J]. Engineering fracture mechanics, 2003, 70 (7): 927-941.

[108] DU X L, JIN L, MA G W. A meso-scale analysis method for the simulation of nonlinear damage and failure behavior of reinforced concrete members [J]. International journal of damage mechanics, 2013, 22 (6): 878-904.

[109] CABALLERO A, LÓPEZ C M, CAROL I. 3D meso-structural analysis of concrete specimens under uniaxial tension [J]. Computer methods in applied mechanics and engineering, 2006, 195 (52): 7182-7195.

[110] LÓPEZ C M, CAROL I, AGUADO A. Meso-structural study of concrete fracture using interface elements Ⅱ: compression, biaxial and Brazilian test [J]. Materials and structures, 2008, 41 (3): 601-620.

[111] 杜成斌, 孙立国. 任意形状混凝土骨料的数值模拟及其应用 [J]. 水利学报, 2006, 37 (6): 662-667.

[112] 彭一江, 黎保琨, 刘斌. 碾压混凝土细观结构力学性能的数值模拟 [J]. 水利学报, 2001, 32 (6): 19-22.

[113] 党发宁, 韩文涛, 郑娅娜, 等. 混凝土破裂过程的三维数值模型 [J]. 计算力学学报, 2007, 24 (6): 829-833.

[114] 马怀发, 陈厚群, 吴建平, 等. 大坝混凝土三维细观力学数值模拟研究 [J]. 计算力学学报, 2008, 25 (2): 241-247.

[115] LEITE J P B, SLOWIK V, APEL J. Computational model of mesoscopic structure of concrete for simulation of fracture processes [J]. Computers & Structures, 2007, 85 (17/18): 1293-1303.

[116] WRIGGERS P, MOFTAH S O. Mesoscale models for concrete: homogenisation and damage behavior [J]. Finite elements in analysis and design, 2006, 42 (7): 623-636.

[117] WANG X F, YANG Z J, JIVKOV A P. Monte Carlo simulations of mesoscale fracture of concrete with random aggregates and pores: a size effect study [J]. Construction and building materials, 2015, 80: 262-272.

[118] 杜修力, 金浏, 黄景琦. 基于扩展有限元法的混凝土细观断裂破坏过程模拟 [J]. 计算力学学报, 2012, 29 (6): 940-947.

[119] 余文轩, 金浏, 张仁波, 等. 低温下混凝土单轴压缩破坏及尺寸效应细观有限元分析 [J]. 中国科学: 技术科学, 2021, 51 (3): 305-314.

[120] SONG Z H, LU Y. Mesoscopic analysis of concrete under excessively high strain rate compression and implications on interpretation of test data [J]. International journal of impact engineering, 2012, 46: 41-55.

[121] XU Y, CHEN S H. A method for modeling the damage behavior of concrete with

a three-phase mesostructure [J]. Construction and building materials, 2016, 102: 26-38.

[122] LI X X, XU Y, CHEN S H. Computational homogenization of effective permeability in three-phase mesoscale concrete [J]. Construction and building materials, 2016, 121: 100-111.

[123] BAXTER S C, HOSSAIN M I, GRAHAM L L. Micromechanics based random material property fields for particulate reinforced composites [J]. International journal of solids and structures, 2001, 38 (50): 9209-9220.

[124] VOŘECHOVSKÝ M. Interplay of size effects in concrete specimens under tension studied via computational stochastic fracture mechanics [J]. International journal of solids and structures, 2007, 44 (9): 2715-2731.

[125] YANG Z J, XU X F. A heterogeneous cohesive model for quasi-brittle materials considering spatially varying random fracture properties [J]. Computer methods in applied mechanics and engineering, 2008, 197 (45): 4027-4039.

[126] ELIÁŠ J, VOŘECHOVSKÝ M, SKOČEK J, et al. Stochastic discrete mesoscale simulations of concrete fracture: comparison to experimental data [J]. Engineering fracture mechanics, 2015, 135: 1-16.

[127] GRASSL P, BAŽANT Z P. Random lattice-particle simulation of statistical size effect in quasi-brittle structures failing at crack initiation [J]. Journal of engineering mechanics-ASCE, 2009, 135 (2): 85-92.

[128] YUE Z Q, CHEN S, THAM L G. Finite element modeling of geomaterials using digital image processing [J]. Computers and geotechnics, 2003, 30: 375-397.

[129] YOUNG P G, BERESFORD-WEST T B H, COWARD S R L, et al. An efficient approach to converting three-dimensional image data into highly accurate computational models [J]. Philosophical transactions of the royal society A: mathematical, physical and engineering sciences, 2008, 366 (1878): 3155-3173.

[130] MICHAILIDIS N, STERGIOUDI F, OMAR H, et al. An image-based reconstruction of the 3D geometry of an Al open-cell foam and FEM modeling of the material response [J]. Mechanics of materials, 2010, 42: 142-147.

[131] CARLSON W D. Three-dimensional imaging of earth and planetary materials [J]. Earth and planetary science letters, 2006, 249: 133-147.

[132] BABOUT L, MARROW T J, ENGELBERG D, et al. X-ray microtomographic observation of intergranular stress corrosion cracking in sensitised austenitic stainless steel [J]. Materials science and technology, 2006, 22: 1068-1075.

[133] MARROW T J, BABOUT L, JIVKOV A P, et al. Three dimensional observations and modelling of intergranular stress corrosion cracking in austenitic stainless steel [J]. Journal of nuclear materials, 2006, 352: 62-74.

[134] QIAN L, TODA H, UESUGI K, et al. Three-dimensional visualization of ductile fracture in an Al-Si alloy by high-resolution synchrotron X-ray microtomography [J]. Materials science and engineering: A, 2008, 483: 293-296.

[135] KERCKHOFS G, SCHROOTEN J, VAN CLEYNENBREUGEL T, et al. Validation of x-ray microfocus computed tomography as an imaging tool for porous structures [J]. Review of scientific instruments, 2008, 79 (1): 013711.

[136] DRUMMOND J L, DE CARLO F, SUPER B J. Three-dimensional tomography of composite fracture surfaces [J]. Journal of biomedical materials research Part B: applied biomaterials, 2005, 74B: 669-675.

[137] SONG S, PAULINO G, BUTTLAR W. Simulation of crack propagation in asphalt concrete using an intrinsic cohesive zone model [J]. Journal of engineering mechanics, 2006, 132: 1215-1223.

[138] 万成, 张肖宁, 贺玲凤, 等. 基于真实细观尺度的沥青混合料三维重构算法 [J]. 中南大学学报（自然科学版）, 2012, 7: 051.

[139] MEYER D, MAN H K, MIER J G M V. Fracture of foamed cementitious materials: a combined experimental and numerical study [J]. Springer Netherlands, 2009, 12.

[140] ZHANG M Z. Pore-scale modelling of relative permeability of cementitious materials using X-ray computed microtomography images [J]. Cement and concrete research, 2017, 95: 18-29.

[141] WANG L B, FROST J D, VOYIADJIS G Z. Quantification of damage parameters using X-ray tomography images [J]. Mechanics of materials, 2003, 35: 777-790.

[142] GARBOCZI E J. Three-dimensional mathematical analysis of particle shape using X-ray tomography and spherical harmonics: application to aggregates used in concrete [J]. Cement and concrete research, 2002, 32: 1621-1638.

[143] 党发宁, 刘彦文, 丁卫华, 等. 基于破损演化理论的混凝土 CT 图像定量分析 [J]. 岩石力学与工程学报, 2007, 26 (8): 1588-1593.

[144] 田威, 党发宁, 陈厚群. 基于 CT 图像处理技术的混凝土细观破裂分形分析 [J]. 应用基础与工程科学学报 [J]. 2012, 20 (3): 424-431.

[145] TRTIK P, STHLI P, LANDIS E N, et al. Microtensile testing and 3D imaging of hydrated portland cement [C] //CARPINTERI A, GAMBAROVA P G, FERRO G, et al. Proceedings of the 6th international conference on fracture mechanics of concrete and concrete structures (FraMCoS-Ⅵ). London: Taylor & Francis Group, 2007: 1277-1282.

[146] LANDIS E N, BOLANDER J E. Explicit representation of physical processes in concrete fracture [J]. Journal of physics D: Applied physics, 2009, 42 (21): 214002.

[147] DE WOLSKI S C, BOLANDER J E, LANDIS E N. An in-situ X-ray microtomography study of split cylinder fracture in cement-based materials [J]. Experimental mechanics, 2014, 54 (7): 1227-1235.

[148] HOLLISTER S J, KIKUCHI N. Homogenization theory and digital imaging: a basis for studying the mechanics and design principles of bone tissue [J]. Biotechnology and bioengineering, 1994, 43 (7): 586-596.

[149] TERADA K, MIURA T, KIKUCHI N. Digital image-based modelling applied to the homogenization analysis of composite materials [J]. Computational mechanics, 1997, 20 (4): 331-346.

[150] ALI J, FAROOQI J K, BUCKTHORPE D, et al. Comparative study of predictive FE methods for mechanical properties of nuclear composites [J]. Journal of nuclear materials, 2009, 383: 247-253.

[151] MCDONALD S A, DEDREUIL-MONET G, YAO Y T, et al. In situ 3D X-ray microtomography study comparing auxetic and non-auxetic polymeric foams under tension [J]. Physica status solidi B, 2011, 248: 45-51.

[152] QSYMAH A, SHARMA R, YANG Z J, et al. Micro X-ray computed tomography image-based two-scale homogenisation of ultra high performance fibre reinforced concrete [J]. Construction and building materials, 2017, 130: 230-240.

[153] MOSTAFAVI M, BAIMPAS N, TARLETON E, et al. Three-dimensional crack observation, quantification and simulation in a quasi-brittle material [J]. Acta materialia, 2013, 61: 6276-6289.

[154] SHARMA R, MAHAJAN P, MITTAL R K. Fiber bundle push-out test and image-based finite element simulation for 3D carbon/carbon composites [J]. Carbon, 2012, 50: 2717-2725.

[155] REN W Y, YANG Z J, SHARMA R, et al. Two-dimensional X-ray CT image based meso-scale fracture modelling of concrete [J]. Engineering fracture mechanics, 2015, 133: 24-39.

[156] MAN H K, VAN MIER J G M. Size effect on strength and fracture energy for numerical concrete with realistic aggregate shapes [J]. International journal of fracture, 2008, 154 (1/2): 61-72.

[157] MAN H K, VAN MIER J G M. Damage distribution and size effect in numerical concrete from lattice analyses [J]. Cement and concrete composites, 2011, 33 (9): 867-880.

[158] LI S G, LI Q B. Method of meshing ITZ structure in 3D meso-level finite element analysis for concrete [J]. Elements in analysis and design, 2015, 93: 96-106.

[159] KIM J S, CHUNG S Y, STEPHAN D, et al. Issues on characterization of cement paste microstructures from μ-CT and virtual experiment framework for e-

valuating mechanical properties [J]. Construction and building materials, 2019, 202: 82-102.

[160] HURLEY R C, PAGAN D C. An in-situ study of stress evolution and fracture growth during compression of concrete [J]. International journal of solids and structures, 2019, 168: 26-40.

[161] SKARZYNSKI Ł, TEJCHMAN J. Experimental investigations of damage evolution in concrete during bending by continuous micro-CT scanning [J]. Materials characterization, 2019: 40-52.

[162] 陈厚群, 丁卫华, 蒲毅彬, 等. 单轴压缩条件下混凝土细观破裂过程的 X 射线 CT 实时观测 [J]. 水利学报, 2006, 37 (9): 1044-1050.

[163] YANG Z J, REN W Y, SHARMA R, et al. In-situ X-ray computed tomography characterisation of 3D fracture evolution and image-based numerical homogenisation of concrete [J]. Cement and concrete composites, 2017, 75: 74-83.

[164] ASAHINA D, LANDIS E N, BOLANDER J E. Modeling of phase interfaces during pre-critical crack growth in concrete [J]. Cement and concrete composites, 2011, 33 (9): 966-977.

[165] LEGRAIN G, CARTRAUD P, PERREARD I, et al. An X-FEM and level set computational approach for image-based modelling: application to homogenization [J]. International journal for numerical methods in engineering, 2011, 86 (7): 915-934.

[166] GIRALDI L, NOUY A, LEGRAIN G, et al. Tensor-based methods for numerical homogenization from high-resolution images [J]. Computer methods in applied mechanics and engineering, 2013, 254: 154-169.

[167] LIAN W D, LEGRAIN G, CARTRAUD P. Image-based computational homogenization and localization: comparison between XFEM/levelset and voxel-based approaches [J]. Computational mechanics, 2013, 51 (3): 279-293.

[168] KEYAK J H, MEAGHER J M, SKINNER H B, et al. Automated three-dimensional finite element modelling of bone: a new method [J]. Journal of biomedical engineering, 1990, 12 (5): 389-397.

[169] LENGSFELD M, SCHMITT J, ALTER P, et al. Comparison of geometry-based and CT voxel-based finite element modelling and experimental validation [J]. Medical Engineering & Physics, 1998, 20 (7): 515-522.

[170] ULRICH D, VAN RIETBERGEN B, WEINANS H, et al. Finite element analysis of trabecular bone structure: a comparison of image-based meshing techniques [J]. Journal of biomechanics, 1998, 31 (12): 1187-1192.

[171] WANG Z L, TEO J C M, CHUI C K, et al. Computational biomechanical modelling of the lumbar spine using marching-cubes surface smoothened finite element voxel meshing [J]. Computer methods and programs in biomedicine, 2005, 80 (1): 25-35.

[172] VERHOOSEL C V, VAN ZWIETEN G J, VAN RIETBERGEN B, et al. Image-based goal-oriented adaptive isogeometric analysis with application to the micro-mechanical modeling of trabecular bone [J]. Computer methods in applied mechanics and engineering, 2015, 284: 138-164.

[173] SAHOO P K, SOLTANI S, WONG A K. A survey of thresholding techniques [J]. Computer vision, Graphics, and Image processing, 1988, 41 (2): 233-260.

[174] PAL N R, PAL S K. A review on image segmentation techniques [J]. Pattern recognition, 1993, 26 (9): 1277-1294.

[175] LORENSEN W E, CLINE H E. Marching cubes: a high resolution 3D surface construction algorithm [J]. ACM Siggraph computer graphics, 1987, 21 (4): 163-169.

[176] NEWMAN T S, YI H. A survey of the marching cubes algorithm [J]. Computers & Graphics, 2006, 30 (5): 854-879.

[177] DU Q, WANG D S. Recent progress in robust and quality Delaunay mesh generation [J]. Journal of computational and applied mathematics, 2006, 195 (1): 8-23.

[178] YOUNG P, BERESFORD-WEST T, COWARD S, et al. An efficient approach to converting three-dimensional image data into highly accurate computational models [J]. Philosophical transactions of the royal society A: Mathematical, physical and engineering sciences, 2008, 366 (1878): 3155-3173.

[179] MÜLLER R, RÜEGSEGGER P. Three-dimensional finite element modelling of non-invasively assessed trabecular bone structures [J]. Medical Engineering & Physics, 1995, 17 (2): 126-133.

[180] LEGRAIN G, ALLAIS R, CARTRAUD P. On the use of the extended finite element method with quadtree/octree meshes [J]. International journal for numerical methods in engineering, 2011, 86 (6): 717-743.

[181] SAPUTRA A, TALEBI H, TRAN D, et al. Automatic imag-based stress analysis by the scaled boundary finite element method [J]. International journal for numerical methods in engineering, 2017, 109 (5): 697-738.

第 2 章

混凝土细观模型生成方法

2.1 概述

如第 1 章所述,开展非均质多相的混凝土细观模拟具有十分重要的意义,有助于准确地理解混凝土复杂的损伤形成、发展直至失效的过程,并揭示细观各相的物理、力学性质与宏观整体力学响应之间的关联。要从细观层次研究混凝土的损伤断裂力学行为,首先需要建立能够有效地表征混凝土细观结构的几何体视学模型,即显式地模拟出骨料、砂浆和孔洞等组分。一般采用随机生成算法,将细观各相的形态、尺寸、含量和空间分布作为参数变量,能够快速生成大量细观结构的随机样本,从统计上研究这些细观参数对宏观力学性能的影响。还有一种基于 X 射线计算断层扫描(computed tomography,CT)图像的混凝土细观建模方法,能够获得真实的细观结构,并能被实验直接验证,有助于深入理解混凝土力学行为的细观机理。这两种混凝土细观模型生成方法均有助于充分掌握混凝土复杂多尺度损伤断裂特性。

本章将探讨如何模拟骨料和孔洞的几何特征及其在砂浆基体中的空间分布。首先介绍随机生成算法,其次提出基于 CT 图像的建模算法,最后建立一种基于 CT 骨料库和动态物理引擎的动态浇筑方法,遵循从二维到三维、从简单到复杂的思路。此外,提出针对所生成细观结构的网格划分方法为后续章节损伤断裂模拟提供前处理和数据输入基础。

2.2 基于随机生成算法的细观模型

本节建立混凝土细观几何模型的方法主要有两种:一种是顺序算法(sequential algorithm),例如采用随机骨料进行顺序投放;另一种是并发算法,其同源算法还包括分子动力学算法(molecule dynamics algorithm)和蒙特卡洛算法(Monte Carlo algorihtm)。

2.2.1 顺序算法

随机生成算法有两重含义，以骨料为例，其一是骨料的空间分布是随机的，一般通过随机数来指定骨料的形心位置。该指定过程也可直观理解为依次投放新骨料，直至指定试件区域满足一定的骨料含量。在投放过程中，只要新骨料和旧有骨料不发生相交和重叠，则可以继续投放下一颗骨料，否则需重新指定当前骨料的位置。这种依次投放骨料的方式也称为顺序算法。其二是骨料的形状一般均采用随机假设，如圆/球、椭圆/球、凸多边形/多面体，以便于骨料的参数化描述和生成。

先以二维凸多边形骨料为例，采取在随机生成的圆周上随机选取顶点、再顺序连接的方法来而生成随机多边形，概念简明、便于编程，而且可保证骨料的凸性[1,2]，生成的骨料也称为圆基随机骨料。另外，可使用表2.1[3]所示骨料粒径分布来控制所生成骨料的尺寸。若包含太多小粒径骨料，则数值模型的单元数量与相应的计算成本会显著增加，因此，Li 和 Metcalf[4]建议取直径大于4.75mm的颗粒作为粗骨料，从而将该表三级配骨料粒径分布简化为二级配，即4.75～9.5mm 和 9.5～12.7mm。

表2.1 三级配骨料粒径分布[3]

筛孔直径（mm）	通过筛孔的骨料累计含量（%）
12.70	100
9.50	77
4.75	26
2.36	0

确定了骨料粒径分布，则每个级配 $[d_i, d_{i+1}]$ 中骨料的面积或体积 $A_a[d_i, d_{i+1}]$ 可以通过下式[1,2]求解：

$$A_a[d_{i+1} - d_i] = \frac{P(d_{i+1}) - P(d_i)}{P(d_{\max}) - P(d_{\min})} \times f_a \times A \tag{2.1}$$

式中，d 为筛孔直径，$d_{\max}$ 和 $d_{\min}$ 分别为允许通过的最大和最小骨料粒径；P 为通过直径为 d 的筛孔的累计骨料含量百分数；f_a 为骨料总含量；A 是混凝土试件的总面积或体积。对于常规混凝土而言，粗骨料含量一般为40%～50%[1,2]。

从骨料直径最大的级配开始循环生成和投放骨料，当满足了一个级配的骨料含量预设值，就进行下一个级配，最后还需要检查骨料总体含量。在投放过程中，不能发生骨料相交或重叠，否则重新生成骨料进行投放。此外，骨料与骨料、骨料与试件外边界之间均须预设最小间距来保证后续网格质量。本节将最小间距设置为（较大）骨料直径的0.2倍。图2.1显示了骨料含量为50%的规则与不规则随机骨料模型，其中规则随机骨料模型以3～8条边的正多边形作为骨料基本形状，混凝土试件尺寸 $L=50$mm。如图2.2所示为不同骨料含量的混凝土试件（$f_a=26\%\sim54\%$），其中骨料形状为正八边形。

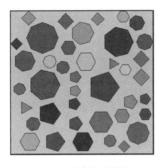 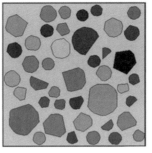

(a) 正多边形骨料　　　　　　(b) 非正多边形骨料

图 2.1　骨料含量 50% 的圆基随机骨料模型（$L=50\text{mm}$）

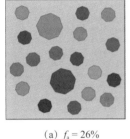 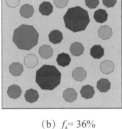 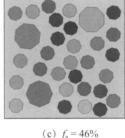 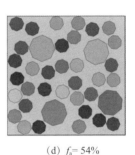

(a) $f_a=26\%$　　　(b) $f_a=36\%$　　　(c) $f_a=46\%$　　　(d) $f_a=54\%$

图 2.2　不同骨料含量的正八边形随机骨料模型（$L=50\text{mm}$）

另外,还可以通过极坐标系生成较不规则的骨料。首先,随机指定骨料多边形的边数 n,本节设置为 4~10,再在极坐标下随机产生顶点 i 的极角 θ_i 和极径 r_i ($i=1,\cdots,n$),就可以确定骨料多边形各顶点的坐标,如图 2.3 所示,其中定义增量角 α_i 为

$$\alpha_i = \begin{cases} \theta_{i+1}-\theta_i & (i=1,n-1) \\ \theta_n-\theta_1 & (i=n) \end{cases} \quad (2.2)$$

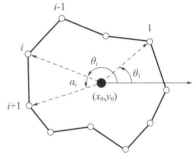

图 2.3　在极坐标系中生成多边形骨料

为求解 θ_i,可先定义顶点 i 的初始增量角 α_{0i} 为

$$\alpha_{0i} = \frac{2\pi}{n} + (2\xi-1)\eta\frac{2\pi}{n} \quad (2.3)$$

式中,η 为 [0,1] 上均匀分布的随机数;ξ 为 [0,1] 范围内的系数,用于表征角度波动程度,本节取为 0.5。为使多边形闭合,需要对初始增量角进行调整

$$\alpha_i = \frac{2\pi\alpha_{0i}}{\sum_i^n \alpha_{0i}} \quad (2.4)$$

另外,需要在 [0,2π] 区间上按均匀分布随机产生初始极角 θ_1,就能够由式（2.2）求解其余各顶点的极角

$$\theta_i = \theta_{i-1} + \alpha_{i-1} \quad (i=2,n) \quad (2.5)$$

为确定顶点 i 的极径 r_i,在指定的骨料级配区间内按均匀分布随机产生骨料直径 d_i,有 $r_i = d_i/2$,则顶点 i 的笛卡尔坐标为

$$x_i = \cos(\theta_i)r_i + x_0 \qquad [2.6\ (a)]$$
$$y_i = \cos(\theta_i)r_i + y_0 \qquad [2.6\ (b)]$$

式中,$(x_0,\ y_0)$ 是极点的坐标,可在投放骨料时随机指定。

由于上述算法有可能产生凹多边形,还可以通过 MATLAB 的凸包算法(convhull)将凸顶点连接,舍去凹顶点,从而构成凸多边形。另外,由于骨料相交和重叠的判断在循环中最为耗时,本节采用以下两个条件进行约束:新骨料形心不在已有骨料内部,新骨料各顶点均不在已有多边形内部,反之也需成立。当这两个条件同时满足时,就判断新生成的骨料不会与已有的骨料相交或重叠,从而提高建模效率。图 2.4 显示了骨料含量为 40% 的混凝土细观模型,骨料采用较不规则的凸多边形,同样通过随机投放的方法生成不同含量的圆形孔洞,其直径在 1.0~2.0mm 范围。这些孔洞可通过布尔运算从求解域中减去。

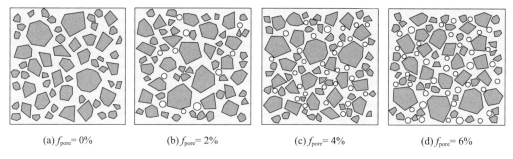

(a) $f_{pore}= 0\%$ (b) $f_{pore}= 2\%$ (c) $f_{pore}= 4\%$ (d) $f_{pore}= 6\%$

图 2.4　具有不同孔洞率的细观混凝土模型($D=50$mm,$f_{agg}=40\%$)

对于三维多面体骨料对象,算法主要分两步:第一步,根据预设骨料含量与粒径级配,通过 MATLAB 编程在试件区域内随机产生骨料;第二步,基于 ABAQUS 前处理模块编写 Python 脚本程序,读取所有骨料拓扑信息,注意骨料位置信息已反映在顶点坐标,从而建立包含骨料和砂浆的混凝土细观几何模型。

首先,采用基于球面的方式产生凸多面体,即基于图 2.5 所示球坐标系 $(\theta_i,\ \varphi_i,\ r_0)$ 在球面上随机产生 8~25 个点作为多面体的顶点,顶点 i 的笛卡尔坐标用极角 θ_i 和方位角 φ_i 表示为

$$x = \sin(\theta_i)\cos(\varphi_i)r_0 + x_0 \qquad [2.7\ (a)]$$
$$y = \sin(\theta_i)\sin(\varphi_i)r_0 + y_0 \qquad [2.7\ (b)]$$
$$z = \cos(\theta_i)r_0 + z_0 \qquad [2.7\ (c)]$$

式中,$(x_0,\ y_0,\ z_0)$ 是球心的坐标,r_0 是球半径;θ_i 在 $[0,\ 2\pi]$、φ_i 在 $[0,\ \pi]$ 范围内按均匀分布随机产生。然后采用 MATLAB 的 convhulln 函数基于顶点建立三角形面,这些面构成骨料多面体。为避免顶点距离太近而造成三角形面畸形(不利于后续网格划分),需保证球面上的顶点间距不小于 ξr_0,本章取 $\xi=0.5$。由于多面体的生成较为耗时,本章不采用在每个循环内逐一生成骨料的方式,而是通过生成足够数量(这里

设置为 20000）的直径为单位一的多面体，预先建立一个骨料形态数据库，从而提高整体效率，同时该数据库和后续骨料投放程序是独立的，便于分别更新或优化，图 2.6 给出一些多面体骨料例子[5]。

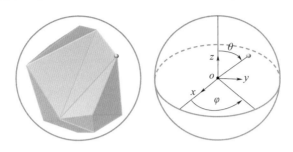

图 2.5　利用球坐标系生成一个三维多面体骨料

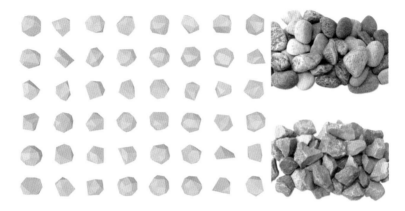

图 2.6　不同形态的多面体骨料（左列）与真实骨料（右列）的对比

需要注意的是，形态更为复杂的骨料也能够通过对上述多边形或多面体进行变换获得：使用软件 3DS Max 及其内置脚本 Maxscript，先在粗尺度上对骨料各顶点进行不同程度的缩放，从而改变整体形态的球度和扁度，再分别从中尺度和细尺度对骨料表面进行噪波处理，以获得不同程度的局部棱角度和表面纹理粗糙度，具体流程和参数设置可参考作者的文献 [6]。

从建立的骨料形态数据库出发，表 2.2 总结了针对给定模拟区域的骨料投放整体算法，涉及到初始骨料的粒径缩放，以满足不同级配的骨料含量要求。其中第（3）步，新生成骨料与已有骨料之间可能存在如图 2.7 所示的三种位置关系：不相交也不重叠；相交；重叠（包含）。

表 2.2　基于 MATLAB 的随机骨料生成和投放方法

输入：预设骨料含量、级配表 输出：所有骨料的拓扑信息文件 ∗.txt
（1）　根据所需骨料含量，采用式（2.1）与实际骨料级配表 2.1 求解各级配的骨料体积，从骨料粒径最大的级配开始分级配生成并投放骨料；

续表

(2)	对每个级配的操作步骤：随机产生一个球心坐标作为投放位置，从骨料数据库中随机选取一颗骨料，并在此级配区间内按均匀分布随机赋予其直径；
(3)	若该骨料不与已有骨料相交或重叠，则该骨料投放成功，进行下一个投放；否则重新进行本次投放；
(4)	本级配骨料体积达到后进行下一级配投放；
(5)	循环第（2）～（4）步，直至达到总骨料含量。

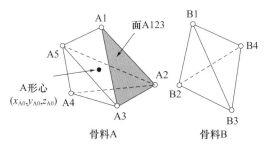

(a) 多面体不相交不重叠

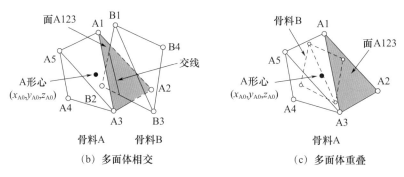

(b) 多面体相交　　　　　　　　(c) 多面体重叠

图 2.7　两个骨料之间的三种位置关系

具体通过下述算法判断两个多面体相交或重叠：如图 2.7（a）所示，对于新生成的多面体 A 和已有多面体 B，要使二者不相交且不重叠，则 B 的各面需处于 A 各面的同一侧。A 的顶点 A1～A3 所构成平面 A123 的方程是

$$F = \begin{vmatrix} x & y & z & 1 \\ x_{A1} & y_{A1} & z_{A1} & 1 \\ x_{A2} & y_{A2} & z_{A2} & 1 \\ x_{A3} & y_{A3} & z_{A3} & 1 \end{vmatrix} = 0 \tag{2.8}$$

其中 (x_{Ai}, y_{Ai}, z_{Ai}) 是顶点 Ai（$i=1\sim3$）的坐标，则对于平面 A123 外的点 (x, y, z)，有 $F(x, y, z) > 0$ 或 $F(x, y, z) < 0$。则上述位置判断问题可以等效为：遍历 A 的各面，如果存在一个面（例如 A123），使得 A 的内部各点（凸多面体可只选取其形心）与 B 的任意顶点 (x_{Bj}, y_{Bj}, z_{Bj}) 位于面 A123 的不同侧，则可判定 A 与 B 既不相交也不重叠。相比于遍历 A、B 的顶点以保证各自顶点不在另一个多面体内部的算法，上述位置判断算法更为直观和有效。若 A 的形心坐标为 (x_{A0}, y_{A0}, z_{A0})，A 与 B 既不相交也不重叠时只需满足下式

$$F(x_{A0}, y_{A0}, z_{A0}) \times F(x_{Bj}, y_{Bj}, z_{Bj}) < 0 \tag{2.9}$$

骨料与骨料、骨料与边界之间预设最小间距设置为最大骨料直径的 0.05 倍，以方便后续网格生成。

通过以上算法输出所有骨料的拓扑信息，包括骨料顶点坐标、三角面顶点排列规则、基球的球心坐标和直径。考虑到 ABAQUS 为用户提供了脚本接口，可对接 part、property、assembly、mesh、odbAcces 等模块用于创建模型（models）、部件（parts）、材料（materials）和分析步（steps）等，便于后续网格划分与后处理显示，进而编写 Python 脚本程序在 ABAQUS 前处理模块中建立混凝土细观几何模型。具体方法见表 2.3。

表 2.3 基于 ABAQUS 平台的混凝土细观几何建模方法

输入：所有骨料的拓扑信息文件 *.txt
输出：模型文件 *.cae 和 *.inp

(1)	建立模型数据库；
(2)	在 part 模块中生成混凝土试件立方体部件；
(3)	读取所有骨料的拓扑信息；
(4)	在 part 模块中生成每个骨料的基球部件；
(5)	在 part 模块中延拓骨料的各面，依次切割该基球，过程如图 2.8 所示；
(6)	在 assembly 模块中创建部件实例，采用布尔操作合并生成的骨料与试件立方体，骨料之外的区域作为砂浆组分，并且保留骨料-砂浆界面；
(7)	重复上述步骤，直至创建所有骨料，如图 2.9 所示。

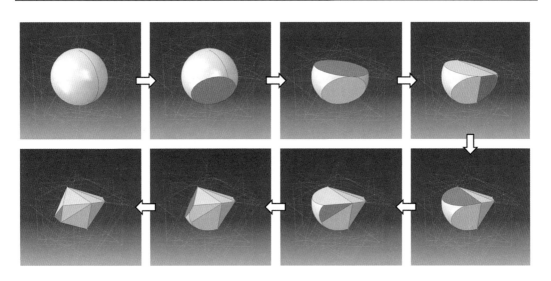

图 2.8 通过 ABAQUS Python 脚本程序生成多面体骨料的过程

以边长为 50mm 立方体试件和骨料含量 15%、25% 为例，上述算法建立的混凝土细观模型如图 2.9 所示，图中不同的颜色代表了三种粒径级配的骨料。在三维骨料几何建模方面，除了对球或椭球进行切割形成多面体，还可以基于 Voronoi 图生成多面体骨

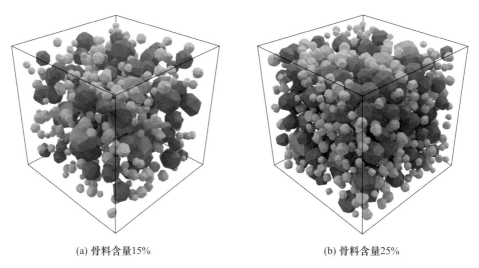

(a) 骨料含量15% (b) 骨料含量25%

图 2.9　通过 ABAQUS Python 脚本程序生成含多面体骨料的细观混凝土几何模型

注：不同的颜色代表了三种粒径级配的骨料，即小粒径（浅蓝色，2.36～4.75mm）、中粒径（深蓝色，4.75～9.5mm）和大粒径（深黄色，9.5～12.7mm）。

料结构[7,8]。另外，还需注意的是，以上算法也同样适用于含粗骨料的超高性能混凝土（CA-UHPC），其中的钢纤维可以通过长细比较大的圆柱体进行模拟，从而完成骨料结构中钢纤维的插设，详见文献 [5]。

2.2.2　并发算法

在前述顺序算法中，骨料颗粒占位会带来繁琐、耗时的位置侵入循环判断，通常较难获得高含量的骨料填充效果。基于所有颗粒并发联动的分子动力学基本原理，本节提出一种改进算法来综合考虑程序执行效率、适用性和有限元前处理的工作量等因素。为保证所建立细观模型具有一定普适性，需要随机生成颗粒的初始坐标，赋予其随机运动速度和直径增长速度。颗粒不断运动和生长，将引起颗粒间或颗粒与试件边界间的碰撞，如图 2.10 所示。

先讨论传统的分子动力学算法：如图 2.10 所示，圆形颗粒的几何参数主要是其直

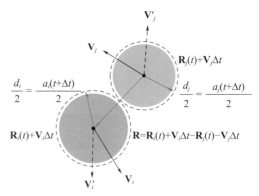

图 2.10　颗粒碰撞示意图

径和中心所处坐标，在 t 时刻，颗粒 i 和颗粒 j 的直径分别为 $d_i = a_i t$ 和 $d_j = a_j t$，其中 a_i 和 a_j 表示颗粒生长速度。颗粒中心分别处于 $\mathbf{R}_i$ 和 $\mathbf{R}_j$ 位置，且颗粒速度分别为 $\mathbf{V}_i$ 和 $\mathbf{V}_j$，黑体符号表示矢量。假设两个颗粒在 $t + \Delta t$ 时刻刚好发生碰撞，则两个颗粒的相对位置应满足

$$|\mathbf{R}_i+\mathbf{V}_i\Delta t-\mathbf{R}_j-\mathbf{V}_j\Delta t|=\frac{1}{2}[a_i(t+\Delta t)+a_j(t+\Delta t)] \quad (2.10)$$

上式进一步简化得到

$$|\mathbf{R}+\mathbf{V}\Delta t|^2=\left[\frac{1}{2}(a_i+a_j)(t+\Delta t)\right]^2 \quad (2.11)$$

其中 $\mathbf{R}=\mathbf{R}_i-\mathbf{R}_j$ 和 $\mathbf{V}=\mathbf{V}_i-\mathbf{V}_j$ 分别为颗粒 i 和颗粒 j 中心相对位置和速度矢量,进而可得到关于 Δt 的一元二次方程

$$A\Delta t^2+2B\Delta t+C=0 \quad [2.12(a)]$$

$$A=|\mathbf{V}|^2-\left[\frac{(a_i+a_j)}{2}\right]^2=\mathbf{V}\cdot\mathbf{V}-a^2 \quad [2.12(b)]$$

$$B=\mathbf{R}\cdot\mathbf{V}-\left[\frac{(a_i+a_j)}{2}\right]\left[\frac{(a_i+a_j)t}{2}\right]=\mathbf{R}\cdot\mathbf{V}-ad \quad [2.12(c)]$$

$$C=|\mathbf{R}|^2-\left[\frac{(a_i+a_j)t}{2}\right]^2=\mathbf{R}\cdot\mathbf{R}-d^2 \quad [2.12(d)]$$

上式定义了

$$a=\frac{(a_i+a_j)}{2}, d=\frac{(a_i+a_j)t}{2}=\frac{(d_i+d_j)}{2} \quad [2.12(e)]$$

根据以上公式的物理意义,可以判断:当系数 $B<0$ 时,两个颗粒接近或远离的速度小于颗粒的生长速度,就可能导致颗粒表面互相接近而发生碰撞;当系数 $B>0$ 时,两个颗粒之间的距离总大于颗粒生长速度,颗粒表面互相远离,不会碰撞。为了确保一元二次方程有解,需满足

$$B^2-AC=(\mathbf{R}\cdot\mathbf{V})^2-(\mathbf{V}\cdot\mathbf{V})(\mathbf{R}\cdot\mathbf{R}-d^2)\geqslant 0 \quad (2.13)$$

两次颗粒碰撞的时间间隔为

$$\Delta t=\frac{-B-\sqrt{B^2-AC}}{A} \quad (2.14)$$

碰撞后的速度可根据动量守恒和动能守恒求解

$$m_i\mathbf{V}'_i+m_j\mathbf{V}'_j=m_i\mathbf{V}_i+m_j\mathbf{V}_j \quad (2.15)$$

$$m_i(\mathbf{V}'_i)^2+m_j(\mathbf{V}'_j)^2=m_i\mathbf{V}_i^2+m_j\mathbf{V}_j^2 \quad (2.16)$$

得到

$$\mathbf{V}'_i=\mathbf{V}_i+\frac{2\gamma}{1+\gamma}[(\mathbf{V}_j-\mathbf{V}_i)\cdot\mathbf{k}]\mathbf{k} \quad (2.17)$$

$$\mathbf{V}'_j=\mathbf{V}_j-\frac{2}{1+\gamma}[(\mathbf{V}_j-\mathbf{V}_i)\cdot\mathbf{k}]\mathbf{k} \quad (2.18)$$

其中 $\gamma=\frac{m_i}{m_j}$ 为颗粒质量比,单位方向向量 $\mathbf{k}=\frac{\mathbf{R}_j-\mathbf{R}_i}{|\mathbf{R}_j-\mathbf{R}_i|}$ 垂直于两个颗粒碰撞点的切平面。

上述传统分子动力学算法中,需要判断碰撞时间和碰撞对、更新最小时间列表,通过动量、动能守恒定理分配碰撞后的速度等,较为繁琐,限制了模拟的效率,因此本节将不采用碰撞时间、动量、动能守恒定理来更新计算碰撞颗粒的位置和速度,提出一种

基于分子动力学的改进的高效算法，其原理叙述如下。

如图 2.11 所示，设定求解域的所有颗粒都具有随机指定的直径增长速度（a_i），所有颗粒的运动速度大小都相同（$\mathbf{V}_0$）而速度方向（与全局坐标轴 x 的夹角）随机指定，这里用颗粒状态列表 $\mathbf{L}_i$ 来存储颗粒 i 在 t 时刻的状态参数

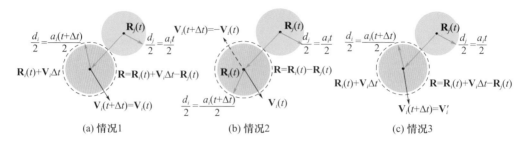

图 2.11 提出的分子动力学改进算法：圆形颗粒不碰撞的三种情况与速度更新

$$\mathbf{L}(t) = |x_i(t), y_i(t), \cos\theta_i, \sin\theta_i, a_i, d_i| \text{ 且 } \mathbf{R}_i(t) = [x_i, y_i] \quad (2.19)$$

同时，设定颗粒的运动和碰撞判断是有层次的：把关注点放在颗粒 i 上，遍历其余 $n-1$ 个颗粒在 t 时刻的状态，判断在 $t+\Delta t$ 时刻颗粒 i 是否会和其余颗粒发生碰撞，有以下三种情况。

情况 1：颗粒 i 保持直径增长且运动时不发生碰撞

$$|\mathbf{R}_i(t) + \mathbf{V}_i\Delta t - \mathbf{R}_j(t)| \geqslant \frac{1}{2}[(d_j(t) + a_i\Delta t) + d_j(t)] \quad [2.20(a)]$$

即有

$$|x_i(t) + V_0\cos\theta_i\Delta t - x_j(t), y_i(t) + V_0\sin\theta_i\Delta t - y_j(t)| \geqslant \frac{1}{2}[(d_j(t) + a_i\Delta t) + d_j(t)]$$

$$[2.20(b)]$$

因此能够认可颗粒 i 在 Δt 时间步长内的运动和直径增长，保持其速度（大小和方向）不变而更新其中心位置为 $\mathbf{R}_i(t) + \mathbf{V}_i\Delta t$，直径也更新为 $d_j(t) + a_i\Delta t$，则有

$$\mathbf{L}_i(t+\Delta t) = |x_i(t) + V_0\cos\theta_i\Delta t, y_i(t) + V_0\sin\theta_i\Delta t, \cos\theta_i, \sin\theta_i, a_i, d_i(t) + a_i\Delta t| \quad (2.21)$$

但如果式（2.20）不成立，则需要做另一种判断。

情况 2：让颗粒 i 保持直径增长但不运动，不与其余颗粒发生碰撞时，则需要满足

$$|\mathbf{R}_i(t) - \mathbf{R}_j(t)| \geqslant \frac{1}{2}[(d_j(t) + a_i\Delta t) + d_j(t)] \quad (2.22)$$

此时则采用下式来更新颗粒状态列表（让速度反向），从而规避式（2.20）不成立所致的颗粒碰撞。

$$\mathbf{L}_i(t+\Delta t) = |x_i(t), y_i(t), -\cos\theta_i, -\sin\theta_i, a_i, d_i + a_i\Delta t| \quad (2.23)$$

但如果式（2.22）也不能成立，就需要采用情况 3。

情况 3：重新随机指定颗粒 i 的速度方向角为 θ'_i，并且带入式［2.20（b）］去判断是否碰撞。如果式［2.20（b）］成立，则颗粒状态列表更新为

$$\mathbf{L}_i(t+\Delta t) = |x_i(t) + V_0\cos\theta'_i\Delta t, y_i(t) + V_0\sin\theta'_i\Delta t, \cos\theta'_i, \sin\theta'_i, a'_i, d_i(t) + a'_i\Delta t| \quad (2.24)$$

其中，直径增长速度也随机更新为 a_i'。

如经过若干尝试（可设置为 40 次）都找不到合适的随机速度方向角 θ_i' 来满足式[2.20（b）]，那么就意味着颗粒 i 的运动和直径增长无论如何都会与其余颗粒发生碰撞，则停止颗粒 i 的运动和直径增长，这往往发生在颗粒填充的后期阶段。值得注意的是，对于颗粒与 RVE 边界是否发生碰撞也需要通过上述判据进行，从而保证颗粒 i 均不与其他颗粒和边界发生碰撞。

类似地对其余颗粒依次做循环判断并更新颗粒状态列表。随着颗粒含量向预设值的逼近以及各颗粒直径的增大，当所有颗粒满足停止运动和直径增长的判据，则颗粒填充模型生成完毕，核对实际生成的颗粒含量，通过预设误差值判断是否要重新生成，输出最终的颗粒状态列表，用于建立几何和数值模型。

绘制上述算法的流程图，如图 2.12 所示，对所有颗粒都循环一次判断是否碰撞，则总时间步完成 1 次更新即 Step＝Step＋1。编写 Python 脚本程序，在 ABAQUS 平台上建立混凝土细观模型。

运行上述程序，可以实现在给定混凝土试件中"尽量填满"颗粒从而获得较高的含量。以方形混凝土试件（$L=50\text{mm}$）为例，图 2.13 给出了骨料颗粒运动和生长过程，用小箭头标记出不同时间步 Step 各颗粒的运动方向。可以直观看出，随着时间步的更新，当满足前述不发生碰撞的条件时，颗粒保持不断运动，其直径也保持不断生长，从而实现细观模型中骨料含量的不断增长。

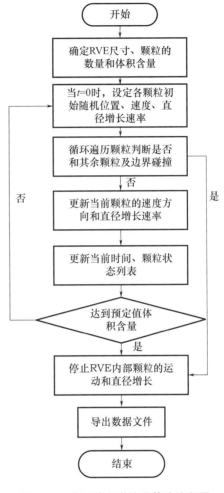

图 2.12　分子动力学改进算法流程图

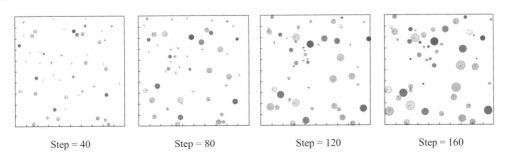

Step = 40　　　　Step = 80　　　　Step = 120　　　　Step = 160

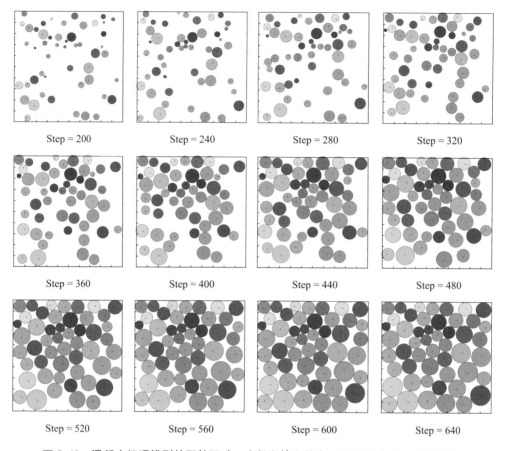

图 2.13 混凝土细观模型的颗粒运动、生长和填充状态随总时间步 Step 更新情况

图 2.14 进一步给出了骨料含量随总时间步 Step 的变化曲线：骨料总含量随时间步先加速增加，在大约 Step=440 时达到临界增速后，然后由于被占用的空间越来越多，骨料总含量的增速也持续减缓，直至最后平衡状态。

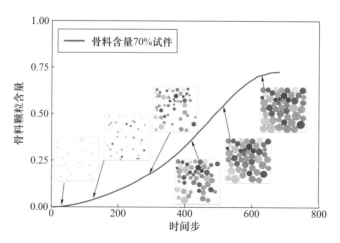

图 2.14 细观模型的骨料颗粒含量随总时间步 Step 的变化曲线

值得注意的是，后台程序根据预设的骨料含量来控制骨料之间以及骨料与边界之间的距离系数，生成如图 2.15 所示骨料含量为 40%～70% 的混凝土细观模型，其中骨料总数设置为 50 颗。距离系数可保证骨料分布均匀、间距合适，便于后续有限元网格生成。本节方法也能用于获得颗粒含量较高的复合固体推进剂模型，例如硝酸酯增塑的聚醚聚氨酯（nitrate ester plasticized polyether，NEPE）推进剂，其在细观尺度上由固体填充颗粒如高氯酸（AP）、铝粉（Al）、奥克托今（HMX）、黑索今（RDX）等以及 NEPE 基体黏合剂组成[9,10]，NEPE 具有优异的能量性能和良好的低温力学性能，可以显著提高火箭和导弹的射程，具有广阔的应用前景。

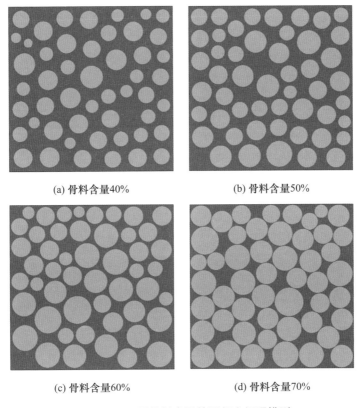

(a) 骨料含量40%　　(b) 骨料含量50%

(c) 骨料含量60%　　(d) 骨料含量70%

图 2.15　不同骨料含量的混凝土细观模型

2.3　基于 CT 图像的细观模型

在上一节随机算法生成的细观模型中，骨料的形态做了简化以方便生成和投放，但与真实骨料存在差距。近年来，通过以计算机断层扫描（computed tomography，CT）为代表的无损检测技术获得材料内部高精度图像、进而开展细观建模的研究方法引起了广泛关注，有助于加深对混凝土细观物理力学特性的理解。

2.3.1 CT原位加载实验

CT技术广泛应用于医学诊断以及材料无损检测等领域。CT系统主要由物理成像与图像重建等相关设备组成，如图2.16所示，试件放置在X射线源与探测器之间，保持试件与设备位置固定，射线源发射X射线穿过试件，最后到达探测器而被记录，得到一张二维投影图像。扫描过程中，试件按一定速率绕竖直轴旋转，累计旋转360°，生成一系列的二维投影图像数据，继而通过图像重建算法计算线性衰减系数（linear attenuation coefficient）的空间分布并产生三维数据[11]。在实施扫描前，要进行试件安放、机器预热、扫描初始设置、能量校验、曝光时间选择以及探测器与CT校准等必要的操作步骤。在扫描过程中，需要使用高性能计算机设备以及配套的软件包与探测器连接以存储和处理数据，实现图像数据的重建和显示。为了获得较好的图像数据，需要稳定的X射线源与探测器、适当的电压/能量、合适的曝光与总扫描时间以及对圆盘状伪像的消除处理[12]。

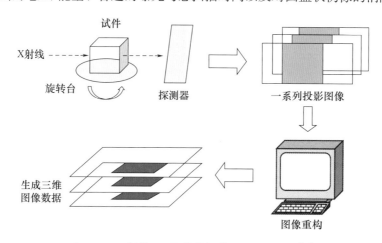

图2.16 X射线CT图像数据获取与重构过程[11]

X射线穿过试件中不同材料组分的衰减率不同，也称为射线衰减系数，体现了材料密度的影响，反映了材料对射线的吸收能力，这是X射线成像的基本原理。CT成像质量主要受以下几方面影响：首先，不同密度的材料对X射线的吸收能力是不同的。其次，X射线的强度或能量需要根据试件的尺寸以及材料组分而综合决定，较高能量的射线更具穿透力因而可以用于厚度较大或密度较大的试件；如果射线能量较低，则会被试件完全吸收、阻隔以至于无法成像。最后，试件与X射线源以及探测器的距离也会影响成像质量，试件与射线源越近，则成像质量越好，同时也要确保探测器能够完全接收投影图像。

CT技术因其高精度、无损性和高分辨率特征，已被用于复合材料内部三维细、微、纳观尺度的观测和分析，但大多仅用于加载前材料内部结构几何观测或加载后损伤断裂位置的定性描述。近年来，软硬件技术的发展使得科研人员能够在加载的同时进行高精度CT扫描，从而将内部结构、损伤断裂演化和外部加载过程联系起来，即"CT原位加载实验"。这不仅能研究材料三维微细观结构与破坏机理，并且可用于对数值模型从宏观响应到微细观破坏全过程进行高精度的直接验证。在CT原位加载实验中，需要将不同加载阶段扫描得到的一系列二维投影图像导入软件 CT Pro 与 VG Studio，利用反投影算法或傅立叶反变换算法[13]，对图像数据进行卷积操作获得过滤视图，并按截取角度先后叠加在正方形规整网格，再将这些投影数据转换为带有 CT 数或灰度值的三维体素作为图像的基本单元，从而完成体素重构。

Yang 等[14-16]对一个 40mm 的立方体试件进行了 CT 原位加载实验和图像数据处理。该实验使用 225/320 kV Nikon Metris Custom Bay X 射线扫描仪，采用 DEBEN 系统[17]通过螺旋传动对旋转平台上的试件进行压缩加载，试件置于材料密度远低于混凝土的透明有机玻璃管中，因而不会影响 X 射线的透射，见图 2.17（a）。仪器参数设置包括：曝光时间 2s，加速电压 160kV，电流 60μA。采用 40mm 混凝土立方体试块，选用普通硅酸盐水泥与平均粒径为 5mm 的砾石骨料、无细骨料，试块在标准条件下养护 28d。对该试件进行了劈裂实验，即在试件顶部 17.5×17.5mm^2 的区域（相当于截面面积的 19%）进行压缩加载，与加载面相对的同等面积作为固定端。图 2.17（b）还显示了失效试件的裂缝分布情况。

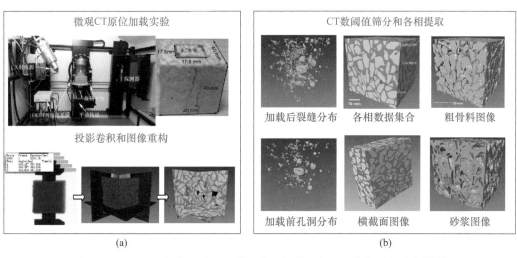

图 2.17　CT 原位加载实验、三维图像数据获取与细观各相材料分割[14-16]

该原位实验采用位移控制加载，在无加载下进行第 1 个扫描步，然后以每分钟 0.5mm 的速率施加竖向荷载，于 2.5、6、10 和 16.5 kN 时暂停加载并分别实施第 2、3、4、5 个扫描步。每个扫描步里，旋转台累计旋转 360°，每隔 0.18°扫描获得一张二维投影图像，共产生 2000 张投影图像，有效分辨率为 37.2μm。当荷载达到峰值 16.5kN 时（即第 5 个扫描步），试件表面出现劈裂形态的宏观裂缝。此后，试件所能承受的荷载持续减小。

2.3.2　图像重建与材料分割

如图 2.17 所示，还需要将每个扫描步获得的一系列二维投影图像（大约 15 GB）导入软件 CT Pro 与 VG Studio 进行体素重建。为消除试件粗糙表面的影响，需将重建所得数字图像的边界略作切削，得到 37.2mm×37.2mm×37.2mm 的立方体。将数字

图像存储为 *.3D raw 文件,并通过三维图像可视化与处理软件 Avizo 的重采样(resample)命令将 x、y、z 方向的图片数量均减少为 372 张,即将分辨率减低至 0.1mm,从而减少后续操作的工作量。图 2.18 显示了 Avizo 中骨料、砂浆与孔洞的分布情况,图中白色亮点由射束硬化效应产生,可通过降噪操作消除。为完成三维图像各相材料的分割,需进一步通过 Avizo 的 Line-Probe graph 功能确定不同材料组分的 CT 数阈值范围,得到骨料 30000~65535、砂浆 18000~30000、孔洞 0~18000,并通过如图 2.19 所示细化处理过程和布尔操作,依次分割得到骨料、砂浆、孔洞和混凝土各相集合体,见图 2.17(b),其中各相图像已作三值化处理。值得注意的是,由于骨料和孔洞具有较为复杂的几何形态与空间分布,在上述细化处理过程中需分别沿 x、y、z 方向进复查,避免骨料接触粘连以及内部含有砂浆或孔洞的情况。

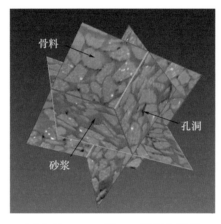

图 2.18 Avizo 显示三维图像数据

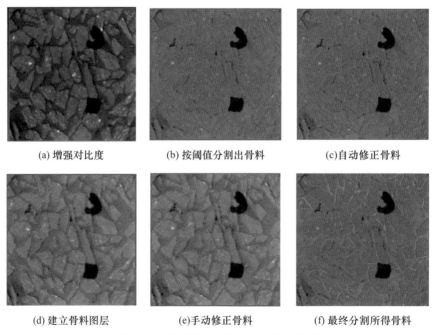

图 2.19 骨料图像细化处理与分割流程

2.3.3 从 CT 图像到几何模型

前述 CT 原位实验获取的图像数据（图 2.17）已作三值化处理：将骨料相和砂浆相看作细观尺度上各向同性的均质材料，将孔洞看作缺陷。整合得到的混凝土三维图像沿着（即垂直于）x、y、z 轴方向各有 372 张图片。对于如图 2.20（a）所示的单张图片，在平面内两个方向各有 372 个 0.1mm 尺寸的体素立方体单元，整个模型则有 $372^3=5100$ 万体素单元。一般可通过 MATLAB 的 imresize 函数对图片进行压缩，获得较低分辨率如 0.2mm 和 0.4mm，分别如图 2.20（b）和（c）所示，从而提高模拟效率。对于 0.4mm 分辨率的图片，其每个方向各有 93 个像素。

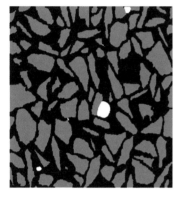 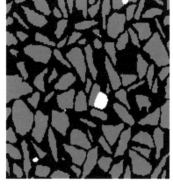 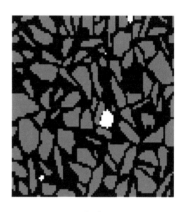

(a) 372×372像素(0.1mm)　　(b) 186×186像素(0.2mm)　　(c) 93×93像素(0.4mm)

图 2.20　图片压缩以获得不同分辨率

无论是哪种分辨率的图片，均可采用如图 2.21 所示算法，通过沿一个方向进行叠加，从而得到三维混凝土细观几何模型。图 2.22 给出了由 93 张 xy 平面的 0.4mm 分辨率图片叠加生成的三维模型，分别显示了骨料、砂浆、孔洞和初始裂缝组分。此外，需进一步将与骨料体素相邻的砂浆体素识别为界面过渡区（interfacial transition zone, ITZ），用于表征混凝土中薄弱的骨料-砂浆界面材料。在细观研究中，ITZ 和孔洞通常被视为混凝土薄弱环节，往往是裂缝萌生和贯穿的地方，会对混凝土的破坏模式和宏观力学响应造成显著影响[18,19]。实验研究表明[20,21]，ITZ 厚度一般取为 $10\sim50\mu m$，但该范围尺寸会导致模拟时局部网格过细而造成数值上的困难。因此在数值模拟中，ITZ 的厚度一般取为 $0.2\sim0.8$mm[22] 或 0.5mm[23]。Song 和 Lu[24] 在混凝土压缩模拟中分别选取 0.5mm、1.0mm 和 2.0mm 作为 ITZ 厚度，发现 0.5mm 和 1.0mm 所得荷载-位移曲线基本重合，而 2.0mm 的软化段较高。Kim 和 Al-Rub[25] 将 ITZ 的厚度设为 $0.1\sim0.8$mm，发现其对混凝土受拉软化行为影响甚微。本节基于 CT 图像的细观模型，根据建模所采用的图片分辨率，取 ITZ 厚度为 $0.1\sim0.4$mm。

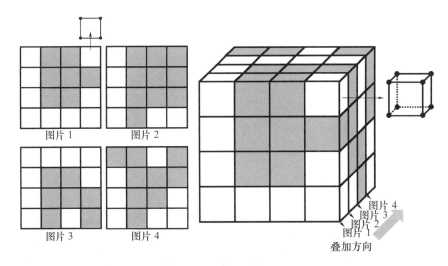

图 2.21 CT 图像的像素和体素结构及二者的叠加关系

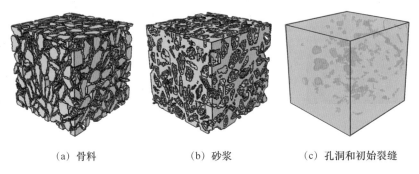

(a) 骨料　　　　　(b) 砂浆　　　　　(c) 孔洞和初始裂缝

图 2.22 二维图片叠加算法获得混凝土细观几何模型

2.4 基于CT骨料库和动态浇筑的细观模型

考虑到 CT 实验成本较高，图像处理过程复杂耗时，一次 CT 实验仅能生成一个细观模型，因此不便于开展多模型、多参数的定量分析，例如对骨料含量影响的定量研究，这意味着需要提高数据的利用率。本节将一次 CT 实验获得的大量真实骨料用来建立骨料形态库，并结合动态浇筑过程的模拟，生成骨料形态真实、分布符合实际振捣特征、骨料含量区间较大的混凝土细观模型。

首先对 2.3 节材料分割获得的粗骨料进行数据处理，总共有 635 颗骨料。使用一种图形覆盖算法[26]来获得每颗骨料的封闭三维表面，如图 2.22（a）所示，包括顶点和三角面，并存储为 STL 格式文件。然而，由于原始图像数据是由大量体素构成的，这些表面呈现出高度的阶梯或锯齿状。因此将使用 Humphrey's Classes（HC）-Laplacian 算法[27]对聚集体表面进行平滑处理，具体公式见图 2.23；k 用于表示可移动的表面顶点，构成集合 V_m，而 $Adj(k)$ 表示与 k 相邻的顶点，为了完成表面平滑处理，使用 $\mathbf{p}_k$ 来更新初始位置 $\mathbf{q}_k$。更新后的顶点需要修改回 $\mathbf{q}_k$ 附近来避免平滑处理造成体积过度缩小。

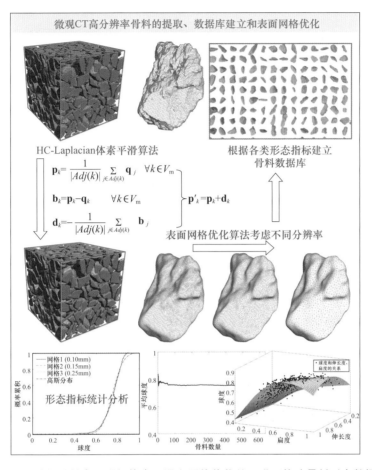

图 2.23　对粗骨料表面进行体素平滑和网格优化处理进而构建骨料形态数据库

值得注意的是，一般需要对骨料各顶点进行多次 HC-Laplace 平滑处理（迭代）。作者[28]研究发现，当总迭代次数 $N_i=15$ 时平滑的效果最好，并且能保持原有 0.1mm 表面网格分辨率和骨料形态特征，骨料体积含量略减少了 1.6%。当总迭代次数为 50 时，则会造成骨料含量减少 3.9%的过度光滑结果。此外，一种自适应表面优化算法[29]能够用于降低拓扑复杂度、改善三角面质量，并且能够减少三角面和顶点的数量，从而提高计算效率。图 2.23 用一颗骨料表面的优化过程作为示例：首先，通过 HC-Laplacian 平滑算法获得 S1，然后使用表面优化算法得到 S2 和 S3，这三个表面网格的分辨率或尺寸分别是 0.1mm、0.15mm 和 0.25mm。由于研究[28]已证明这些网格能获得相近的形态学指标（包括球度、圆度、粗糙度等），后续将使用 S2 来考虑求解精度和计算效率的平衡。

从 CT 实验可获得 635 颗骨料用于建立一个骨料真实形态库，以便于随机选取骨料来生成混凝土数值模型，从而避免对混凝土试件或单颗骨料的重复扫描。此外，这些骨料一般需要通过尺寸缩放来满足如表 2.4[3] 所示的粒径分布。为方便编程，骨料粒径取为具有相同体积的球体的等效直径。每一级配的骨料含量和总体骨料含量都应满足，具体算法见 2.2 节。

表 2.4 三级配骨料粒径分布[3]

筛孔直径（mm）	通过筛孔的骨料累计含量（%）
12.70	100
9.50	77
4.75	26
2.36	0

如 2.2 节所述，在传统随机生成算法中，骨料依次缩放再投放到混凝土试件中，每颗骨料不与其他骨料相交或重叠。但实现这种状态需要进行大量的循环判断，导致计算成本较高，并且也较难达到高于 30% 的骨料含量（尤其当骨料形状比较复杂时），这主要是因为骨料不可移动造成了大量的空间浪费。

为解决该问题，本节采用一种名为 Bullet 的物理引擎（physics engine）将骨料颗粒动态浇筑进容器或模具中[6,28,31]。Bullet 物理引擎是三大物理模拟引擎之一（另外两种是 Havok 和 PhysX），其中使用了一种硬接触离散元模型（hard-contact DEM）[30]。该硬接触 DEM 与允许颗粒重叠的传统软接触 DEM[32-34] 有所不同，后者通过罚函数方式将颗粒刚度置为非常大的数值来使重叠量达到最小，因此需要使用非常小的时间步长来保证数值的稳定性。此外，传统 DEM 还需要使用大量的球团（cluster）来近似复杂颗粒的几何形状，见图 2.24[35]。相比之下，Bullet 物理引擎采用硬接触 DEM 实现了一种更为高效的基于脉冲算法的动力学方法，适用于多刚体碰撞的场景[36]，一旦检测到接触位置，就能够快速地求解碰撞颗粒之间的接触力。这不仅允许更大的时间步长，还避免了为不规则颗粒形状寻求复杂的接触算法，从而提高模拟效率[30]。另外，可以自由使用更加真实的三角面片表面网格，将复杂骨料颗粒直接导入和模拟而无需做几何简化。

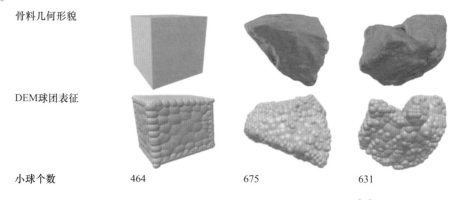

图 2.24 传统 DEM 采用球团来近似颗粒的几何形状[35]

本节通过 Bullet 物理引擎对混凝土浇筑过程进行模拟，包括重力压实和机械振捣。具体而言，该引擎已与开源软件 Blender[37-40]集成，可通过内部 Python 脚本调用来模拟大量骨料颗粒间的相互碰撞。增量时间步取 $\Delta T=1/80$ s，通过 Newton 定律和 symplectic Euler 方程[41]求解颗粒随时间的位置和转角变化。其他参数还包括恢复系数、摩擦系数和速度阻尼系数，分别设置为 0.1、0.4 和 0.2，这些值能够有效地反映砂浆对颗粒运动的黏性影响，当恢复系数 $e=0$ 时，意味着颗粒吸收了碰撞的全部能量。此外，为了进行碰撞检测并保证颗粒最后均匀分布，需设置颗粒之间以及颗粒与容器侧壁之间的碰撞边距 $\delta \geqslant 0$，其值分别为 0.35mm、0.25mm、0.20mm 和 0.10mm，对应骨料含量 f_a 为 30%、40%、50% 和 60%。骨料和容器的密度分别为 2500kg/m³ 和 7800kg/m³。

在浇筑之前，需要从前述骨料形态库中随机选取骨料，满足级配和含量要求，将这些骨料逐层放置在目标容器的顶部。然后启动 Bullet 物理引擎，让所有骨料自由落体，模拟倾倒过程。如图 2.25 所示，容器的顶部边缘配有 4 个滑道，可以帮助引导骨料向下，并防止它们外溢。

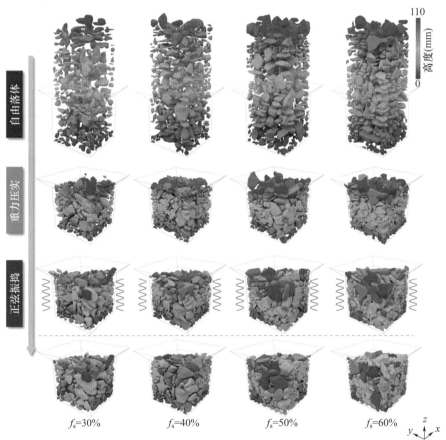

图 2.25 将不同含量的骨料填充到边长为 50mm 的立方体容器的过程

注：自由落体、重力压实和正弦振捣，形成了骨料紧密堆积的结构（不同颜色代表骨料形心的初始高度，用于追踪它们的运动）。

当第一层骨料触底后，由速度和重力驱动的压实过程开始。在这个过程中，骨料与骨料、骨料和容器壁碰撞，直到大部分骨料进入目标容器，只有少数骨料留在容器开口四周的滑道上。然后，在两个水平方向上对容器施加正弦振动，持续120s，以增强密实度。对容器质心采用以下振动方程

$$x = x_0 + A\sin(\omega t + \varphi_0) \quad [2.25(a)]$$
$$y = y_0 + A\sin(\omega t + \varphi_0) \quad [2.25(b)]$$

式中，根据文献[42,43]，选取振幅$A=0.3$mm和频率$\omega=7.0$rad/s。

图2.25采用了一种颜色编码系统，根据形心初始高度为各每个骨料分配不同的颜色，这样可以区分每个骨料并追踪它们在浇筑过程中的高度变化。

图2.25中，从左至右最终达到的骨料含量分别为30%、40%、50%和60%，远高于传统随机投放方法能获得的骨料含量。为做进一步说明，图2.26对比了两个关键阶段，即"振捣之前的重力压实"和"振捣之后"，其中选取了图2.25各列的中间切片来显示在重力压实和振捣作用下骨料互相嵌入的形成过程。可以观察到，在振捣之后，骨料面积含量A_a都增加了，且随着不同列骨料含量的增加（从左到右），这种趋势变得更加明显。原因是振动会使骨料频繁移动、旋转并穿入可用的间隙或通道，尤其是小骨料和扁平骨料的端部。这种整体性的行为被称为"颗粒流动"[36,44]，能够从图2.25中各行颜色的变化来反映。

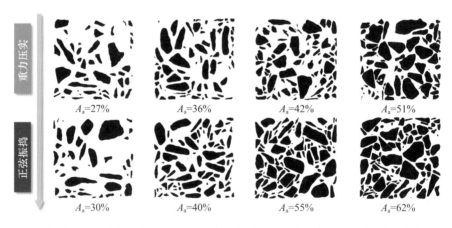

图2.26 选取中间切片来显示嵌锁结构在重力压实和振捣作用下的形成过程

这种行为本质上受到骨料-骨料和骨料-容器壁之间的表面摩擦力影响。在振捣过程中，容器中的空隙被填满或者被压缩，形成了骨料相互嵌锁的结构。此外，摩擦力使得骨料更密集地与容器壁平齐。这类似于真实浇筑过程中使用振动来实现密实结构的过程。振捣结束时，较大的骨料将形成主骨架，而中间的可用空隙则由较小的骨料填充。值得一提的是，虽然有一些研究[45-47]使用传统的DEM来模拟骨料的倾倒填充，但对骨料的振捣研究仍然很少，因为涉及到复杂的多颗粒之间的频繁碰撞，当骨料颗粒采用真实的复杂形态时，则更具挑战性。还应该注意到，通过优化骨料的填充效果，提升均匀性和紧密性，有助于减少混凝土的生产成本，提高混凝土的工作性、力学性能和耐久性[48]。

还需要注意的是，在上述骨料的动态填充过程中，少量的骨料会超出容器高度，这里使用一个与容器高度相同的平面进行对超出的部分体积进行修剪，从而计算容器内的骨料含量。骨料填充完毕，就进行布尔运算，将其余区域分离为砂浆。图 2.27 显示了按骨料含量 30%、40%、50% 和 60% 分别获得的细观混凝土几何模型。获得的骨料和砂浆两相组分可输出为 STL 文件，用于后续的有限元网格划分。关于骨料-砂浆界面，见后文分析。

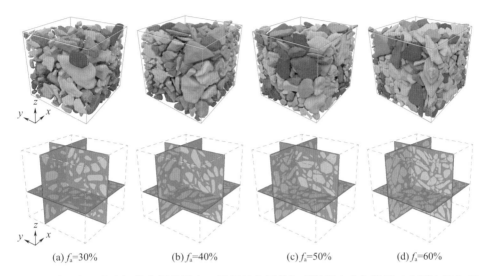

(a) f_a=30%　　　　(b) f_a=40%　　　　(c) f_a=50%　　　　(d) f_a=60%

图 2.27　通过重力压实和振捣获得的具有不同骨料含量的细观混凝土几何模型（容器边长为 50mm）

2.5　有限元网格生成算法

在混凝土细观模拟研究中，无论是采用随机骨料模型还是数字图像模型，一般都需要显式地表征出骨料、砂浆和孔洞等各相组分，这些组分具有随机和复杂的几何形状和空间分布。因此，实现细观结构自动、高效的网格划分，即前处理步骤对将几何模型转化为适合分析的数值模型是十分重要的。

2.5.1　基于几何轮廓的自由网格

若采用简化的圆/球、球/椭圆或多边形/多面体骨料建立混凝土细观模型，均可在 ABAQUS 网格划分模块布置种子，采用四面体单元和自由网格技术进行自动划分。图 2.28 为混凝土细观结构的网格划分结果，其中骨料含量 30%，共计 423 颗骨料，单元平均尺寸为 2mm，网格划分过程由 ABAQUS Python 脚本程序自动控制。

对于形态较复杂的真实骨料，则可以使用软件 Altair HyperMesh 提供的网格划分平台和算法，其在参数输入、体视学分析和可视化方面比较自动和便于使用。如图 2.29 所示，以线性四面体单元生成骨料和砂浆非结构化网格为例，采用了一种"壳层到实体"的映射方法：(1) 读取骨料几何 STL 数据；(2) 识别试件和骨料的外表面

(即壳层);(3)从这些表面出发,向砂浆和骨料内部分别生长新节点和实体,逐层更新网格前沿,直到离散完全部计算域。在图2.27(a)所示骨料含量为30%的混凝土细观结构中,采用单元平均尺寸$h_e=0.5$mm时,骨料和砂浆的单元数量分别为324687和1110272,节点总数为240416。然而,当骨料含量增加为60%,这些数量也显著增加,分别为925443、1969648和473337。这是由于骨料之间的距离缩小,需要局部采用更小的单元进行过渡,因此也产生了更多的节点。

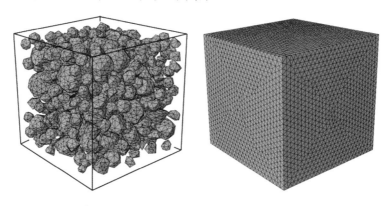

图2.28 通过ABAQUS Python脚本程序完成混凝土细观结果网格划分

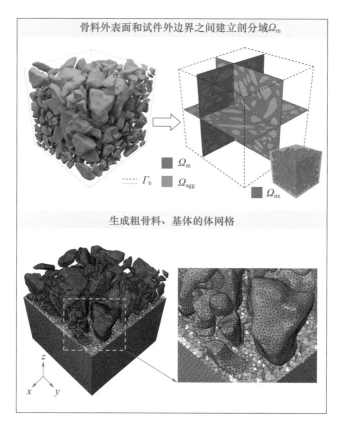

图2.29 混凝土复杂细观结构的网格划分主要步骤

注:在Altair HyperMesh中读取骨料数据并识别边界$\varGamma_b$,再自动生成四面体单元。

在混凝土细观分析中，另一个关键的材料相是骨料-砂浆界面过渡区（ITZ），通常是最薄弱的环节，能够显著地影响破坏模式和整体力学特性。然而，ITZ 的厚度通常在 10～50μm 的范围内，采用实体单元来模拟这样微小的厚度会导致 ITZ 内的网格过于密集，从而给数值计算造成困难。一般可采用零厚度的黏结界面单元来模拟 ITZ：先识别骨料表面，然后再插设这类单元，详见第 4 章。

2.5.2　基于像素或体素的背景网格

对于基于 CT 图像的细观模型，可以直接将各相材料筛分好、三值化的一系列二维图像沿某个轴（如 z 轴）自下而上叠加形成三维模型，该叠加算法简单直接，形成的每个体素可以直接转化为相同大小的正六面体八节点等参单元[49-54]就完成了有限元网格划分，之后再将各体素对应的材料类别赋予每个单元。此外，一些实验研究[19,55]表明，ITZ 在微观上是高度非均质的多孔材料，具有弱于砂浆的力学性能，然而其力学性能沿厚度方向的变化规律仍无定论，因此 ITZ 通常被视作与骨料和砂浆同时相邻的均质材料以方便数值模拟（图 2.30），而且其弹性模量和强度取弱于砂浆的值[25]，例如 ITZ 的弹性模量与强度一般可按 Song 和 Lu[24] 的建议取为砂浆的 75%。对于二维模型，则直接将二维图像的像素转化为有限元单元来完成计算域的离散。

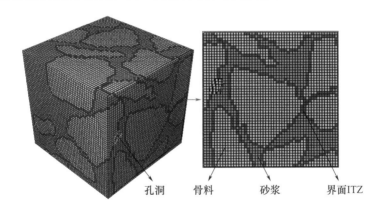

图 2.30　基于体素的网格划分和单元各相材料属性

图 2.31（b）显示了由 93 张 xy 平面的二维图像（0.4mm 分辨率）沿 z 轴进行叠加所生成的混凝土细观模型，并与原始 CT 三维图像进行对比，可见二者的细观结构吻合良好。值得注意的是，图 2.31（b）的数值模型显示了 ITZ，因此骨料间距比图 2.31（a）看起来更紧凑。再对各相的体积分数进行统计，研究图像压缩与叠加算法的影响，在原始的 CT 三维图像中（分辨率为 0.1mm），骨料的体积分数是 48.21%，孔洞是 0.91%。对于本章使用的 0.4mm 分辨率的模型，骨料的体积分数是 45.76%，孔洞是 1.07%。可见，压缩了 64 倍（相当于原始有限单元数量的 1/64）的模型仍较好地保持了细观结构的几何特征。此外，对其他两个方向叠加生成 0.4mm 分辨率的模型进行比较：沿 x 轴方向叠加得到 46.16% 的骨料与 1.07% 的孔洞，沿 y 轴方向叠加得到 46.06% 的骨料与 1.07% 的孔洞。这说明叠加方向对各相体积分数的影响可以忽略。因

此，如图 2.31（b）所示有限元模型被用于第 3 章数值模拟。模型的单元尺寸（即体素分辨率）是 0.4mm，由 795764 个正六面体八节点等参单元（ABAQUS 的 C3D8 单元）组成，含有 837371 个节点。

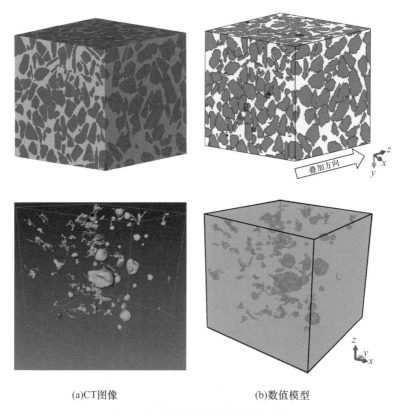

(a)CT图像　　　　　　　　　(b)数值模型

图 2.31　数值模型与 CT 图像比较

以上基于规则的像素或体素结构进行网格划分的思路，与一类名为"背景网格法"的方法是类似的，如马怀发等[56]、方秦等[57]和吴彰钰等[58]将细观结构映射到规则的正六面体背景网格上，建立了混凝土三维细观力学数值模型，有限元网格的分辨率（即单元大小）一般取最小骨料粒径的 1/8～1/4。这种方法相当于对细观结构的几何实体进行像素化或体素化，虽然快捷直接、单元质量较好，但不可避免地会造成几何拓扑精度的损失和对分辨率的依赖性[59]，均匀、统一的单元尺寸也会造成比较大的求解规模，较难实现不同目标区域网格自动渐进划分的需求，从而导致模型整体计算效率低等问题。需要注意的是，"背景网格法"还可以反过来用于骨料的投放和侵入判断，主要思路为先在空间内产生均匀的网格点，使用已投放的骨料对被占用的网格点进行相应的标记，对于新投放的骨料则查明与其重叠的网格点是否之前被标记过，如被标记，则表明该骨料必与已投放的骨料存在重叠或包含的侵入关系，需重新进行投放。

对于已进行像素或体素化的 CT 图像，还可从像素或体素网格出发，产生等值曲面来实现细观结构边界识别和重建，再采用前述基于几何轮廓的算法，利用更为灵活的四面体单元进行网格划分，从而控制单元数目和质量。值得注意的是，等值曲面本质上也是一种针对像素或体素网格的表面平滑算法，可参考2.3节相关内容。另外，借助如比例边界有限元法等新型数值方法，可实现基于四叉树或八叉树分解快速实现不同尺寸单元的过渡，完成局部网格加密和粗化，具有更好的适应性[60]，这方面算例详见第6章。

2.6 本章小结

本章主要介绍了混凝土细观结构的建模方法。由于在细观尺度上砂浆被看作一种均质材料，孔洞或初始裂缝作为一种缺陷，因此各类混凝土细观模型的焦点是粗骨料。首先介绍了随机骨料模型，包括顺序算法和并发算法进行骨料的投放，按二维圆形、多边形和三维多面体简化骨料给出了具体的实现过程。针对形态复杂的真实骨料，还介绍了基于CT实验的方法，包括直接基于混凝土CT图像的方法以及将CT骨料库和动态浇筑结合来构建数值混凝土的方法，后者避免了不断进行CT实验和图像处理，提高了数据利用率和建模效率。值得注意的是，动态浇筑方法重现了混凝土试件制备过程中大量骨料堆积和振捣的物理力学过程，不受骨料形态的限制，能有效形成更紧密的骨料堆积结构，相比于传统随机投放或背景网点法更具优势，并且可获得骨料含量区间范围更广的混凝土细观模型。本章最后还提到两类有限元网格生成算法，将几何模型转化为适合分析的数值模型。本章涉及计算机图形学、多尺度实验和数字图像处理等较多内容，为后续的损伤断裂模拟计算奠定了基础。

需要注意的是，本章介绍的模拟思路与技术路径同样适用于构建纤维水泥基复合材料（如FRC、UHPC、UHTCC、ECC等）的细观模型，旨在精准捕捉并再现这些材料中大量随机分布纤维与基体之间复杂的空间拓扑关系，但另外需要有效模拟纤维与基体之间的黏结滑移机制，以及纤维对裂缝发展的桥连与抑制效应，读者可进一步参考作者的文献[61-64]。

参考文献

[1] WANG Z M, KWAN A K H, CHAN H C. Mesoscopic study of concrete I: generation of random aggregate structure and finite element mesh [J]. Computers & Structures, 1999, 70 (5): 533-44.

[2] WRIGGERS P, MOFTAH S O. Mesoscale models for concrete: homogenisation and damage behavior [J]. Finite elements in analysis and design, 2006, 42 (7): 623-636.

[3] HIRSCH T J. Modulus of elasticity iof concrete affected by elastic moduli of cement paste matrix and aggregate [J]. Journal proceedings, 1962, 59 (3): 427-452.

[4] LI Y Q, METCALF J B. Two-step approach to prediction of asphalt concrete mod-

ulus from two-phase micromechanical models [J]. Journal of materials in civil engineering, 2005, 17 (4): 407-415.

[5] ZHANG H, HUANG Y J, XU S L, et al. 3D cohesive fracture of heterogeneous CA-UHPC: A mesoscale investigation [J]. International journal of mechanical sciences, 2023, 249: 108270.

[6] ZENG C, ZHENG Z S, ZHANG H, et al. 3D mesoscale investigation of non-uniform steel corrosion in reinforced concrete under chloride environments [J]. Construction and building materials, 2024, 411: 134273.

[7] CABALLERO A, LÓPEZ C M, CAROL I. 3D meso-structural analysis of concrete specimens under uniaxial tension [J]. Computer methods in applied mechanics and engineering, 2006, 195 (52): 7182-7195.

[8] NIKNEZHAD D, RAGHAVAN B, BERNARD F, et al. Towards a realistic morphological model for the meso-scale mechanical and transport behavior of cementitious composites [J]. Composites Part B: Engineering, 2015, 81: 72-83.

[9] 郭翔, 张清杰, 翟鹏程, 等. 基于Micro-CT的NEPE推进剂装药界面细观结构 [J]. 固体火箭技术, 2017, 40 (2): 194-198.

[10] 庞维强, 周刚, 王可, 等. 固体推进剂损伤多尺度模拟研究进展 [J]. 兵器装备工程学报. 2021, 42 (12): 32-43.

[11] HAN I, DEMIR L, ŞAHIN, M. Determination of mass attenuation coefficients, effective atomic and electron numbers for some natural minerals [J]. Radiation physics and chemistry, 2009, 78 (9): 760-764.

[12] KETCHAM R A, CARLSON W D. Acquisition, optimization and interpretation of X-ray computed tomographic imagery: applications to the geosciences [J]. Computers & Geosciences, 2001, 27 (4): 381-400.

[13] LANDIS E N, KEANE D T. X-ray microtomography [J]. Materials characterization, 2010, 61: 1305-1316.

[14] YANG Z J, REN W Y, SHARMA R, et al. In-situ X-ray computed tomography characterisation of 3D fracture evolution and image-based numerical homogenisation of concrete [J]. Cement and concrete composites, 2017, 75: 74-83.

[15] REN W Y, YANG Z J, SHARMA R, et al. Two-dimensional X-ray CT image based meso-scale fracture modelling of concrete [J]. Engineering fracture mechanics, 2015, 133: 24-39.

[16] HUANG Y J, YANG Z J, REN W Y, et al. 3D meso-scale fracture modelling and validation of concrete based on in-situ X-ray Computed Tomography images using damage plasticity model [J]. International journal of solids and structures, 2015, 67: 340-352.

[17] MOSTAFAVI M, BAIMPAS N, TARLETON E, et al. Three-dimensional crack

observation, quantification and simulation in a quasi-brittle material [J]. Acta materialia, 2013, 61: 6276-6289.

[18] NILSEN A U, MONTEIRO P J M. Concrete: A three phase material [J]. Cement and concrete research, 1993, 23 (1): 147-151.

[19] SCRIVENER K L, CRUMBIE A K, LAUGESEN P. The interfacial transition zone (ITZ) between cement paste and aggregate in concrete [J]. Interface science, 2004, 12 (4): 411-421.

[20] TASONG W A, LYNSDALE C J, CRIPPS J C. Aggregate-cement paste interface Part I: Influence of aggregate geochemistry [J]. Cement and concrete research, 1999, 29 (7): 1019-1025.

[21] XIAO J Z, LI W G, CORR D J, et al. Effects of interfacial transition zones on the stress-strain behavior of modeled recycled aggregate concrete [J]. Cement and concrete research, 2013, 52: 82-99.

[22] ZHOU X Q, HAO H. Modelling of compressive behaviour of concrete-like materials at high strain rate [J]. International journal of solids and structures, 2008, 45 (17): 4648-4661.

[23] PEDERSEN R R, SIMONE A, SLUYS L J. Mesoscopic modeling and simulation of the dynamic tensile behavior of concrete [J]. Cement and concrete research, 2013, 50: 74-87.

[24] SONG Z H, LU Y. Mesoscopic analysis of concrete under excessively high strain rate compression and implications on interpretation of test data [J]. International journal of impact engineering, 2012, 46: 41-55.

[25] KIM S M, AL-RUB R K A. Meso-scale computational modeling of the plastic-damage response of cementitious composites [J]. Cement and concrete research, 2011, 41 (3): 339-358.

[26] FEDOROV A, BEICHEL R, KALPATHY-CRAMER J, et al. 3D Slicer as an image computing platform for the Quantitative Imaging Network [J]. Magnetic resonance imaging, 2012, 30 (9): 1323-1341.

[27] VOLLMER J, MENCL R, MUELLER H. Improved laplacian smoothing of noisy surface meshes [C] //Computer graphics forum. Oxford, UK and Boston, USA: Blackwell Publishers Ltd, 1999, 18 (3): 131-138.

[28] HUANG Y J, GUO F Q, ZHANG H, et al. An efficient computational framework for generating realistic 3D mesoscale concrete models using micro X-ray computed tomography images and dynamic physics engine [J]. Cement and concrete composites, 2022, 126: 104347.

[29] FAROOK T H, BARMAN A, ABDULLAH J Y, et al. Optimization of Prosthodontic Computer-Aided Designed Models: A virtual evaluation of mesh quality re-

duction using open source software [J]. Journal of prosthodontics, 2021, 30 (5): 420-429.

[30] HE H, ZHENG J. Simulations of realistic granular soils in oedometer tests using physics engine [J]. International journal for numerical and analytical methods in geomechanics, 2020, 44 (7): 983-1002.

[31] HUANG Y J, NATARAJAN S, ZHANG H, et al. A CT image-driven computational framework for investigating complex 3D fracture in mesoscale concrete [J]. Cement and concrete composites, 2023, 143: 105270.

[32] CUNDALL P A, STRACK O D L. A discrete numerical model for granular assemblies [J]. Geotechnique, 1979, 29 (1): 47-65.

[33] ZHANG J Q, WANG X, YIN Z Y, et al. DEM modeling of large-scale triaxial test of rock clasts considering realistic particle shapes and flexible membrane boundary [J]. Engineering geology, 2020, 279: 105871.

[34] ZHANG J R, ZHANG M X, DONG B Q, et al. Quantitative evaluation of steel corrosion induced deterioration in rubber concrete by integrating ultrasonic testing, machine learning and mesoscale simulation [J]. Cement and concrete composites, 2022, 128: 104426.

[35] WANG N, ZHANG C, MA T, et al. Mechanical insights into the behavior of cement stabilized aggregates during compaction and failure using smart aggregate: Experiments and DEM simulations [J]. Construction and building materials, 2023, 399: 132504.

[36] TOSON P, KHINAST J G. Impulse-based dynamics for studying quasi-static granular flows: Application to hopper emptying of non-spherical particles [J]. Powder technology, 2017, 313: 353-360.

[37] COUMANS E. Bullet Physics Library [OL]. http://bulletphysics.org/.

[38] BLENDER FOUNDATION. Blender 2.91 reference manual. [OL]. http://www.docs.blender.org/manual/en.

[39] ZHU F, ZHAO J D. Modeling continuous grain crushing in granular media: a hybrid peridynamics and physics engine approach [J]. Computer methods in applied mechanics and engineering, 2019, 348: 334-355.

[40] OLATUNJI J R, LOVE R J, SHIM Y M, et al. An automated random stacking tool for packaged horticultural produce [J]. Journal of food engineering, 2020, 284: 110037.

[41] LEE S J, HASHASH Y M A. iDEM: An impulse-based discrete element method for fast granular dynamics [J]. International journal for numerical methods in engineering, 2015, 104 (2): 79-103.

[42] WANG Y L, ZHANG J B, WANG X T, et al. Laboratory investigation on the

performance of cement stabilized recycled aggregate with the vibration mixing process [J]. Mathematical problems in engineering, 2020, 2020: 1-11.

[43] ZHANG G J, AN X Z, ZHAO B, et al. Discrete element method dynamic simulation of icosahedral particle packing under three-dimensional mechanical vibration [J]. Particuology, 2019, 44: 117-125.

[44] SUN Q C, WANG G Q, HU K H. Some open problems in granular matter mechanics [J]. Progress in natural science, 2009, 19 (5): 523-529.

[45] REISI M, MOSTOFINEJAD D, RAMEZANIANPOUR A A. Computer simulation-based method to predict packing density of aggregates mixture [J]. Advanced powder technology, 2018, 29 (2): 386-398.

[46] ZHAO L H, ZHANG S H, HUANG D L, et al. 3D shape quantification and random packing simulation of rock aggregates using photogrammetry-based reconstruction and discrete element method [J]. Construction and building materials, 2020, 262: 119986.

[47] NIE J Y, CAO Z J, LI D Q, et al. 3D DEM insights into the effect of particle overall regularity on macro and micro mechanical behaviours of dense sands [J]. Computers and geotechnics, 2021, 132: 103965.

[48] MOINI M, FLORES-VIVIAN I, AMIRJANOV A, et al. The optimization of aggregate blends for sustainable low cement concrete [J]. Construction and building materials, 2015, 93: 627-634.

[49] TERADA K, MIURA T, KIKUCHI N. Digital image-based modelling applied to the homogenization analysis of composite materials [J]. Computational mechanics, 1997, 20 (4): 331-346.

[50] CANTON B, GILCHRIST M D. Automated hexahedral mesh generation of complex biological objects: dedicated to the memory of Professor Bertram Broberg, colleague and friend [J]. Strength, fracture and complexity, 2010, 6 (1): 51-68.

[51] HOLLISTER S J, KIKUCHI N. Homogenization theory and digital imaging: a basis for studying the mechanics and design principles of bone tissue [J]. Biotechnology and bioengineering, 1994, 43 (7): 586-596.

[52] CRAWFORD R P, KEAVENY T M, ROSENBERG W S. Quantitative computed tomography-based finite element models of the human lumbar vertebral body: effect of element size on stiffness, damage, and fracture strength predictions [J]. Journal of biomechanical engineering, 2003, 125 (4): 434-438

[53] MISHNAEVSKY JR L L. Automatic voxel-based generation of 3D microstructural FE models and its application to the damage analysis of composites [J]. Materials science and engineering: A, 2005, 407 (1): 11-23.

[54] HUANG M, LI Y M. X-ray tomography image-based reconstruction of micro-

structural finite element mesh models for heterogeneous materials [J]. Computational materials science, 2013, 67: 63-72.

[55] MONDAL P, SHAH S P, MARKS L D. Nanomechanical properties of interfacial transition zone in concrete [C]. Proceedings of nanotechnology in construction 3, 2009, Springer, 315-320.

[56] 马怀发, 陈厚群, 吴建平, 等. 大坝混凝土三维细观力学数值模型研究 [J]. 计算力学学报, 2008 (2): 241-247.

[57] 方秦, 张锦华, 还毅, 等. 全级配混凝土三维细观模型的建模方法研究 [J]. 工程力学, 2013, 30 (1): 14-21.

[58] 吴彰钰, 张锦华, 余红发, 等. 基于三维随机细观模型的珊瑚混凝土力学性能模拟 [J]. 硅酸盐学报, 2021, 49 (11): 2518-2528.

[59] 吴耕宇, 潘懋, 郭艳军. 利用几何求交实现三角网格模型快速体素化 [J]. 计算机辅助设计与图形学学报, 2015, 27 (11): 2133-2141.

[60] JIANG S Y, SUN L G, OOI E T, et al. Automatic mesoscopic fracture modelling of concrete based on enriched SBFEM space and quad-tree mesh [J]. Construction and building materials, 2022, 350: 128890.

[61] ZHANG H, HUANG Y J, YANG Z J, et al. A discrete-continuum coupled finite element modelling approach for fibre reinforced concrete [J]. Cement and concrete research, 2018, 106: 130-134.

[62] ZHANG H, YU R C. Inclined fiber pullout from a cementitious matrix: A numerical study [J]. Materials, 2016, 9 (10): 800.

[63] HAI L, HUANG Y J, WRIGGERS P, et al. Investigation on fracture behaviour of UHPFRC using a mesoscale computational framework [J]. Computer methods in applied mechanics and engineering, 2024, 421: 116796.

[64] 黄宇劼, 张慧, 高超, 等. 考虑纤维取向特征的超高性能混凝土三维细观断裂 [J]. 硅酸盐学报, 2024, 1-15.

第 3 章

基于连续损伤塑性模型的混凝土细观断裂模拟

3.1 概述

混凝土是一种由骨料、砂浆、界面、孔洞等组分构成的多相复合材料,这些组分在宏观上被视为材料因素,而在细观上则作为结构因素。混凝土细观结构的非均质性导致了混凝土宏观承载力和裂缝的随机性和离散性,也为工程设计和灾变评估带来了很大的不确定性。传统混凝土断裂模型假设混凝土为均质材料,虽利于编程和计算,但此类模型未考虑非均质细观结构的影响,往往获得相比于实际更为光滑的裂缝扩展路径,难以获得可靠的宏观承载力响应和统计代表性。因此,对混凝土进行细观断裂模拟是十分必要的,有助于深入理解损伤萌生直至失效破坏的复杂机理,揭示细观结构对宏观力学性能的影响机制。在对混凝土细观结构的表征方面,前述随机骨料模型所用建模参数一般基于简化假设,与真实细观组分有一定差距,同时所得结果一般通过宏观承载力曲线或裂缝路径的包络结果进行间接比较,难以与实验试件及其加载过程直接对比验证,其准确性与代表性值得商榷。基于 X 射线计算机断层扫描(computed tomography,CT)图像,可以建立具有真实细观结构的数值模型,然而,目前基于 CT 图像的数值研究大多集中在几何表征和线弹性分析方面,在非线性损伤断裂模拟和验证方面的研究报道相对较少。

本章将基于 CT 图像的混凝土细观模型和连续损伤塑性本构模型相结合,先与 CT 原位劈拉实验进行直接对比验证,然后开展静态压缩和拉伸模拟,研究混凝土内部三维复杂裂缝的起裂和扩展直至试件破坏的全过程,着重分析孔洞分布对裂缝演化和试件承载力的影响,进而采用大量 CT 二维图像数据,开展混凝土动态压缩破坏特性的蒙特卡洛模拟,在统计意义上定量研究动态应变率和混凝土细观异质性对宏观动态强度与破坏形式的影响,揭示混凝土静、动态力学行为离散性的多尺度物理机制和来源。

3.2 混凝土损伤塑性模型

混凝土损伤塑性(concrete damaged plasticity,CDP)模型最早由 Lubliner 等[1]提

出用于描述单调加载问题，随后由 Lee 和 Fenves[2] 改进用于考虑动态与循环荷载作用。该连续介质模型假设混凝土的主要破坏模式为拉裂（cracking）与压碎（crushing），可以描述由损伤引起的材料刚度退化和不可恢复的塑性永久变形。通用有限元软件 ABAQUS 集成了 CDP 模型，用于模拟混凝土材料的准静态单调加载、周期性往复加载、低围压下动态加载等问题，得到广泛应用[3-8]。

图 3.1 给出了 CDP 模型在单轴拉伸与压缩时的力学响应，图中标示了弹性应变 ε^{el}、非弹性应变 $\tilde{\varepsilon}_t^{ck}$ 与 $\tilde{\varepsilon}_c^{in}$、等效塑性应变 $\tilde{\varepsilon}^{pl}$。混凝土材料的刚度退化由两个独立的各向同性损伤变量来描述，即拉伸损伤因子 d_t 和压缩损伤因子 d_c。材料在单轴拉伸和压缩条件下的应力-应变关系分别为

$$\sigma_t = (1-d_t) E_0 (\varepsilon_t - \tilde{\varepsilon}_t^{pl}) \qquad [3.1（a）]$$

$$\sigma_c = (1-d_c) E_0 (\varepsilon_c - \tilde{\varepsilon}_c^{pl}) \qquad [3.1（b）]$$

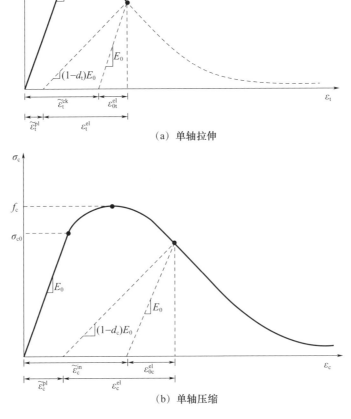

(a) 单轴拉伸

(b) 单轴压缩

图 3.1 混凝土损伤塑性模型单轴拉伸和压缩本构关系

在多轴加载条件下，需要对单轴条件下硬化参数的演化方程进行扩展，拉伸和压缩等效塑性应变率分别是

$$\dot{\tilde{\varepsilon}}_t^{pl} = r(\hat{\bar{\boldsymbol{\sigma}}})\dot{\hat{\varepsilon}}_{max}^{pl} \qquad [3.2（a）]$$

$$\dot{\tilde{\varepsilon}}_c^{pl} = -(1-r(\hat{\bar{\boldsymbol{\sigma}}}))\dot{\hat{\varepsilon}}_{min}^{pl} \qquad [3.2（b）]$$

式中，$\dot{\hat{\varepsilon}}_{max}^{pl}$ 和 $\dot{\hat{\varepsilon}}_{min}^{pl}$ 分别为塑性应变率张量 $\dot{\hat{\varepsilon}}^{pl}$ 的最大和最小特征值，单轴受力时分别对应于拉伸时的 $\dot{\varepsilon}_{11}^{pl}$ 与压缩时的 $\dot{\varepsilon}_{11}^{pl}$；$r(\hat{\bar{\boldsymbol{\sigma}}})$ 为应力权重系数

$$r(\hat{\bar{\boldsymbol{\sigma}}}) = \frac{\sum_{i=1}^{3}\langle\hat{\bar{\sigma}}_i\rangle}{\sum_{i=1}^{3}|\hat{\bar{\sigma}}_i|}; 0 \leqslant r(\hat{\bar{\sigma}}) \leqslant 1 \qquad (3.3)$$

式中，$\hat{\bar{\sigma}}_i$ 为主应力分量，符号 $\langle\cdot\rangle$ 表示 $\langle x\rangle = \frac{1}{2}(|x|+x)$。

硬化变量 $\tilde{\varepsilon}_t^{pl}$ 与 $\tilde{\varepsilon}_c^{pl}$ 的演化方程为

$$\dot{\tilde{\varepsilon}}^{pl} = \begin{bmatrix}\dot{\tilde{\varepsilon}}_t^{pl}\\ \dot{\tilde{\varepsilon}}_c^{pl}\end{bmatrix} = \hat{\mathbf{h}}(\hat{\bar{\boldsymbol{\sigma}}},\tilde{\varepsilon}^{pl})\cdot\dot{\hat{\varepsilon}}^{pl} \qquad [3.4（a）]$$

$$\hat{\mathbf{h}}(\hat{\bar{\boldsymbol{\sigma}}},\tilde{\varepsilon}^{pl}) = \begin{bmatrix}r(\hat{\bar{\boldsymbol{\sigma}}}) & 0 & 0\\ 0 & 0 & -(1-r(\hat{\bar{\boldsymbol{\sigma}}}))\end{bmatrix} \qquad [3.4（b）]$$

另外，CDP 模型采用非关联塑性流动法则

$$\dot{\varepsilon}^{pl} = \dot{\lambda}\frac{\partial G(\bar{\boldsymbol{\sigma}})}{\partial \bar{\boldsymbol{\sigma}}} \qquad (3.5)$$

式中，G 为修正的 Drucker-Prager 双曲线塑性势函数

$$G = \sqrt{(\omega\sigma_{t0}\tan\psi)^2 + \bar{q}^2} - \bar{p}\tan\psi \qquad (3.6)$$

$\bar{\boldsymbol{\sigma}}$ 为有效应力张量；$\dot{\lambda}$ 为非负的塑性乘子；ψ 为高围压下的剪胀角；σ_{t0} 为开裂时的单轴拉应力 f_t；ω 为偏心率，决定了势函数接近渐近线的速率（等于 0 时势函数趋于一条直线）；$\bar{p} = -\frac{1}{3}\bar{\boldsymbol{\sigma}}:\mathbf{I}$ 为有效静水压力，$\mathbf{I}$ 为应力不变量；$\bar{q} = \sqrt{\frac{3}{2}\bar{\mathbf{S}}:\bar{\mathbf{S}}}$ 为 Mises 有效应力，$\bar{\mathbf{S}} = \bar{p}\mathbf{I} + \bar{\boldsymbol{\sigma}}$ 为有效应力张量 $\bar{\boldsymbol{\sigma}}$ 的偏分量。

在有效应力空间中，CDP 模型的屈服函数可表示为

$$F = F(\bar{\boldsymbol{\sigma}},\tilde{\varepsilon}^{pl}) = \frac{1}{1-\alpha}[\bar{q} - 3\alpha\bar{p} + \beta(\tilde{\varepsilon}^{pl})\langle\bar{\sigma}_{max}\rangle - \gamma\langle-\bar{\sigma}_{max}\rangle] - \bar{\sigma}_c(\tilde{\varepsilon}_c^{pl}) = 0 \qquad [3.7（a）]$$

$$\alpha = \frac{(\sigma_{b0}/\sigma_{c0}) - 1}{2(\sigma_{b0}/\sigma_{c0}) - 1} \qquad [3.7（b）]$$

$$\beta = \frac{\bar{\sigma}_c(\tilde{\varepsilon}_c^{pl})}{\bar{\sigma}_t(\tilde{\varepsilon}_t^{pl})}(1-\alpha) - (1+\alpha) \qquad [3.7（c）]$$

$$\gamma = \frac{3(1-K_c)}{2K_c - 1} \qquad [3.7（d）]$$

式中，$\bar{\sigma}_{max}$ 为 $\bar{\boldsymbol{\sigma}}$ 的最大值；σ_{b0}/σ_{c0} 为双轴和单轴初始屈服压应力之比；$\bar{\sigma}_c$ 和 $\bar{\sigma}_t$ 分别

为拉伸和压缩有效黏聚应力;K_c 为拉压子午线第二应力不变量之比,该屈服常数决定了屈服面在偏平面上的投影形状。图 3.2 给出平面应力条件下的屈服面。

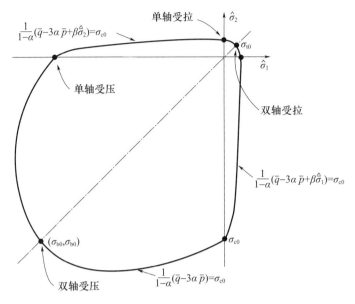

图 3.2 平面应力条件下的屈服面示意图

具体细观模拟中,考虑到骨料的强度与刚度都较大,假设其为线弹性;采用 CDP 模型来描述砂浆和 ITZ 的损伤破坏过程。通过纳米压痕实验[9]获得骨料、砂浆的弹性模量分别为 50GPa、20GPa。砂浆的抗压、抗拉强度分别取 35MPa 与 4.5MPa。ITZ 的力学参数按 Song 和 Lu[10]建议取为砂浆的 75%,即弹性模量为 15GPa,抗压、抗拉强度分别为 27MPa、3.5MPa。假设砂浆和 ITZ 的应力-应变曲线在达到抗压与抗拉强度之前均为线弹性。

砂浆和 ITZ 的压缩软化曲线采用过镇海[11]提出的压应力-压应变关系式

$$\frac{\sigma_c}{f_c} = \frac{\dfrac{\varepsilon_c}{\varepsilon_{c0}}}{\alpha\left(\dfrac{\varepsilon_c}{\varepsilon_{c0}}-1\right)^2 + \dfrac{\varepsilon_c}{\varepsilon_{c0}}} \quad (3.8)$$

式中,σ_c 与 ε_c 分别为压缩应力和应变;ε_{c0} 为抗压强度 f_c 对应的应变;系数 $\alpha = 0.157 f_c^{0.785} - 0.905$。

砂浆和 ITZ 的拉伸软化曲线采用 Hordijk[12]提出的拉应力-裂缝宽度关系式

$$\frac{\sigma_t}{f_t} = \left[1 + \left(3.0\frac{w}{w_0}\right)^3\right] e^{\left(-6.93\frac{w}{w_0}\right)} - 10\frac{w}{w_0} e^{-6.93} \quad (3.9)$$

式中,w_0 为拉应力降为 0 时的开裂宽度

$$w_0 = 5.4\frac{G_f}{f_t} \quad (3.10)$$

式中,断裂能 G_f 对砂浆取 0.04N/mm,ITZ 取 0.02N/mm,即二者具有 2 倍的比例关系[13,14]。在 ABAQUS 中,式(3.9)所描述的拉伸软化曲线通过关键词 *CON-

CRETE TENSION STEFFEINIGN，TYPE=DISPLACEMENT 进行输入，其中使用 DISPLACEMENT 而非 STRAIN，从而采用断裂能软化曲线来有效地减少网格敏感性。

另外，CDP 模型还需输入 5 个与混凝土塑性行为相关的参数：剪胀角、偏心率、双轴抗压强度与单轴抗压强度比、拉压子午线第二应力不变量之比和黏性系数，这些参数分别设置为 30°、0.1、1.16、0.667 和 0.0001。

3.3 CT 原位实验模拟和验证

为验证细观模型的准确性，先对图 2.31（b）所示数值试件进行 CT 原位压缩实验的模拟。采用位移加载控制，在试件顶部 $17.5 \times 17.5 \text{mm}^2$ 的区域（相当于截面面积的 19%）进行压缩加载，其相对面的同等区域作为固定端。使用 ABAQUS/Explicit 显式求解器进行准静态分析，设定荷载步时间为 0.01 s。

图 3.3 比较了数值模拟和 CT 原位实验获得的荷载-位移曲线。可见，模拟曲线和实验曲线在整体趋势上吻合较好，模拟所得承载力 16.3 kN 也与实验结果 16.5 kN 十分接近。然而，实验所得初始刚度偏大，这有可能由加载端非均匀且非线性的接触所致，也见于其他 CT 实验研究[15]。这说明了 CT 原位实验的复杂性与不确定性，因此有必要开展更多的针对性实验。

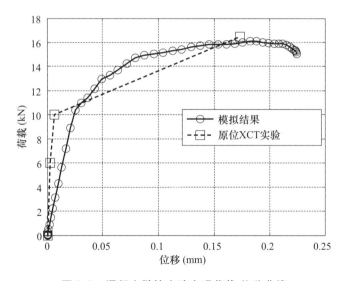

图 3.3 混凝土劈拉实验宏观荷载-位移曲线

图 3.4 将模拟的裂缝分布与实验结果进行对比，模拟采用最大主应变表征宏观裂缝，裂缝形态呈现劈裂特征[13]；图 3.5 显示了试件表面的骨料以便观察裂缝的分布与走向；图 3.6 分别给出了零载和极限承载力时试件中孔洞与裂缝的分布情况。通过上述结果的比较，可以发现数值模拟在孔洞分布以及裂缝分布方面与实验观测吻合较好，初步表明了该数值模型的可靠性。

 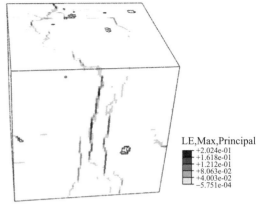

图 3.4　CT 原位实验（左）与真实微细观模型（右）的表面裂缝对比

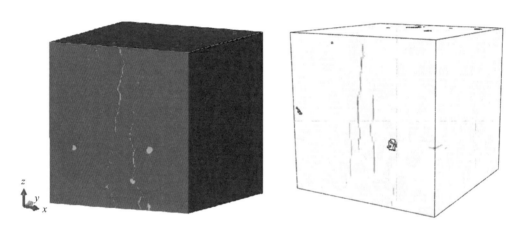

图 3.5　CT 原位实验（左）与微细观模型（右）的表面裂缝沿骨料路径对比

通过研究中间二维切片（与加载方向 z 轴垂直），进一步比较模拟与实验结果。图 3.7 的（a）和（b）两图为极限承载下的 CT 图像，其中高亮显示出裂缝分布。图 3.7 的（c）和（d）两图则分别是数值模拟与数字体相关（DVC）实验分析[9]得到的应变云图。通过比较，可以发现各图所示裂缝分布较为一致。

 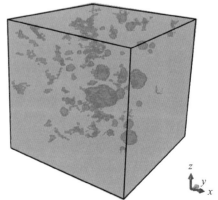

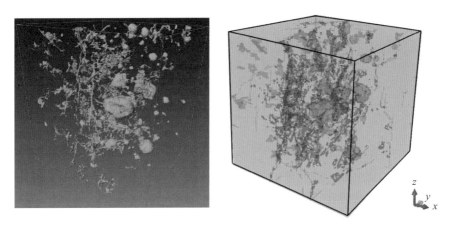

图 3.6 CT 原位实验（左）与微细观模型（右）的内部孔洞和裂缝对比：
零载时（上排）和最大承载力时（下排）

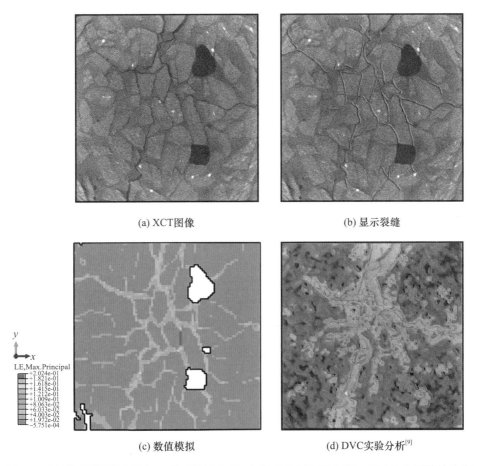

(a) XCT图像　　　　　　　　(b) 显示裂缝

(c) 数值模拟　　　　　　　　(d) DVC实验分析[9]

图 3.7 达到极限承载力时与 z 轴（见图 3.6）加载方向垂直的中间一层图片上裂缝的分布

3.4 静态单轴压缩和拉伸模拟

3.4.1 单轴压缩

对上述三维模型进行单轴压缩模拟,采用位移加载控制,对加载面上所有节点施加压缩位移,同时约束住相对面的节点沿加载方向的位移,以及一个角节点的横向位移以消除刚体位移。上述边界条件忽略了端部摩擦的影响[13]。分别沿 x、y、z 轴三个方向进行加载。如图 3.8(a)所示为计算所得宏观平均应力-应变曲线,其中 A~E 为一些关键点。如图 3.8(b)所示为宏观平均应力-体积应变曲线。这些曲线的形态特征与典型混凝土单轴压缩的实验结果[16]吻合良好。三个方向的抗压强度分别是 31.0MPa、29.0MPa 与 28.2MPa,这些数值之间存在 9% 的最大差异,曲线软化段也反映出较明显的差异,表明非均质细观结构沿不同方向的分布对宏观力学响应有较大影响。图 3.8(b)反映了体积应变先减后增的变化特征,说明受压试件先变得紧实,随后由于孔洞、裂缝的演化而膨胀。

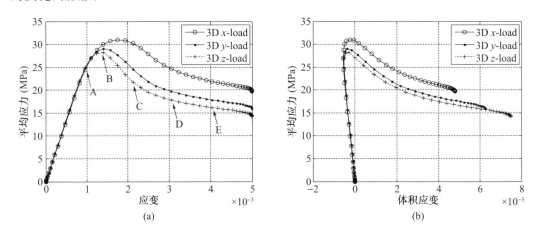

图 3.8 单轴压缩宏观应力-应变曲线(a)和宏观应力-体积应变曲线(b)

图 3.9 给出了试件外表面损伤的发展过程,图中用 ABAQUS 压缩损伤因子 DAMAGEC≥0.9 来表征裂缝(图中红色单元)。模拟所得斜向的裂缝分布与端摩擦较低时的数值模拟[10]以及实验[17,18]吻合良好。前部、后部视角显示出宏观裂缝的分布存在较大差异,这也显示出细观结构的非均质性影响。

图 3.10 给出了一个三维内视图,用来显示试件内部细观结构对损伤与裂缝发展的影响,见图 3.11。可以发现,损伤大多在孔洞周围出现,然后向附近孔洞扩展,继而形成一个复杂的三维裂缝网络。在此过程中出现了复杂的裂缝桥连和分叉现象。如图 3.10 红箭头所指,裂缝的扩展被途中大骨料阻碍,只能绕着该骨料继续扩展。由此可知,孔洞与骨料的分布很大程度上影响了裂缝的起裂和扩展。此外,还观察到试件受

压时形成的裂缝倾向于从试件外部向内部发展。图 3.12 进一步比较了沿不同方向压缩时试件内部与外部的破坏模式，表明随机非均质细观结构对宏观裂缝分布有显著影响。

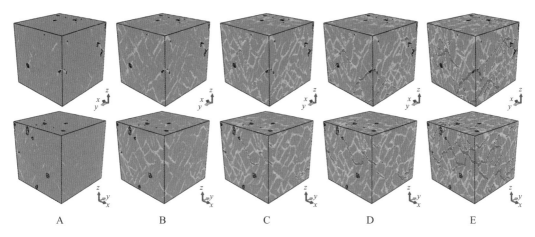

图 3.9　对应于加载过程 A～E 的 z 轴压缩损伤发展：前视角（上）和后视角（下）

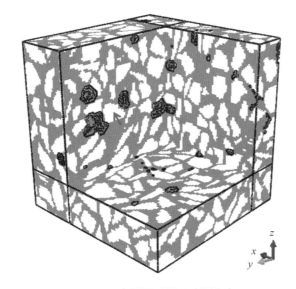

图 3.10　内视图以显示孔洞分布

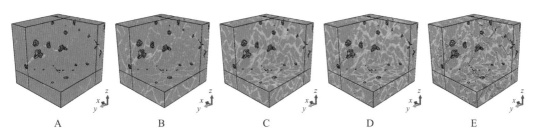

图 3.11　对应于加载过程 A～E 的 z 轴压缩损伤演化过程

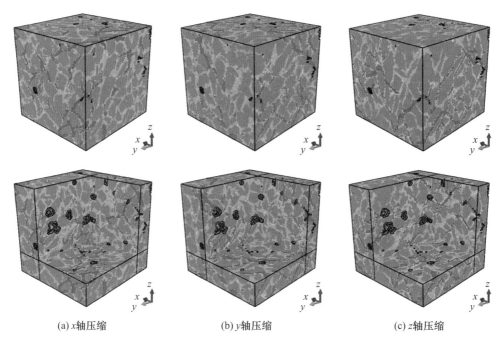

(a) x 轴压缩   (b) y 轴压缩   (c) z 轴压缩

图 3.12 沿不同方向压缩时试件的破坏模式

3.4.2 单轴拉伸

1. 典型拉伸断裂特性

接下来,对上述三维模型进行单轴拉伸模拟,分别沿着三个不同方向进行位移控制的拉伸加载:加载面各节点施加以位移直至 $d=0.06\text{mm}$,其他边界条件同单轴压缩模拟一致。图 3.13 显示了不同加载方向所得宏观平均应力-位移曲线。尽管具有相似形态,但这三条曲线在抗拉强度与软化段均存在差异,反映出细观结构非均质性的影响。对应于 x、y、z 轴方向的加载,三条曲线的抗拉强度分别是 3.78MPa、4.15MPa 和 4.13MPa,计算所得断裂耗散能分别是 109.03mJ、157.20mJ 和 148.75mJ。

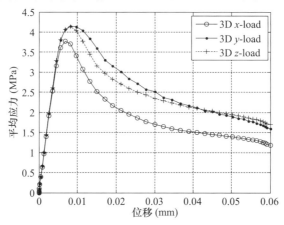

图 3.13 混凝土单轴拉伸宏观应力-位移曲线

图 3.14 与图 3.15 给出了试件的外部与内部视图,以显示不同方向拉伸形成的裂缝分布情况。这里用拉伸损伤因子 DAMAGET$\geqslant$0.8 表征裂缝(即图 3.14 的红色区域以及图 3.15 的绿色区域)。

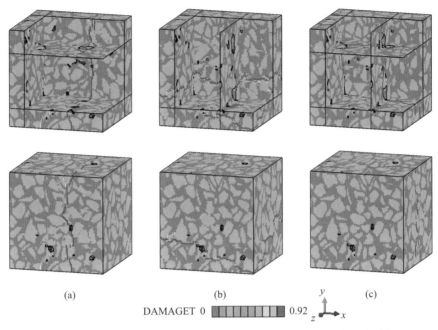

图 3.14 沿 x 轴 (a)、y 轴 (b) 和 z 轴 (c) 拉伸产生的三维裂缝

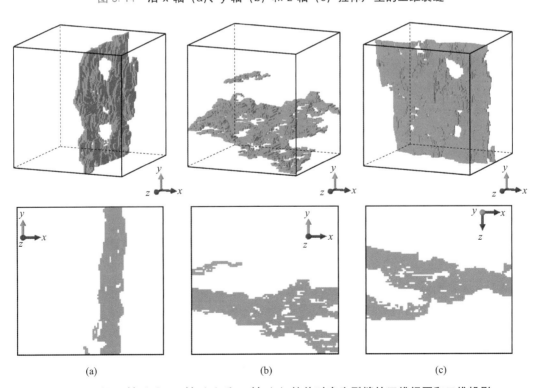

图 3.15 沿 x 轴 (a)、y 轴 (b) 和 z 轴 (c) 拉伸时产生裂缝的三维视图和二维投影

当沿 x 轴方向拉伸时，所形成的裂缝主要集中在一个带状的区域，这导致了较低的承载力以及较为迅速的软化，试件的残余应力也较低；相比之下，沿 y、z 轴方向拉伸时，形成的断裂面的分布变得更加弥散并且具有成层特征，试件承载力较高，应力-位移曲线下降得较缓慢，残余应力也更高。这是因为垂直于 x 轴拉伸方向的一些切面同时穿过了试件的两个最大孔洞，这些切面的有效抗拉面积明显小于其他切面，使得"最弱链"（weakest link）[19]较容易形成，裂缝在"最弱链"产生，随后迅速局部化扩展直至贯穿整个试件（详见后文孔洞效应分析）；然而另外两个方向加载时，各有效受拉截面的强弱差异并不显著，因此在更分散的区域内形成了微裂缝，其间的骨料阻碍了裂缝的直接桥连，从而增加了裂缝路径的长度，使得试件中不易形成局部化主裂缝带。从能量耗散的角度分析，相比于 x 轴方向拉伸，y、z 轴方向拉伸产生的裂缝需要不断绕过骨料，裂缝的分叉与桥连变得频繁复杂，形成的断裂面也更为曲折粗糙，因此提高了断裂耗散能、承载力与残余应力[20]。上述模拟结果表明，混凝土宏观力学特性的差异表现为不同加载方向导致，但实际上是细观结构如骨料、孔洞的随机分布引起。

2. 二维与三维模型断裂性能的比较

由于建模和计算上的便利性，二维模型获得广泛应用，但二维模型与其所代表的三维实际情况之间的差异性仍需探索。对于广泛应用的随机骨料模型，其细观结构往往基于假设，所产生的二维模型与三维模型亦缺乏物理关联性。因此，尽管有文献将基于随机骨料的二维和三维模型进行对比，所得结论的代表性和说服力仍值得商榷，而基于 CT 图像建立的二维模型和三维模型，其细观结构较为真实，并且由于三维模型可看成是由二维图像或模型叠加产生，二者在物理构成上是紧密相关的。

本节对二维模型采用蒙特卡洛模拟并进行统计分析，并从力学响应与断裂特征等方面比较二维与三维的模拟结果，并研究孔洞的含量与分布对试件的裂缝与承载力的影响。构建了三维模型的所有 93 张 xy 平面的二维图片作为样本，进行 x 向单轴拉伸的蒙特卡洛模拟。编写 Windows 系统批处理程序，将模型依次提交计算，无须人工干预。使用 Python 程序提取计算结果进行统计分析，进而与三维模拟结果进行对比，以揭示二维和三维模型在断裂力学性能上的关联与差异。

图 3.16 显示了蒙特卡洛模拟各二维样本的宏观应力-位移曲线以及平均曲线（红色）和抗拉强度的均值与标准差。由图可知，各样本仅在达到峰值应力（即抗拉强度）之前的弹性段具有一致性，表明各样本的非均质细观结构对宏观弹性响应影响甚微，而对抗拉强度与软化行为的影响较大。

图 3.17（a）和（b）分别给出了蒙特卡洛样本数对抗拉强度平均值和标准差的影响。由图可见，这两个统计值最终趋于稳定，表明 93 个二维模型足够获得统计上收敛的计算结果。图 3.17（c）显示了抗拉强度的累积概率函数，图中也绘出具有相同平均值和标准差的高斯分布函数作为参考，可见模拟结果近似服从高斯分布。

再研究随加载位移 d 增加，试件内部裂缝的发展过程。单轴拉伸时，大多数的二维模型最终形成多裂缝（图 3.18）或是单裂缝（图 3.19），这些裂缝呈现与加载方向垂直的分布特征。由图 3.18、图 3.19 可知，微裂缝多形成于孔洞附近的 ITZ；在达到承载力时，试件中并未产生明显的宏观裂缝。随着加载的继续，一些微裂缝逐渐闭合，而一些微裂缝继续扩展、互相连通而发展成宏观裂缝，且具有局部化的分布特征。

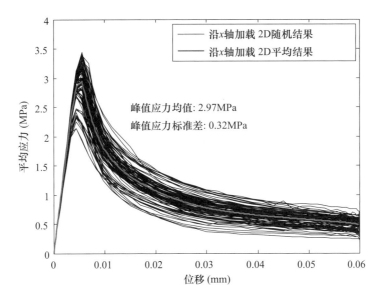

图 3.16　二维模型单轴拉伸宏观应力-位移曲线

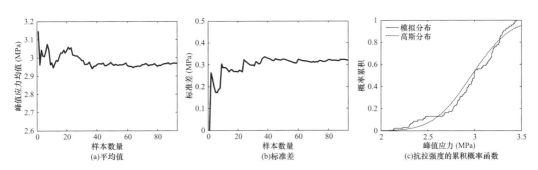

图 3.17　抗拉强度平均值和标准差随样本数的变化以及抗拉强度累积概率函数

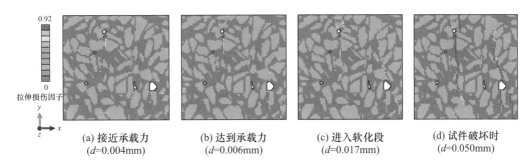

图 3.18　二维模型受 x 轴向拉伸时多裂缝的形成过程

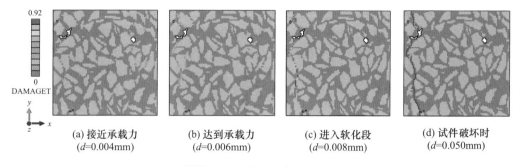

(a) 接近承载力 (b) 达到承载力 (c) 进入软化段 (d) 试件破坏时
(d=0.004mm) (d=0.006mm) (d=0.008mm) (d=0.050mm)

图 3.19 二维模型受 x 轴向拉伸时单裂缝的形成过程

图 3.20 表明，在 x 轴向拉伸下，三维模型的裂缝发展规律与二维模型相似，也发生于孔洞附近，并倾向于从内部孔洞向外表面扩展。由于 ITZ 的抗拉强度与断裂能弱于砂浆，裂缝大多沿着较为薄弱的 ITZ 扩展。同时，当达到承载力时，试件中几乎未观察到宏观裂缝。三维试件在最终破坏时形成了曲折粗糙的裂缝面，见图 3.15（a）。一些数值模拟[21,22]和实验[23]研究也观察到类似的三维裂缝的形成过程与裂缝面形态特征。应该注意到，对混凝土各相材料使用不同的本构模型与材料参数均有可能改变裂缝的形成过程，因此细观结构、各相材料参数对混凝土断裂性能的统计影响还需要后续进行深入研究。

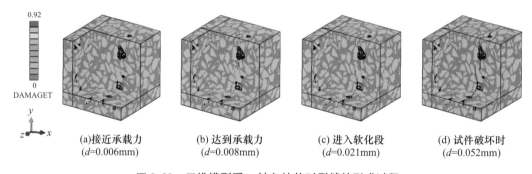

(a) 接近承载力 (b) 达到承载力 (c) 进入软化段 (d) 试件破坏时
(d=0.006mm) (d=0.008mm) (d=0.021mm) (d=0.052mm)

图 3.20 三维模型受 x 轴向拉伸时裂缝的形成过程

图 3.21 比较了三维模型中不同切面的裂缝分布与二维模型直接模拟的裂缝。图 3.21 左列选取的是三维模型沿 z 轴方向在 xy 平面的一些代表性切面，显示了三维裂缝在这些切面上的投影；右列则是基于这些切面的二维模型的断裂模拟结果。从图中可以看到，不同二维模型的裂缝分布差异很大，有的模型中出现多条裂缝，有的模型中只出现了单条裂缝，这反映了混凝土随机非均质细观结构的影响。相反，三维模型在 x 轴拉伸下形成了一条几乎贯穿试件的较为集中的裂缝带，从图 3.15（a）与图 3.20（d）可以看出，该裂缝带形成并贯穿于试件的两个最大孔洞，如图 3.21 所示的第 49 切面包含了这两个孔洞的投影，因而该切面在 x 轴拉伸时具有最小的有效抗拉面积。由图 3.21 左列可见，这条三维裂缝带使得各二维切面在裂缝分布上产生了彼此关联，均集中分布在相同范围内，表明各二维切面对开裂具有共同抵抗作用。

由此可见，二维模型无法模拟与解释三维的（面外）裂缝形成与扩展机理，因而具有一定的局限性。

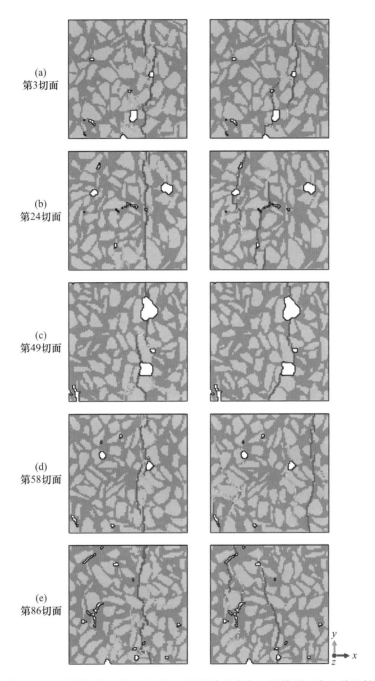

图 3.21 三维模型不同切面（左）的裂缝分布与二维模型（右）的比较

图 3.22 进一步比较了二维、三维细观模型在 x 轴拉伸下的宏观力学响应。三维模型的抗拉强度为 3.78MPa，高于所有二维模型的抗拉强度，比其均值 2.79MPa 高约 40%。同时，三维模型的软化段以及残余应力也高于二维模型。由前述分析可知，裂缝在三维空间的扩展存在复杂的桥连与分叉现象，这体现了二维切面的共同抗裂效应，也反映了骨料的空间阻挡作用。相比于二维模型，三维裂缝的形成更为复杂与困难，因而

产生了更加曲折粗糙的裂缝面,断裂耗散能与承载力也较二维模型更高[23]。图 3.22 也给出了单轴拉伸的实验数据[12],可见模拟得到的曲线形态与实验吻合较好。该实验用于拟合本章单轴拉伸软化关系式(3.9),但由于实验试件与数值模型在尺寸与细观组分方面并不相同,该实验数据仅作参考。

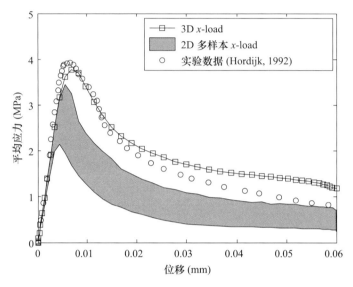

图 3.22　混凝土单轴拉伸宏观应力-位移曲线

3. 孔洞含量与分布对断裂性能的影响

孔洞是一个多尺度的概念,从纳米级的 C-S-H 层间孔隙,微米级的毛细孔到毫米级的气泡。研究表明,孔洞对混凝土宏观力学特性(如承载力、破坏模式等)有很大的影响[24,25]。然而大多数研究只关注少量样本的结果,并且缺少对相关机理的研究分析。尚未见到关于孔洞空间分布对混凝土断裂性能影响的研究报道。本章建立的基于 CT 图像的细观混凝土模型,具有真实的孔洞含量与空间分布,有助于开展孔洞效应的定量研究。

首先,基于二维模型的蒙特卡洛模拟结果,从统计上定量分析孔洞对抗拉强度的影响。图 3.23(a)显示了抗拉强度随孔洞含量的变化,可以看出二者存在线性负相关的关系,可以解释为孔洞含量的增加使得有效抗拉面积相应减少,因此需要减少孔洞含量以实现结构/材料的优化。此外,由图 3.23 可见大约 80% 的二维样本具有不大于 1.5% 的孔洞含量,这些样本的抗拉强度为 2.7~3.5MPa。图 3.23(b)还给出了抗拉强度与骨料含量的关系,但并未发现有明显的关联规律。

再考虑孔洞的三维空间分布对混凝土断裂性能的影响。由于本研究只有一个三维混凝土模型,孔洞含量是一定的,但沿三个轴 x、y、z 的加载方向上具有不同的孔洞分布。由前文得到的应力-位移曲线(图 3.13)和断裂面分布(图 3.15)可知,孔洞作为缺陷对混凝土力学性能有较大影响,因此有必要从孔洞分布方面探讨相关机理。

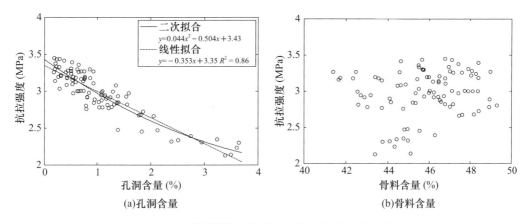

图 3.23　二维模型抗拉强度与孔洞、骨料含量的关系

为了研究三维孔洞分布对混凝土断裂性能的影响，分析沿（即垂直于）拉伸加载方向的不同切面的孔隙含量变化。沿每个方向各有 93 个切面，图 3.24 显示了各切面的孔洞含量变化，断裂面的投影也在图中显示以作位置对比。沿不同加载方向 x、y、z，孔洞含量的均值是 1.07%，而标准差分别是 1.18%、0.56%、0.82%。由图可知，当试件沿 x、z 轴受拉时，形成的裂缝面与孔洞含量最高的切面位置基本重合，这两个切面分别是沿 x 轴的第 65 切面［图 3.24（a）］与沿 z 轴的第 49 切面［图 3.24（c）］；上述两个切面均同时穿过试件内部两个最大孔洞［图 3.15（a）和（c）］，形成了孔洞含量变化图中的单峰形态。这种断裂面与孔洞分布的对应关系与 Weibull 的"最弱链"理论[19]相吻合，即：孔洞含量最大的切面具有最小的有效抗拉面积，容易成为"最弱链"而引起裂缝的形成与结构的破坏。然而，在 y 轴拉伸下，试件中这两个最大的孔洞不会被同一个切面所穿过，只是分别被不同的切面穿过（沿 y 轴的第 20 切面与第 72 切面附近），从而使得孔洞含量变化图中出现了两个明显的峰值，其幅度相比于沿 x、z 轴时微弱许多，因此沿 y 轴拉伸时裂缝面的位置与孔洞含量的对应关系不明显。

图 3.25 进一步给出了沿不同方向拉伸时抗拉强度与切面的孔洞含量标准差之间的关系。图 3.25 和图 3.24 的结果均表明，切面的孔洞含量标准差较高时，沿该方向的孔洞含量波动较大，造成"最弱链"更容易形成，沿该方向加载时更容易形成较为集中的断裂面，试件的破坏形式更显脆性，试件的抗拉强度也较低；而切面的孔洞含量标准差较低时，沿该方向的孔洞含量波动较小，此时该方向上的孔洞分布相对均匀，各"链"的抗拉性能相差不大，难以确定"最弱链"，使这些"链条"同时破坏较为困难，因此断裂面的形成较复杂、曲折与分散，所需断裂耗散能更多，试件承载力更高。

图 3.26 给出了孔洞的三维空间分布，同时也显示了断裂面的位置（也可参考图 3.15），以进一步探讨其与孔洞空间分布的关联。试件被分为前半部分与后半部分以便观察。从图中可以看出孔洞的空间分布特征：孔洞主要在试件前半部分的左上角与左下角区域、后半部分的中间区域呈密度较大的分布，而试件两个最大孔洞附近并无其他集

中分布的孔洞。为了显示断裂面的位置，将沿着 x、y、z 轴受拉形成的断裂面分别用长虚线、短虚线、点划线来表示。由图 3.26 可见，长虚线所示断裂面（x 轴受拉）仅同时穿过试件内部两个最大的孔洞；点划线所示断裂面（y 轴受拉）穿过孔洞密集的区域；短虚线所示断裂面（z 轴受拉）不仅穿过了两个最大的孔洞，也穿过孔洞密集的区域。因此，断裂面的形成既与大孔洞导致的"最弱链"有关，也受到孔洞空间分布密集程度的影响。

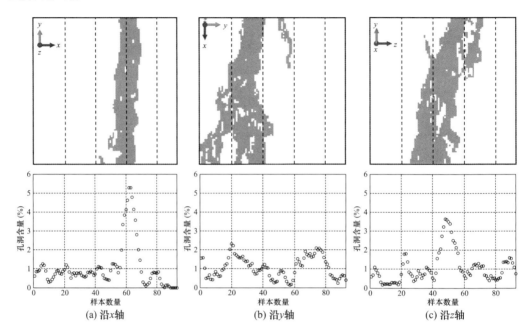

图 3.24　断裂面的投影（上排）与沿不同方向各切面上的孔洞含量变化（下排）

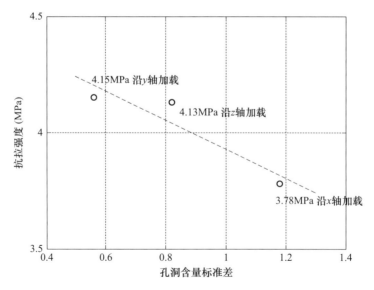

图 3.25　抗拉强度与沿不同方向切面的孔洞含量标准差之间的关系

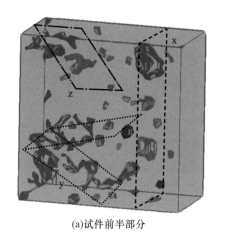 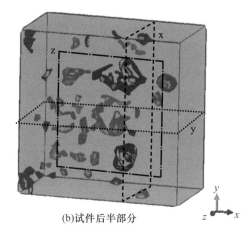

(a) 试件前半部分　　　　　　　　(b) 试件后半部分

图 3.26　孔洞分布与裂缝面的对应关系

注：长虚线、短虚线、点划线分别表示 x 轴受拉、y 轴受拉、z 轴受拉形成的裂缝面。

综上所述，基于 CT 图像建立的细观混凝土模型，能够真实反映混凝土非均质细观结构的随机分布，可以更好地揭示混凝土复杂的断裂力学行为的细观机理。

3.5　动态压缩破坏特性的蒙特卡洛模拟

混凝土广泛用于房屋建筑、桥梁、大坝、海洋平台和核反应堆等结构中，这些结构在服役过程中可能受到应变率 $10^{-8} \sim 10^{3} \mathrm{~s}^{-1}$ 之间的交通荷载、地震、高速撞击、爆炸等形式的动态荷载作用[26,27]。图 3.27[26]给出一些常见动态荷载的应变率范围，其中爆炸、冲击的应变率显著高于地震作用、交通荷载。大量实验研究[27-33]表明，混凝土在动态荷载下的宏观强度、破坏形式相比于静态加载有明显的区别，且随着应变率的增加愈发显著，即明显的应变率相关特性[27]。准确掌握混凝土动态力学性能对结构安全性和可靠性的评估具有十分重要的科学意义和工程应用价值。

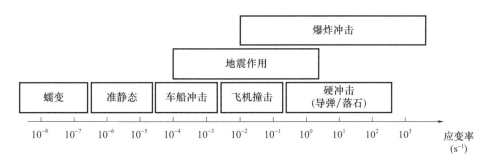

图 3.27　动态荷载的应变率范围[26]

在混凝土动态压缩特性研究中，一般采用霍普金森杆实验（split hopkinson pressure bar，SHPB）[27-31]或落锤冲击实验[28]；对于动态抗拉特性，则一般采用直拉实验[32]、劈拉实验或SHPB层裂实验[33]。这些实验能够获得混凝土动态强度、弹性模量、泊松比、临界应变、破坏形态等力学特性与加载应变率的联系。实验[27,33]表明，动态抗压或抗拉强度具有随着应变率的提高而增加的性质，一般由动态强度放大系数（dynamic increase factor，DIF）进行量化，即采用动态强度和（准）静态强度的比值。在相同应变率下，抗拉DIF较抗压DIF更为显著[26]。将实验获得的DIF进行拟合来建立宏观材料动态力学特性和应变率的关系曲线，从而为工程设计提供输入数据[34]。然而，对于宏观实验获得的DIF究竟是一种纳、微、细观材料特性还是一种宏观结构效应，存在不同的看法。这些结构效应主要源于侧向惯性约束和边界摩擦约束，其中，侧向惯性约束是指惯性效应引起的侧向惯性力对侧向变形的约束，其影响最有争议[35]，例如Nard和Bailly[36]认为动态强度的增加仅由惯性力引起；Cotsovos和Pavlovic[37]认为动态强度的增加主要由侧向惯性约束导致，因此用DIF来表征混凝土的材料动态特性并不妥当；Cusatis[38]发现，当应变率超过$0.1s^{-1}$时，惯性力导致动态强度显著提高，因而不可忽略。然而，也有一些学者[39,42]发现只有当应变率超过$200s^{-1}$时，侧向惯性约束才起作用。而边界摩擦约束主要由固定端或加载端的摩擦造成，例如Li和Meng[39]发现当摩擦系数低于0.1时，端摩擦对DIF的贡献并不明显，而当摩擦系数高于0.2时则应考虑其对DIF的增益影响。上述研究报道也表明当前对混凝土动态力学特性的认识尚未统一，仍然有必要进行充分和深入的研讨。

动态实验尤其是高应变率实验需要使用复杂精密的仪器，时间和经济成本较高，并且难以精确控制或量化边界条件，也较难收集动态破坏过程中的裂缝演化数据，使得数值模拟方法成为研究混凝土动态力学特性的另一种广泛使用的方法。然而，传统的数值模型大多采用均质混凝土材料，通过赋予应变率相关本构关系来获得宏观响应[40]，无法厘清细观结构非均质性对宏观动态强度和破坏形式的影响机制，因此开展细观混凝土动态力学特性的研究十分必要，有助于通过细观参数分析和厘清关键影响因素。细观混凝土动态模拟研究[38,41-47]表明，细观结构对混凝土动态强度和破坏形态有很大影响，其非均质性还可能导致宏观响应的尺寸效应[48]。目前大多数研究通过随机生成和投放骨料来建立二维模型[44]，例如Song和Lu[41]建立了多边形骨料的细观模型用于动态压缩模拟，表明细观结构非均质性对于混凝土动态强度的提高也有独立影响，且随着应变率的增大而愈发显著；Cusatis[38]对圆形骨料的细观模型进行动态拉伸、压缩模拟，发现混凝土动态强度的增加主要源于侧向惯性约束效应；Park等[45]、Hao等[46]发现，当应变率超过$50s^{-1}$时动态抗压强度随着骨料含量的增加而增加；Du等[47]将圆形骨料分布在带缺口混凝土试块和L形板中发现，随着应变率的增加混凝土中裂缝的分布愈发弥散，裂缝形态与骨料分布密切相关。

相比于传统随机骨料模型，基于CT图像的模型具有更为真实的细观结构（几何形态、分布与含量等），有望获得更高可信度的模拟结果、加深对混凝土动态损伤断裂细观机理的理解，这方面的研究还比较少见。另外，混凝土细观结构具有显著的非均质性，使得实验和模拟结果往往具有较大的离散性，当承受动态荷载作用时尤为显著。因此，相比于传统较少样本的确定性研究，开展大量样本的蒙特卡洛模拟并进行统计分析，对基于可靠度的结构评估和设计显得更有意义。尽管有文献［23，25，49］报道了蒙特卡洛模拟用于混凝土静态力学特性研究，关于非均质细观各相（特别是骨料与孔洞）在统计上对混凝土动态力学特性影响的报道仍然较为少见。

3.5.1 本构模型和动态抗压强度放大系数

由于 ABAQUS 的 CDP 模型可用于模拟混凝土在静态和动态荷载下的损伤断裂力学行为[3-5,47]，本节亦采用 CDP 模型来描述砂浆以及界面单元的本构关系。Zhou 和 Hao[42,43]以及 Snozzi 等[50]研究了高应变率下混凝土的动态拉伸和压缩性能，发现骨料并未发生损伤与破坏，这是因为骨料的刚度和强度明显高于砂浆和界面。同文献［47］，这里也设定骨料为线弹性材料。细观各相的材料力学参数详见表 3.1，孔洞或初始裂缝作为一种细观缺陷。

表 3.1 **材料参数**

	弹性模量（GPa）	泊松比	密度（10^{-6}kg/mm^3）	抗拉强度（MPa）	抗压强度（MPa）	断裂能（N/mm）
骨料	50	0.2	2.5	—	—	—
砂浆	20	0.2	2.2	2.8	23	0.04
界面	15	0.2	2.2	2.1	17	0.02

研究[26,27]表明，混凝土材料具有一定应变率敏感性，弹性模量、泊松比以及能量吸收等性质都会受到应变率的影响，但其应变率相关性比抗压及抗拉强度低。学者们[27,30-34]提出了不同的经验性或理论性的动态强度放大系数（DIF）-应变率关系式，本节使用下面两种基于实验数据的动态抗压强度放大系数（CDIF）经验公式用于参考比较。

（1）欧洲规范 fib Model Code 2010[34]给出的 CDIF 表达式

$$CDIF = \frac{f_{cd}}{f_{cs}} = \left(\frac{\dot{\varepsilon}_d}{\dot{\varepsilon}_s}\right)^{0.014} \quad \dot{\varepsilon}_d \leqslant 30s^{-1} \qquad [3.11（a）]$$

$$CDIF = \frac{f_{cd}}{f_{cs}} = 0.012(\dot{\varepsilon}_d)^{1/3} \quad \dot{\varepsilon}_d > 30s^{-1} \qquad [3.11（b）]$$

其中 f_{cs} 是（准）静态抗压强度，（准）静态应变率 $\dot{\varepsilon}_s$ 取 $30 \times 10^{-6} s^{-1}$，f_{cd} 是对应于应变率 $\dot{\varepsilon}_d$（$3 \times 10^{-6} \sim 300 s^{-1}$）的动态抗压强度。

（2）Lu 和 Xu[51]提出的 CDIF 半经验性表达式

$$CDIF = 1 + 0.15\dot{\varepsilon}_d^{0.2} + 0.0013\dot{\varepsilon}_d^{1.1} \qquad (3.12)$$

本节模拟中，DIF 并未作为材料参数输入，即在 CDP 本构模型中不考虑应变率对砂浆和界面 ITZ 强度的影响，这与文献［41］的处理方式类似。因此，可认为仅结构性因素对混凝土动态力学特性有主要影响，在端摩擦约束较小的情况下这些结构性因素包括侧向惯性约束和细观结构，如骨料、孔洞的含量与分布。

进而模拟霍普金森杆实验（SHPB）来开展混凝土动态压缩特性研究。一般有两种加载方法：第一种是建立直观的入射杆与透射杆进行冲击加载[39]；第二种是采用控制边界条件进行单轴压缩[52,53]的简化方法。数值研究[53]表明，前者物理意义清晰，但后者更为直接有效，在精确施加边界条件的同时减少了模型计算量。本章采用第二种加载方法，即对加载端的节点施加以速度边界条件，相对的一端则约束其轴向位移。模型以垂直于 x 轴的右边界为加载端，对节点施加速度边界条件 v，即采用宏观的名义应变率 $\dot{\varepsilon}=v/L$；以垂直于 x 轴的左边界为固定端，只约束各节点沿 x 轴的位移，并约束住一角点的横向位移。这样的加载边界条件即不考虑端摩擦的影响[41]。

SHPB 实验假设单轴、均匀的应力传播方式，应力达到平衡状态需满足[54]

$$t=n\frac{L}{c_0} \quad [3.13(a)]$$

$$c_0=\sqrt{\frac{E}{\rho}} \quad [3.13(b)]$$

其中 L 是试件沿加载方向的长度，c_0 是材料波速，E 是材料的弹性模量，ρ 是材料的密度，n 是反射波的数量，一般取 3 或 4。

因此，对于尺寸为 L 的试件，存在应变率上限[41]

$$\dot{\varepsilon}=\frac{\varepsilon_c}{t}<\frac{\varepsilon_c c_0}{nL} \quad (3.14)$$

其中 ε_c 是试件达到抗压强度时的应变。式（3.14）表明，动态压缩模拟存在一个可以施加的最大应变率，一般由混凝土试件尺寸决定。对于本章尺寸为 37.2mm 的模型，若取 $n=3$、$\varepsilon_c=0.001$、$E=30$GPa 和 $\rho=2.2\times10^{-6}$ kg/mm³，则最大应变率大约为 100s^{-1}。因此，本节模拟的最大应变率为 100s^{-1}。

首先进行网格收敛性分析。取 2.3 节中三种不同分辨率的图像，像素尺寸分别是 0.1mm、0.2mm 以及 0.4mm，得到三种不同单元尺寸的细观模型。作为示例，以应变率 2s^{-1} 进行动态压缩。图 3.28 为最终破坏形式，红色单元表示其压缩损伤因子 DAMAGEC≥0.9，用于表征裂缝。由图可知，各分辨率模型的裂缝形态和分布基本一致，单元尺寸（即分辨率）较小时得到的裂缝较细。图 3.29 给出了不同分辨率模型的宏观平均应力-应变曲线，可见差异较小，抗压强度分别是 23.8、24.1 与 24.8MPa。因此，在保证细观结构和模拟结果准确性的前提下，为提高计算效率，本节也与前文一致选取 0.4mm 分辨率的 93 张二维图像进行模拟。

为了在统计意义上研究细观结构（特别是骨料与孔洞）对混凝土动态力学特性的影响，对建立的所有二维模型进行 8 组不同应变率的蒙特卡洛模拟，这些应变率分别是：30×10^{-6}（准静态）、1×10^{-4}、1×10^{-3}、1×10^{-2}、0.2、2、10 与 100s^{-1}。每组蒙特卡洛模拟的样本数是 93，通过 MATLAB 编写生成 Windows 系统批处理程序，分别提交各组进行计算，无须人工干预。计算完成后，使用 Python 程序对加载端节点的计算结果进行后处理，用于统计分析。

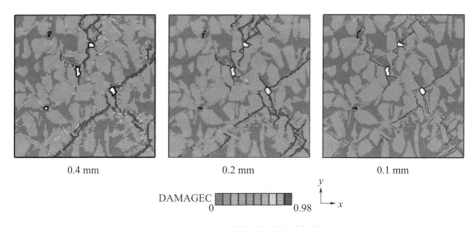

图 3.28 不同分辨率模型的破坏模式

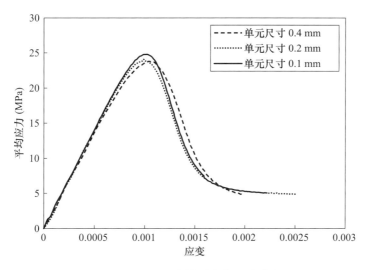

图 3.29 不同分辨率模型的应力-应变曲线

3.5.2 应变率和细观参数对动态抗压特性的影响

1. 应变率对裂缝发展的影响

图 3.30~图 3.32 分别给出了不同应变率下的混凝土试件破坏过程。如图 3.30 所示，当应变率较低时如 $\dot{\varepsilon}=1\times10^{-3}\mathrm{s}^{-1}$，损伤或微裂缝主要发生在最大孔洞附近，一些微裂缝逐渐连通并局部化成为一条斜向宏观主裂缝。如图 3.31 所示，当应变率提高至 $\dot{\varepsilon}=2\mathrm{s}^{-1}$，试件在较早阶段就产生了损伤与微裂缝，起裂位置与低应变率时基本相同，但损伤演化的速度明显加快且微裂缝的分布范围更大，这导致宏观裂缝数量的增加，并且主要集中在孔洞附近。如图 3.32 所示，当应变率增加到 $\dot{\varepsilon}=100\mathrm{s}^{-1}$，裂缝的发展模式发生变化，损伤从加载端向固定端发展，使得裂缝首先出现在加载端，破坏时裂缝主要集中在孔洞附近与端部，并且更加分散。上述结果表明，应变率对试件中裂缝的发展与分布有很大影响。

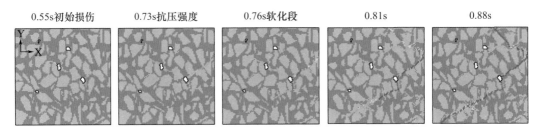

图 3.30 试件在 x 轴 $\dot{\varepsilon}=1\times10^{-3}\mathrm{s}^{-1}$ 冲击下的破坏过程

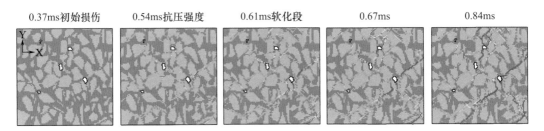

图 3.31 试件在 x 轴 $\dot{\varepsilon}=2\mathrm{s}^{-1}$ 冲击下的破坏过程

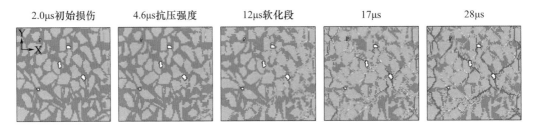

图 3.32 试件在 x 轴 $\dot{\varepsilon}=100\mathrm{s}^{-1}$ 冲击下的破坏过程

图 3.33 显示了不同应变率下试件内部轴向应力的发展情况，分别对应图 3.30～图 3.32 的三个状态即初始损伤、抗压强度、软化阶段。应变率较低时，应力在早期阶段就达到比较均匀的分布。当 $\dot{\varepsilon}=100\mathrm{s}^{-1}$ 时，在试件软化之前可以观察到明显的应力波传播，损伤首先发生于冲击加载端，直到软化阶段时应力才逐渐达到均匀分布。Hao 等[46]的数值研究也观察到上述应力发展的应变率相关特征。比较图 3.32 和图 3.33（c），还可以观察到裂缝的产生滞后于应力波的传播，这与实验结果[55]吻合。

图 3.34 比较了不同应变率下混凝土的破坏形式。当应变率较低时，损伤或微裂缝局部化成为穿过最大孔洞的少量斜向宏观裂缝。随着应变率的增加，出现更多的宏观裂缝，逐渐形成复杂的裂缝网格。当应变率达到 $100\mathrm{s}^{-1}$ 时，试件呈现粉碎状的破坏模式。Qin 和 Zhang 的数值研究[56]表明，当应变率较高时，应力波的传播、反射、叠加不断引起新的微裂缝的产生，而惯性效应导致裂缝扩展存在最大临界速度，这使得原有微裂缝来不及发展成宏观裂缝，因此在应变率较高的情况下混凝土的裂缝分布更加分散。上述模拟结果所反映的混凝土动态破坏特征与数值模拟[42,47]以及实验研究[57]

相吻合。另外还发现，随着应变率的增加，试件形成的宏观裂缝网格倾向于连通其内部孔洞。

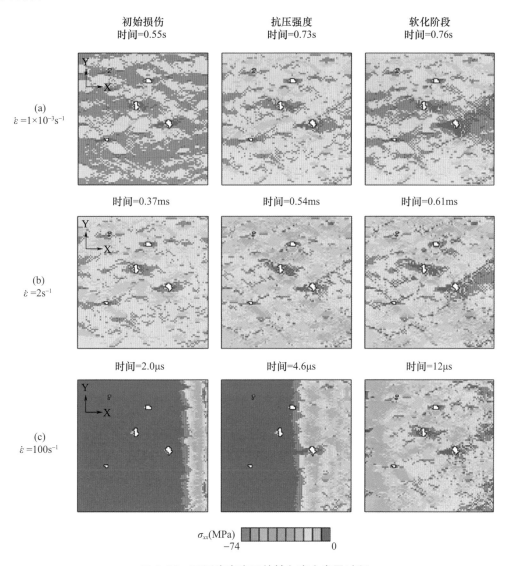

图 3.33 不同应变率下的轴向应力发展过程

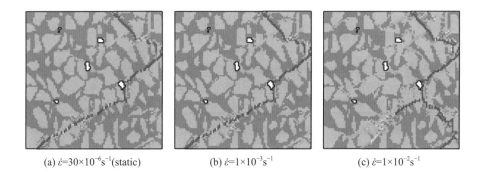

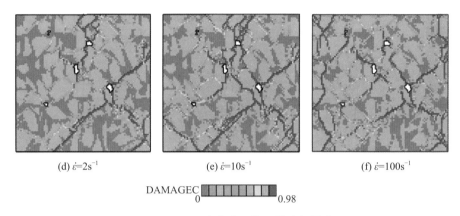

图 3.34 不同应变率下的压缩破坏模式

2. 应变率对动态抗压强度的影响

图 3.35 显示了不同应变率下蒙特卡洛模拟中所有二维样本的宏观应力-应变曲线以及平均曲线（红色）和峰值应力（即抗压强度）。每一组应变率下曲线的初始线性段波动相对较小，抗拉强度及软化段波动相对较大，这表明细观结构的随机非均质性对混凝土宏观弹性响应影响较小，而对其非线性行为影响较大。随着应变率的提高，上述波动也逐渐显著，反映出动态效应的影响。

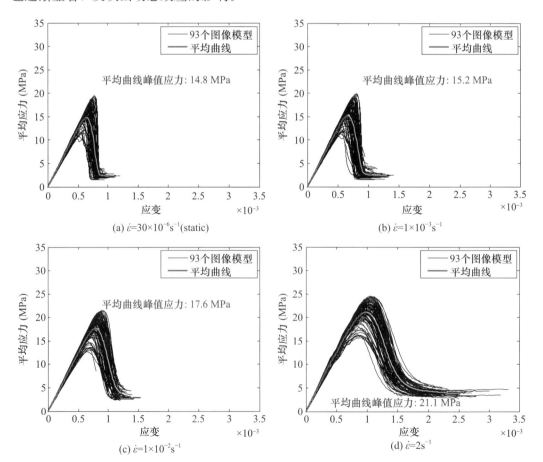

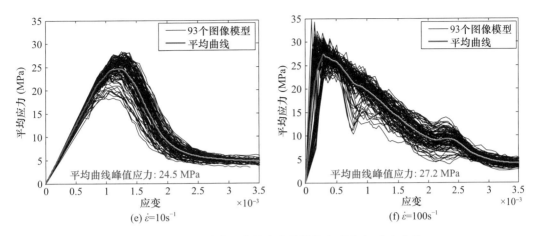

图 3.35　不同应变率下蒙特卡洛模拟的宏观应力-应变曲线

如图 3.35 所示的平均曲线表明，随着应变率的增加，其抗压强度不断增加，曲线软化段下降的速度逐渐放缓且残余应力也增加，这说明断裂耗散能也呈现增大的趋势。该结论呼应了图 3.34 中不同应变率下混凝土破坏模式的变化规律，即裂缝分布的范围随着应变率的提高而变大，表明能量耗散增加，这与实验结果[58]相吻合。另外，当应变率达到 $100\mathrm{s}^{-1}$ 时试件的初始弹性模量较其他应变率情况时明显增大，该现象也见于一些实验研究[27,55]与数值模拟[56]。实验[55]表明，裂缝的扩展速度只占混凝土应力波速的百分之几，高应变率下这两个速度的显著差异延迟了裂缝的产生和扩展，应变响应也相对滞后，所得应变较小致使初始的弹性模量变大。这也有可能是由应力波传播引起的冲击端局部效应所致。该现象还需作进一步的研究与验证。

图 3.36 显示了蒙特卡洛模拟的样本数（即用于建模的图片数）对抗压强度统计值的影响曲线。由图可知，在样本数达到 80 之后，抗压强度的平均值与标准差基本趋于稳定，可见 93 个模型样本足够获得统计上收敛的结果。

图 3.37 给出了不同应变率下动态抗压强度的概率密度函数以及累积概率函数，图中也绘出具有相同平均值与标准差的高斯分布函数作为对比，可见模拟所得动态抗压强度近似服从高斯分布。虽然工程中大多数随机问题介于高斯分布与威布尔分布之间[59,60]，但因为非高斯分布的参数较难率定，而且中心极限定理使得分布规律一般与高斯分布相似，因此结构设计中广泛采用高斯分布。本节也将模拟结果与高斯分布曲线作对比参照。

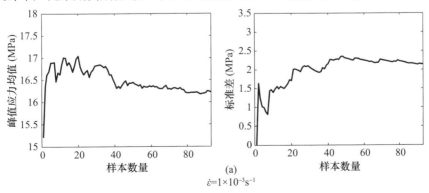

(a) $\dot{\varepsilon}=1\times10^{-3}\mathrm{s}^{-1}$

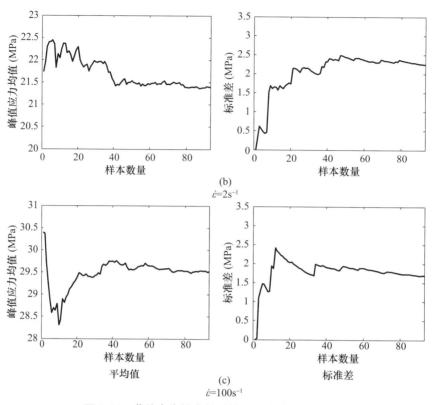

图 3.36 蒙特卡洛样本数对抗压强度统计值的影响

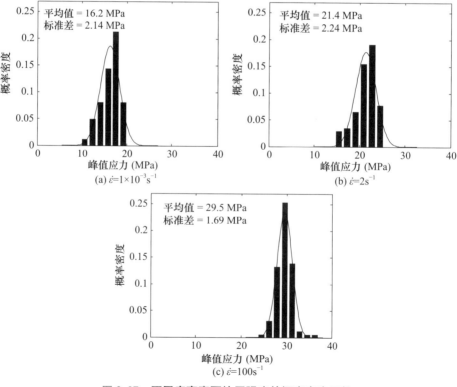

图 3.37 不同应变率下抗压强度的概率密度函数

表 3.2 总结了 8 组应变率下 93 个模型的峰值应力（即抗压强度）与 CDIF 的统计值。对于每个模型，CDIF 为动态抗压强度与静态抗压强度的比值。由表 3.2 可知：随着应变率的提高，抗压强度的平均值和标准差逐渐增加，这表明动态荷载下结构可靠性降低，然而当应变率达到 $100\,\mathrm{s}^{-1}$ 时，标准差显著降低，这也许与前述该应变率下裂缝发展的特殊性有关。随着应变率的提高，CDIF 的标准差也显著增加，反映出更大的离散性，也反映了 CDIF 对高应变率更为敏感。

表 3.2　动态压缩蒙特卡洛模拟获得的统计量

应变率 $\dot{\varepsilon}$ (s^{-1})	30×10^{-6} (静态)	1×10^{-4}	1×10^{-3}	1×10^{-2}	0.2	2	10	100
f_c 平均值（MPa）	16.0	16.1	16.2	18.1	19.5	21.4	25.1	29.5
f_c 标准差（MPa）	2.11	2.12	2.14	2.18	2.20	2.24	2.30	1.69
CDIF 平均值	—	1.02	1.05	1.15	1.23	1.36	1.60	1.95
CDIF 标准差	—	0.01	0.01	0.04	0.05	0.07	0.10	0.29

对表 3.2 中的 CDIF 的数据用最小二乘法进行拟合（决定系数 $R^2=0.97$），获得考虑标准差的 CDIF 表达式

$$\mathrm{CDIF} = 1 + 0.32\dot{\varepsilon}_d^{0.27} \pm \mathrm{SD} \quad \dot{\varepsilon}_d \leqslant 100\,\mathrm{s}^{-1} \qquad [3.15(a)]$$

$$\mathrm{SD} = 0.07\dot{\varepsilon}_d^{0.24} \qquad [3.15(b)]$$

图 3.38 将 CDIF 的模拟结果与实验数据[27,29,31,37]以及 3.5.1 节中两条经验曲线[34,51]进行比较。由图可见，模拟结果与实验或经验曲线的包络区域吻合良好，表明提出的模型能够有效地模拟混凝土的动态压缩力学特性。另外，该蒙特卡洛模拟结果包含了统计信息，因此相比于较少样本的确定性分析，对基于可靠度的结构设计更有意义。由图 3.38 可见，实验数据具有较大的离散性，这是不同的加载条件、试件尺寸、材料组成等因素所致，实验中这些因素的影响难以量化而且其不确定性难以消除[27]。此外，随着应变率的提高，实验数据的离散性也呈现出逐渐增大的趋势，该特征也被上述模拟结果准确地反映。

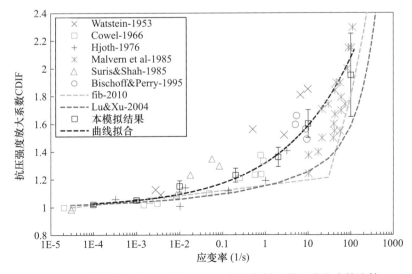

图 3.38　抗压强度放大系数 CDIF 与实验数据以及经验公式的比较

地震作用下结构与材料的应变率范围一般是 $10^{-4} \sim 10^{-1} \mathrm{s}^{-1}$[61,62]，考虑不利情况应变率取 $0.1 \mathrm{s}^{-1}$，由式（3.15）求解得到 CDIF 为 1.17 ± 0.04，与我国《水电工程水工建筑物抗震设计规范》（NB 35047—2015）[63]对大体积水工建筑物的推荐值 1.20 较为接近。

3. 骨料含量对动态抗压强度的影响

本章 93 个二维细观模型的骨料含量（Aggregate Area Fraction，AAF）介于 40%~50%之间。图 3.39 显示了不同应变率下混凝土的抗压强度随着骨料含量的变化情况。由图可知，当应变率不超过 $100 \mathrm{s}^{-1}$ 时，骨料含量与抗压强度没有明显关联。由于材料定义为应变率无关，并且也不考虑端部摩擦效应，因此可以推论混凝土动态抗压强度的增加主要源于侧向惯性约束（泊松效应）以及非均质的细观结构这两方面结构性因素。从图 3.38 与图 3.39 可以看出，侧向惯性约束似乎起了主导作用，但这两种结构性因素对抗压强度增大的相对贡献还需要进一步的探讨，更大范围的骨料含量（例如 30%~60%）以及不同材料性质的骨料对混凝土动态抗压性能的影响也需要作进一步的研究。

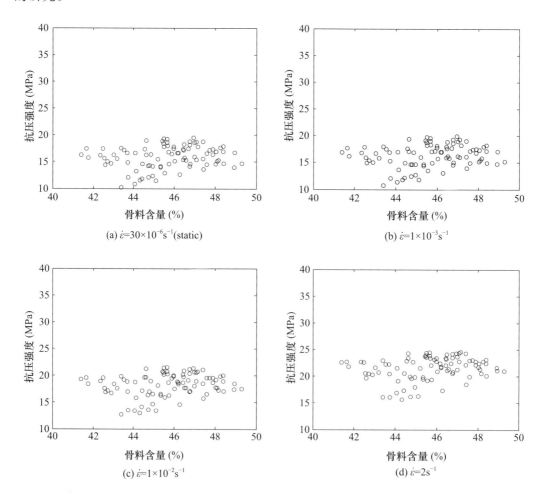

(a) $\dot{\varepsilon} = 30 \times 10^{-6} \mathrm{s}^{-1}$ (static)

(b) $\dot{\varepsilon} = 1 \times 10^{-3} \mathrm{s}^{-1}$

(c) $\dot{\varepsilon} = 1 \times 10^{-2} \mathrm{s}^{-1}$

(d) $\dot{\varepsilon} = 2 \mathrm{s}^{-1}$

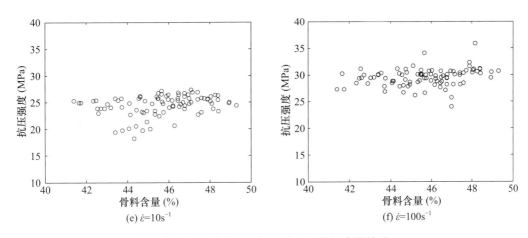

图 3.39　不同应变率下抗压强度与骨料含量的关系

4. 孔洞含量对动态抗压强度的影响

作为混凝土细观结构中的薄弱环节，孔洞对混凝土类材料的断裂力学特性有重要的影响[49]。然而，定量分析孔洞对混凝土动态力学特性的影响鲜有报道。基于上述蒙特卡洛模拟结果，图 3.40 显示了不同应变率下抗压强度与孔洞含量（void area fraction，VAF）的关系，发现当应变率介于 $30\times10^{-6}\sim10\mathrm{s}^{-1}$ 之间时（即一般混凝土结构所承受荷载的应变率范围[34]），动态抗压强度和孔洞含量之间呈线性负相关。这可以理解为孔洞减少了试件的有效负荷面积。然而，当应变率达到 $100\mathrm{s}^{-1}$ 时，抗压强度与孔洞含量之间突然失去关联。

这和细观混凝土试件的孔洞分布特点有关。由上述章节可知，此试件大多数孔洞集中在中部区域。当应变率不超过 $10\mathrm{s}^{-1}$ 时，试件达到抗压强度时的应力分布比较均匀，损伤或微裂缝主要分布在中部区域的大孔洞附近，而且随着应变率的提高，试件在孔洞附近出现了范围较大的损伤；而当应变率达到 $100\mathrm{s}^{-1}$ 时，试件在达到抗压强度时的应力分布尚不均匀，损伤及初始裂缝主要集中在冲击端部而与内部孔洞并无关联，从而使得孔洞对试件抗压强度的影响呈现与低应变率情况下的不同规律。另外，混凝土内部应力波的传播受到内部细观结构的影响，在高应变率下越发显著，这增加了混凝土非线性行为的复杂程度，也有可能影响试件力学响应与孔洞含量的关联性。

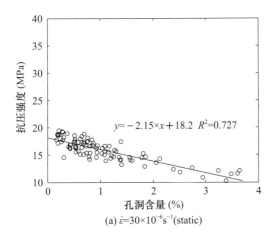
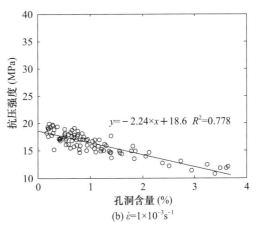

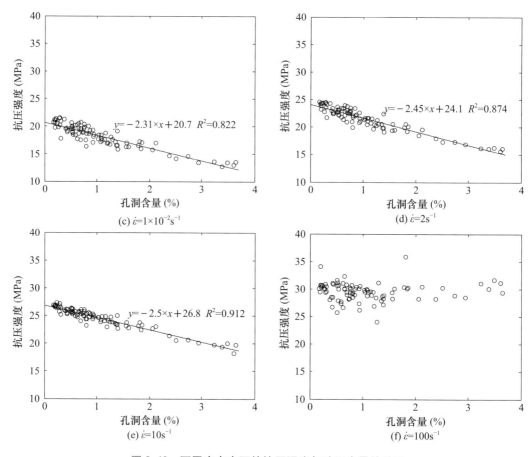

图 3.40 不同应变率下的抗压强度与孔洞含量的关系

表 3.3 列出了应变率不超过 $10s^{-1}$ 时基于蒙特卡洛模拟结果的最小二乘拟合,得到动态抗压强度与孔洞含量的拟合直线 $y=ax+b$。其中给出了两个关联系数:决定系数 R^2 与相关系数 r。拟合直线的表达式与决定系数也标示在图 3.40 中。可以看出,$|a|$ 和 $|r|$ 随着应变率的提高而逐渐增加,表明抗压强度随着孔洞率降低的速度也在逐渐增加,同时也反映动态抗压强度与孔洞含量的关联随着应变率的增加而逐渐提高,由此可见,动态抗压强度在高应变率下对孔洞含量更为敏感。因此混凝土结构受动态荷载作用时要特别注重减少材料的内部缺陷以优化设计。

表 3.3 动态压缩蒙特卡洛模拟获得的拟合参数和相关系数

应变率 $\dot{\varepsilon}$ (s^{-1})	30×10^{-6} (静态)	1×10^{-4}	1×10^{-3}	1×10^{-2}	0.2	2	10
a	−2.15	−2.18	−2.24	−2.31	−2.37	−2.45	−2.50
b	18.2	18.4	18.6	20.7	22.1	24.1	26.8
R^2	0.727	0.747	0.778	0.822	0.846	0.874	0.912
r	−0.852	−0.864	−0.882	−0.907	−0.920	−0.935	−0.955

由表 3.3 所列数据可以得到动态抗压强度-应变率-孔洞含量关系式：
$$f_{\mathrm{cd}} = -2.43\dot{\varepsilon}_{\mathrm{d}}^{0.0117}\mathrm{VAF} + 23.9\dot{\varepsilon}_{\mathrm{d}}^{0.0298} \tag{3.16}$$
其中应变率 $\dot{\varepsilon}_{\mathrm{d}}$ 的范围是 30×10^{-6}（静态）$\sim 10\mathrm{s}^{-1}$。式（3.16）考虑了孔洞含量与应变率对混凝土动态抗压强度的共同影响。

3.5.3 三维动态压缩模拟

对于三维模型，在不同应变率下分别沿着 x、y、z 轴进行动态压缩，并与二维模拟结果相比较。该三维模型的有限元网格单元尺寸为 0.4mm，共计有 795764 个正六面体八节点等参数单元与 837371 个节点。图 3.41 显示了模型的三维内视图与外视图，内视图用于分析骨料、孔洞等细观结构对损伤及裂缝发展的影响。

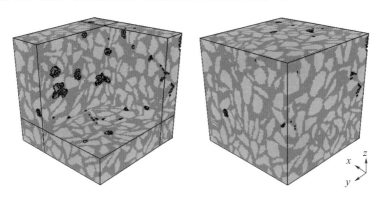

图 3.41　三维模型的内外视图

与二维模型的加载边界条件一致，三维模型以垂直于 x 轴的正向边界为加载端，对节点施加速度边界条件 v 的压缩荷载，即采用宏观的名义应变率 $\dot{\varepsilon}=v/L$；以垂直于 x 轴的负向边界为固定端，对节点只约束其沿 x 轴的位移。

图 3.42～图 3.44 显示了应变率分别为 1×10^{-3}、2 与 $100\mathrm{s}^{-1}$ 时在 x 轴向动态压缩下的破坏过程。当应变率较低时如 $\dot{\varepsilon}=1\times10^{-3}\mathrm{s}^{-1}$，损伤或微裂缝主要发生于孔洞附近，继而向邻近孔洞扩展，通过桥连与分叉而形成连通的三维裂缝网络。当应变率提高到 $2\mathrm{s}^{-1}$ 时，损伤发展更为迅速且分布范围变大。当应变率达到 $100\mathrm{s}^{-1}$ 时，损伤则从冲击端向固定端呈现传播式发展。

从图中也可以看出，应变率对于破坏模式有较大影响。随着应变率的提高，裂缝分布愈加分散并且桥连与分叉现象愈发显著，使得形成的裂缝网络趋于复杂。另外，在高应变率下，三维模型的裂缝网络倾向于连通试件内部所有孔洞，试件中形成了较为弥散的裂缝网络而呈现粉碎特征。上述结论与二维模型相同，但是三维模型中裂缝的形成和分布较二维模型更加复杂。

表 3.4 和表 3.5 分别总结了不同应变率下三维模型在三个加载方向下的动态抗压强度与 CDIF。由于样本数量较少，三维模型的计算结果缺乏统计意义，不宜将其均值与标准差与二维模拟结果相比较。另外，由于该三维模型是由二维图片（即 xy 平面）沿

z 轴叠加生成,因此可以直接对比三维模型与二维模型在 x 轴或 y 轴加载下的模拟结果,以加深理解物理关联的二维、三维模型在动态力学特性上的差异与关联。

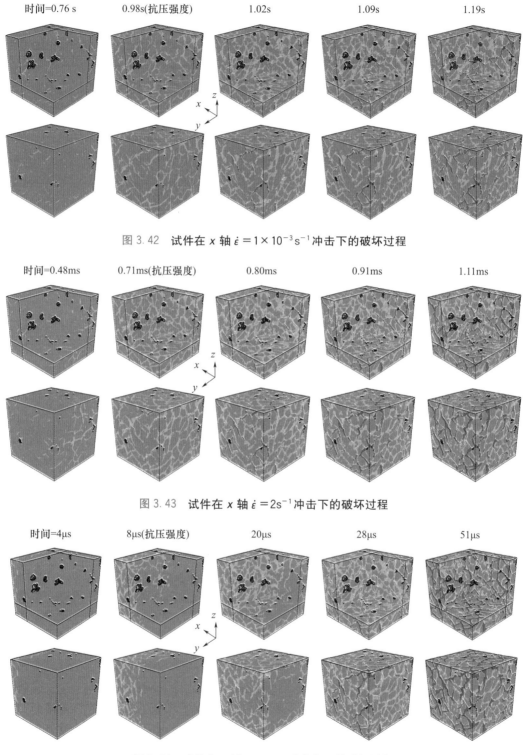

图 3.42 试件在 x 轴 $\dot{\varepsilon}=1\times10^{-3}\,\mathrm{s}^{-1}$ 冲击下的破坏过程

图 3.43 试件在 x 轴 $\dot{\varepsilon}=2\,\mathrm{s}^{-1}$ 冲击下的破坏过程

图 3.44 试件在 x 轴 $\dot{\varepsilon}=100\,\mathrm{s}^{-1}$ 冲击下的破坏过程

表 3.4　三维模拟获得的抗压强度（MPa）

应变率 $\dot{\varepsilon}$（s^{-1}）	准静态 30×10^{-6}	1×10^{-4}	1×10^{-3}	1×10^{-2}	0.2	2	10	100
x 轴压缩	18.7	19.3	20.0	22.6	25.1	27.7	32.3	42.3
y 轴压缩	17.5	18.1	18.7	21.3	23.8	26.6	31.2	40.4
z 轴压缩	17.1	17.8	18.9	21.9	24.5	27.4	32.1	44.2
平均值	17.8	18.4	19.2	21.9	24.5	27.2	31.9	42.3
标准差	0.82	0.79	0.69	0.66	0.65	0.57	0.58	1.90

表 3.5　三维模拟获得的抗压强度放大系数（CDIF）

应变率 $\dot{\varepsilon}$（s^{-1}）	准静态 30×10^{-6}	1×10^{-4}	1×10^{-3}	1×10^{-2}	0.2	2	10	100
x 轴压缩	—	1.03	1.07	1.21	1.34	1.48	1.73	2.26
y 轴压缩	—	1.03	1.07	1.22	1.36	1.52	1.78	2.31
z 轴压缩	—	1.04	1.10	1.28	1.43	1.60	1.87	2.58
平均值	—	1.03	1.08	1.24	1.38	1.53	1.79	2.38
标准差	—	0.004	0.02	0.04	0.05	0.06	0.07	0.17

图 3.45 比较了二维和三维在不同应变率下的平均应力-应变曲线，二维模拟结果标示了标准差。由此图以及表 3.2 和表 3.4 可知，相同应变率下，三维模型的动态抗压强度均高于二维模型。此外，三维模型的曲线软化段较二维模型下降得更慢，残余强度也比二维模型要高，反映出三维模型在动态断裂破坏的过程中消耗了更多的能量。

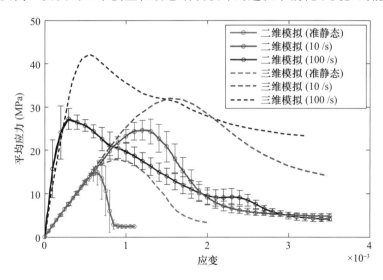

图 3.45　二维与三维模拟预测的单轴压缩宏观应力-应变曲线

图 3.46 比较了不同应变率下二维、三维模型的 CDIF 均值，图中也标示出二维模型的标准差。由图可见，CDIF 随应变率先缓慢增加，当应变率超过 0.01s^{-1} 时 CDIF 增加的速度加快；当应变率达到 10s^{-1} 时，CDIF 显著增大。此外，三维模型的 CDIF 总是大于二维模型，并且与二维模型均值之间的差距随着应变率的增加而增加，这是由三维

模型的面外惯性约束所致[10]，而基于平面应力假设的二维模型则无法考虑该面外惯性约束效应，导致其 CDIF 小于三维模型结果。

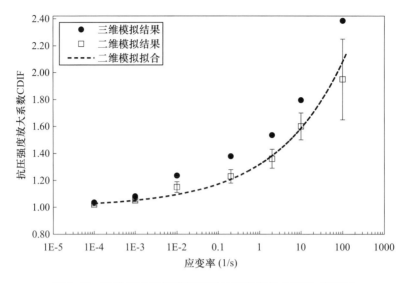

图 3.46　二维与三维模拟预测的抗压强度放大系数（CDIF）

3.6　本章小结

本章结合基于 CT 图像的混凝土真实细观模型和连续损伤塑性模型开展了静、动力三维断裂模拟研究。首先介绍了损伤塑性模型的基本原理。其次，对 CT 原位实验开展了直接模拟，突破了大多数基于 CT 图像模型仅限于几何表征和线弹性分析的局限，实现了对复杂裂缝扩展全过程的直接实验验证。再次，进行了动态单轴压缩和拉伸模拟，详细论述了细观结构异质性对断裂过程和三维复杂裂缝网成网过程的影响机制，应力-应变或位移关系曲线的变化能够反映裂缝的萌生、扩展和失稳过程，而裂缝发展的不同阶段也解释了曲线各阶段非线性的成因。最后，对动态压缩破坏特性开展了大量样本的蒙特卡洛模拟，从统计上指出了动态应变率和细观结构异质性对试件承载力、破坏形式和随机性的影响机理。本章从"混凝土细观模型怎么用"的角度出发，凸显了 CT 原位加载实验和细观数值模拟相结合的优势和潜力，阐释了混凝土静、动态断裂力学行为复杂离散性的多尺度物理机制和来源。

参考文献

[1] LUBLINER J, OLIVER J, OLLER S, et al. A plastic-damage model for concrete [J]. International journal of solids and structures, 1989, 25 (3): 299-326.

[2] LEE J, FENVES G L. Plastic-damage model for cyclic loading of concrete structures [J]. Journal of engineering mechanics, 1998, 124 (8): 892-900.

[3] CHEN G M, TENG J G, CHEN J F. Finite-element modeling of intermediate crack debonding in FRP-plated RC beams [J]. Journal of composites for construction, 2010, 15 (3): 339-353.

[4] CHEN G M, CHEN J F, TENG J G. On the finite element modelling of RC beams shear strengthened with FRP [J]. Construction and building materials, 2012, 32: 13-26.

[5] MAHMUD G H, YANG Z, HASSAN A M T. Experimental and numerical studies of size effects of Ultra High Performance Steel Fibre Reinforced Concrete (UHPFRC) beams [J]. Construction and building materials, 2013, 48: 1027-1034.

[6] 丁发兴, 吴霞, 余志武. 工程材料损伤比强度理论 [M]. 北京: 科学出版社, 2022.

[7] HUANG Y J, YANG Z J, REN W Y, et al. 3D meso-scale fracture modelling and validation of concrete based on in-situ X-ray Computed Tomography images using damage plasticity model [J]. International journal of solids and structures, 2015, 67: 340-352.

[8] HUANG Y J, YANG Z J, CHEN X W, et al. Monte Carlo simulations of meso-scale dynamic compressive behavior of concrete based on X-ray computed tomography images [J]. International journal of impact engineering, 2016, 97: 102-115.

[9] YANG Z J, REN W Y, SHARMA R, et al. In-situ X-ray computed tomography characterisation of 3D fracture evolution and image-based numerical homogenisation of concrete [J]. Cement and concrete composites, 2017, 75: 74-83.

[10] SONG Z H, LU Y. Mesoscopic analysis of concrete under excessively high strain rate compression and implications on interpretation of test data [J]. International journal of impact engineering, 2012, 46: 41-55.

[11] 过镇海. 混凝土的强度和本构关系: 原理与应用 [M]. 北京: 中国建筑工业出版社, 2004.

[12] HORDIJK D A. Tensile and tensile fatigue behaviour of concrete: experiments, modelling and analyses [J]. Heron, 1992, 37: 1-79.

[13] LÓPEZ C M, CAROL I, AGUADO A. Meso-structural study of concrete fracture using interface elements II: compression, biaxial and Brazilian test [J]. Materials and structures, 2008, 41 (3): 601-620.

[14] GRASSL P, REMPLING R. A damage-plasticity interface approach to the meso-scale modelling of concrete subjected to cyclic compressive loading [J]. Engineering fracture mechanics, 2008, 75 (16): 4804-4818.

[15] ASAHINA D, LANDIS E N, BOLANDER J E. Modeling of phase interfaces dur-

ing pre-critical crack growth in concrete [J]. Cement and concrete composites, 2011, 33 (9): 966-977.

[16] VAN MIER J G M. Concrete fracture: A multiscale approach [M]. Boca Raton, FL: CRC press, 2012.

[17] VAN MIER J G M, VONK R A. Fracture of concrete under multiaxial stress-recent developments [J]. Materials and structures, 1991, 24 (1): 61-65.

[18] VAN VLIET M R, VAN MIER J G M. Experimental investigation of concrete fracture under uniaxial compression [J]. Mechanics of cohesive-frictional materials, 1996, 1 (1): 115-127.

[19] WEIBULL W. A statistical distribution function of wide applicability [J]. Journal of applied mechanics, 1951, 18 (3): 293-297.

[20] GRASSL P, JIRÁSEK M. Meso-scale approach to modelling the fracture process zone of concrete subjected to uniaxial tension [J]. International journal of solids and structures, 2010, 47 (7): 957-968.

[21] CABALLERO A, LÓPEZ C M, CAROL I. 3D meso-structural analysis of concrete specimens under uniaxial tension [J]. Computer methods in applied mechanics and engineering, 2006, 195 (52): 7182-7195.

[22] CARPINTERI A, CHIAIA B, INVERNIZZI S. Three-dimensional fractal analysis of concrete fracture at the meso-level [J]. Theoretical and applied fracture mechanics, 1999, 31 (3): 163-172.

[23] SU X T, YANG Z J, LIU G H. Monte Carlo simulation of complex cohesive fracture in random heterogeneous quasi-brittle materials: A 3D study [J]. International journal of solids and structures, 2010, 47: 2336-2345.

[24] MASAD E, JANDHYALA V K, DASGUPTA N, et al. Characterization of air void distribution in asphalt mixes using X-ray computed tomography [J]. Journal of materials in civil engineering, 2002, 14 (2): 122-129.

[25] REN W Y, YANG Z J, SHARMA R, et al. Two-dimensional X-ray CT image based meso-scale fracture modelling of concrete [J]. Engineering fracture mechanics, 2015, 133: 24-39.

[26] HENTZ S, DONZÉ F V, DAUDEVILLE L. Discrete element modelling of concrete submitted to dynamic loading at high strain rates [J]. Computers & Structures, 2004, 82 (29): 2509-2524.

[27] BISCHOFF P H, PERRY S H. Compressive behaviour of concrete at high strain rates [J]. Materials and structures, 1991, 24 (6): 425-450.

[28] WATSTEIN D. Effect of straining rate on the compressive strength and elastic properties of concrete [J]. ACI J, 1953, 49 (8): 729-44.

[29] ROSS C A, TEDESCO J W, KUENNEN S T. Effects of strain rate on concrete

strength [J]. ACI Materials journal, 1995, 92 (1): 37-47.

[30] TEDESCO J W, ROSS C A. Strain-rate-dependent constitutive equations for concrete [J]. Journal of pressure vessel technology, 1998, 120 (4): 398-405.

[31] GROTE D L, PARK S W, ZHOU M. Dynamic behavior of concrete at high strain rates and pressures: I. experimental characterization [J]. International journal of impact engineering, 2001, 25 (9): 869-886.

[32] YAN D M, LIN G. Dynamic properties of concrete in direct tension [J]. Cement and concrete research, 2006, 36 (7): 1371-1378.

[33] SCHULER H, MAYRHOFER C, THOMA K. Spall experiments for the measurement of the tensile strength and fracture energy of concrete at high strain rates [J]. International journal of impact engineering, 2006, 32 (10): 1635-1650.

[34] FÉDÉRATION INTERNATIONALE DU BÉTON. Fib Model code for concrete structures 2010 [S]. Berlin: Ernst & Sohn publishing house, 2013.

[35] HAO H, HAO Y F, LI J, et al. Review of the current practices in blast-resistant analysis and design of concrete structures [J]. Advances in structural engineering, 2016, 19 (8): 1193-1223.

[36] LE NARD H, BAILLY P. Dynamic behaviour of concrete: the structural effects on compressive strength increase [J]. Mechanics of cohesive-frictional materials, 2000, 5 (6): 491-510.

[37] COTSOVOS D M, PAVLOVIĆ M N. Numerical investigation of concrete subjected to compressive impact loading. Part 1: A fundamental explanation for the apparent strength gain at high loading rates [J]. Computers & Structures, 2008, 86 (1): 145-163.

[38] CUSATIS G. Strain-rate effects on concrete behavior [J]. International journal of impact engineering, 2011, 38 (4): 162-170.

[39] LI Q M, MENG H. About the dynamic strength enhancement of concrete-like materials in a split Hopkinson pressure bar test [J]. International journal of solids and structures, 2003, 40 (2): 343-360.

[40] OŽBOLT J, SHARMA A. Numerical simulation of dynamic fracture of concrete through uniaxial tension and L-specimen [J]. Engineering fracture mechanics, 2012, 85: 88-102.

[41] SONG Z H, LU Y. Mesoscopic analysis of concrete under excessively high strain rate compression and implications on interpretation of test data [J]. International journal of impact engineering, 2012, 46: 41-55.

[42] ZHOU X Q, HAO H. Modelling of compressive behaviour of concrete-like materials at high strain rate [J]. International journal of solids and structures, 2008, 45 (17): 4648-4661.

[43] ZHOU X Q, HAO H. Mesoscale modelling of concrete tensile failure mechanism at high strain rates [J]. Computers & Structures, 2008, 86 (21): 2013-2026.

[44] TU Z G, LU Y. Mesoscale modelling of concrete for static and dynamic response analysis Part Ⅰ: model development and implementation [J]. Structural engineering mechanics, 2011, 37: 197-213.

[45] PARK S W, XIA Q, ZHOU M. Dynamic behavior of concrete at high strain rates and pressures: Ⅱ. Numerical simulation [J]. International journal of impact engineering, 2001, 25 (9): 887-910.

[46] HAO Y F, HAO H, LI Z X. Numerical analysis of lateral inertial confinement effects on impact test of concrete compressive material properties [J]. International journal of protective structures, 2010, 1 (1): 145-168.

[47] DU X L, JIN L, MA G. Numerical simulation of dynamic tensile-failure of concrete at meso-scale [J]. International journal of impact engineering, 2014, 66: 5-17.

[48] DU X L, JIN L. Size effect in concrete materials and structures [M]. Beijing, China: Science Press, 2021.

[49] WANG X F, YANG Z J, JIVKOV A P. Monte Carlo simulations of mesoscale fracture of concrete with random aggregates and pores: a size effect study [J]. Construction and building materials, 2015, 80: 262-272.

[50] SNOZZI L, CABALLERO A, MOLINARI J F. Influence of the meso-structure in dynamic fracture simulation of concrete under tensile loading [J]. Cement and concrete research, 2011, 41 (11): 1130-1142.

[51] LU Y, XU K. Modelling of dynamic behaviour of concrete materials under blast loading [J]. International journal of solids and structures, 2004, 41 (1): 131-143.

[52] RIEDEL W, WICKLEIN M, THOMA K. Shock properties of conventional and high strength concrete: Experimental and mesomechanical analysis [J]. International journal of impact engineering, 2008, 35 (3): 155-171.

[53] RIEDEL W, KAWAI N, KONDO K I. Numerical assessment for impact strength measurements in concrete materials [J]. International journal of impact engineering, 2009, 36 (2): 283-293.

[54] PANKOW M, ATTARD C, WAAS A M. Specimen size and shape effect in split Hopkinson pressure bar testing [J]. The journal of strain analysis for engineering design, 2009, 44 (8): 689-698.

[55] JOHN R, SHAH S P, JENG Y S. A fracture mechanics model to predict the rate sensitivity of mode I fracture of concrete [J]. Cement and concrete research, 1987, 17 (2): 249-262.

[56] QIN C, ZHANG C H. Numerical study of dynamic behavior of concrete by meso-

scale particle element modeling [J]. International journal of impact engineering, 2011, 38 (12): 1011-1021.

[57] CHEN X D, WU S X, ZHOU J K. Experimental and modeling study of dynamic mechanical properties of cement paste, mortar and concrete [J]. Construction and building materials, 2013, 47: 419-430.

[58] GARY G, BAILLY P. Behaviour of quasi-brittle material at high strain rate. Experiment and modelling [J]. European journal of mechanics-A/solids, 1998, 17 (3): 403-420.

[59] BAŽANT Z P, PANG S D, VOŘECHOVSKÝ M, et al. Energetic-statistical size effect simulated by SFEM with stratified sampling and crack band model [J]. International journal for numerical methods in engineering, 2007, 71 (11): 1297-1320.

[60] VOŘECHOVSKÝ M. Interplay of size effects in concrete specimens under tension studied via computational stochastic fracture mechanics [J]. International journal of solids and structures, 2007, 44 (9): 2715-2731.

[61] 林皋, 闫东明, 肖诗云, 等. 应变速率对混凝土特性及工程结构地震响应的影响 [J]. 土木工程学报, 2005, 38 (11): 1-8.

[62] GHANNOUM W, SAOUMA V, HAUSSMANN G, et al. Experimental investigations of loading rate effects in reinforced concrete columns [J]. Journal of structural engineering, 2011, 138 (8): 1032-1041.

[63] 国家能源局. 水电工程水工建筑物抗震设计规范: NB 35047—2015 [S]. 北京: 中国电力出版社, 2015.

第 4 章

基于离散黏结裂缝模型的混凝土细观断裂模拟

4.1 概述

在三维细观混凝土模拟中,将骨料假设为球体是一种简明的建模思路,可以高效地生成细观结构,但无法反映骨料形态的影响[1]。为此,学者们建立了形态较复杂的随机骨料模型,主要分为椭球和凸多面体两大类[2],大多用于几何特征研究[2,3]、混凝土边界效应分析[5]、混凝土的渗透性研究[4-7]、线弹性应力分析[8-10],获得了许多有意义的研究成果,但仍受限于细观结构的简化假设[11]。

当CT技术和细观模拟相结合时,例如直接基于混凝土CT图像的方法、将CT骨料库和随机投放/振捣结合来构建数值混凝土的方法,可获得更为真实的细观结构,从而建立其与宏观力学响应之间更具代表性的关联。但细观模拟计算通常涉及大量自由度(degrees of freedom,DOFs),这导致真实细观结构的线弹性分析计算成本较高,非线性损伤断裂计算更是鲜见报道,因此需要采用更加有效的断裂模型来开展复杂非线性三维裂缝扩展的计算。尽管第3章采用体素化规则网格和损伤塑性模型获得了一些有意义的结果,但预测出的损伤带分布与单元大小有关,在表征真实的离散裂缝方面存在局限性,同时也无法准确地量化裂缝宽度。此外,ITZ厚度被放大为实体单元的尺寸,其在物理上的合理性也值得探讨。

本章将针对2.4节生成的复杂细观结构,通过自编程序在骨料-砂浆界面以及砂浆中高效插设零厚度的离散黏结界面单元,模拟三维离散裂缝的起裂、扩展和局部区域闭合的过程。通过单轴拉伸数值实验,分析骨料含量、黏结单元的断裂参数对荷载-位移曲线、断裂过程、裂缝面特征等的影响。

4.2 黏结界面单元

ABAQUS中的黏结界面单元(cohesive interface element)的理论基础是 Hillerborg[12]提出的虚拟裂缝模型（fiticious crack model）以及 Barenblatt[13]和 Dugdale[14]提出的黏结裂缝模型（cohesive crack model），假定裂缝尖端存在一个断裂过程区，因骨料咬合、裂缝面摩擦以及材料的黏结而存在黏结力或内聚力，不仅可以避免求解裂尖应力奇异问题，同时能够有效模拟能量耗散现象，并且能够定量分析裂缝宽度。黏结界面单元的黏结力包括裂缝面法向拉应力 t_n 和切向剪应力 t_s（t_t），并且遵循软化法则：满足起裂准则后，随着裂缝面相对法向位移 δ_n 或切向位移 δ_s（δ_t）增加，相应的黏结力逐渐减小，图 4.1 给出了应力-相对位移本构关系[15-17]。

由图 4.1 可知，在开裂之前（这里用相对张开或滑移位移表征开裂），应力随着相对位移的增大而线性增大。同时，为反映材料未开裂的状态，黏结界面单元的初始弹性刚度应该取得足够高，但不能太高造成数值不稳定。当满足开裂条件时，黏结界面单元即进入软化阶段。图 4.1 中软化段与横坐标轴围成的面积称为材料的断裂能 G_{fn} 和 G_{fs}（G_{ft}）[18]。图中 δ_{nf} 和 δ_{sf}（δ_{tf}）分别表示拉应力和剪切应力降为零时的裂缝面相对位移。对于法向受压情况，假设不存在应变软化。

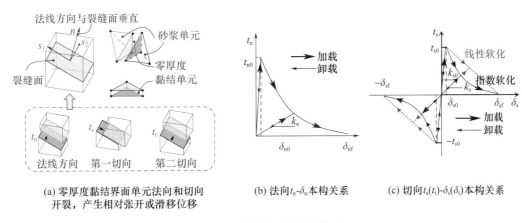

(a) 零厚度黏结界面单元法向和切向开裂，产生相对张开或滑移位移　(b) 法向 t_n-δ_n 本构关系　(c) 切向 $t_s(t_t)$-$\delta_s(\delta_t)$ 本构关系

图 4.1　黏结单元的本构关系

进入软化阶段后，黏结界面单元出现损伤，其刚度将因材料损伤出现不可恢复的退化。ABAQUS 采用 [0，1] 范围的系数 D 来描述损伤程度，该系数是有效相对位移 δ_m 的函数。δ_m 的表达式为

$$\delta_m = \sqrt{<\delta_n>^2 + \delta_s^2 + \delta_t^2} \tag{4.1}$$

式中，$<>$ 为 Macaulay 括号，表示为

$$<\delta_n> = \begin{cases} \delta_n & \delta_n \geqslant 0 (受拉) \\ 0 & \delta_n < 0 (受压) \end{cases} \tag{4.2}$$

以线性软化准则为例，损伤系数可表示为

$$D = \frac{\delta_{mf}(\delta_{m,\max} - \delta_{m0})}{\delta_{m,\max}(\delta_{mf} - \delta_{m0})} \tag{4.3}$$

式中，$\delta_{m,\max}$ 是加载历史中的最大有效相对位移，δ_{m0} 和 δ_{mf} 分别是裂缝起裂和完全破坏时的有效相对位移。值得注意的是，软化关系不一定是线性，也可以是指数或其他形式。

退化后的法向刚度 k_n 和切向刚度 k_s 分别表示为

$$k_n = (1-D)k_{n0} \tag{4.4}$$

$$k_s = (1-D)k_{s0} \tag{4.5}$$

$$k_t = (1-D)k_{t0} \tag{4.6}$$

相应的应力为

$$t_n = \begin{cases} (1-D)k_{n0}\delta_n & \delta_n \geqslant 0 \\ k_{n0}\delta_n & \delta_n < 0 \end{cases} \tag{4.7}$$

$$t_s = (1-D)k_{s0}\delta_s \tag{4.8}$$

$$t_t = (1-D)k_{t0}\delta_t \tag{4.9}$$

另外，还需制定起裂准则。ABAQUS黏结界面单元的起裂准则包括最大名义应力准则（MAXS）、最大名义应变准则（MAXE）、名义应力平方准则（QUADS）和名义应变平方准则（QUADE）。本章采用名义应力平方准则

$$\left\{\frac{\langle t_n \rangle}{t_{n0}}\right\}^2 + \left\{\frac{t_s}{t_{s0}}\right\}^2 + \left\{\frac{t_t}{t_{t0}}\right\}^2 = 1 \tag{4.10}$$

使用黏结界面单元模拟离散黏性断裂时，需要将零厚度黏结界面单元预先插入到骨料-砂浆和砂浆-砂浆实体单元之间的微小空间中，以便追踪微裂缝的张开和闭合情况。此外，与设置低纵横比的薄片实体单元相比，黏结界面单元可以更加有效地模拟很薄的骨料-砂浆界面（即ITZ，通常厚度为$10\sim50\mu m$），而且不需要采用特殊的算法或设置。值得注意的是，使用四面体实体单元C3D4能够模拟出较真实的粗糙裂缝面，相应的黏结界面单元为六节点COH3D6单元。

文献[19]报道了基于MATLAB程序的零厚度黏结界面单元插设算法，用于模拟均质材料的开裂。本章将该算法加以拓展，针对2.4节图2.27所示复杂细观结构，通过FORTRAN程序在ITZ和砂浆中插设黏结界面单元。具体算法如下：（1）读取图2.29初始网格后，循环遍历每个骨料最外层和砂浆实体单元的三节点面；（2）根据各节点所属面的个数，产生新节点并保持它们的坐标不变，即原位复制并增加节点编号，同时更新单元的拓扑信息，使得相邻的实体单元不再共用节点而分离，形成相对的一组三角面（face pair）；（3）利用这些分离开的相对三角面和新节点生成六节点黏结界面单元，即分为骨料-砂浆面和砂浆-砂浆面两类，分别表示为CIE_INT和CIE_CEM。为说明以上算法，图4.2显示了一个位于两个砂浆单元A和B之间的骨料单元，砂浆单元B还与另一个砂浆单元C相邻，图中放大了生成的黏结界面单元的厚度，实际上骨料表面的黏结界面单元类似蛋壳包裹的效果。由于骨料具有较高强度和刚度，在拉伸状态下一般认为不会开裂，因此骨料内部不插设黏结界面单元。以上算法和程序非常高效，例如，对于具有473337个节点和2895091个实体单元的模型（骨料含量为60%），仅需约15.4min即可完成黏结界面单元插设，新生成的网格具有2290706个黏结界面单元和5739836个节点，可输出为扩展名为*.inp的ABAQUS输入文件来开展后续的断裂模拟。

值得注意的是，在混凝土细观断裂中，即使试件预设了引导起裂的缺口，裂缝也能

够以比较随机的方式在各界面过渡区同时或顺序地萌生和扩展，这主要归结于细观各相的随机分布和复杂形态。因此，需要在整个试件中预先插设黏结界面单元来考虑各种潜在的离散裂缝，这与一些混凝土宏观构件算例在大致区域内进行局部或自适应插设有所不同。这种全局插设会产生大量的新节点和黏结界面单元，从而增加计算成本。

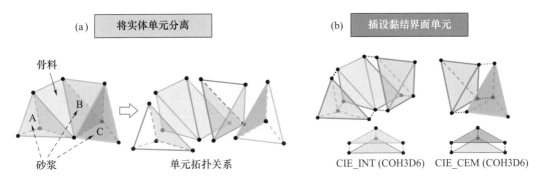

图 4.2　混凝土细观结构中黏结界面单元的插设算法

4.3　单轴拉伸断裂模拟和骨料含量的影响

在数值研究中，常采用单轴拉伸下的正方形或立方体试件，用于探究混凝土类材料的细观断裂机制，包括随机微裂缝的萌生、扩展和局部化为宏观裂缝的过程，为避免初始应力集中，试件未预设缺口或裂缝[20-22]。至于直接拉伸的物理实验，一般通过将试件两端黏结到加载装置上，例如 Hordijk[23] 的带缺口试件和 Liu 等[24] 的无缺口试件。图 4.3 显示了本章 50mm× 50mm×50mm 的数值试件，其中一个面在均匀分布的位移 u^* 下加载，其相对面的节点位移保持固定约束。

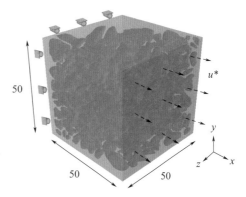

图 4.3　50mm×50mm×50mm 混凝土立方体试件的单轴拉伸模拟

表 4.1 列出了参考文献 [20，21] 中不同细观相的材料参数，这些参数经过了实验[23]的校准。在该表中，E 表示弹性模量，ν 表示泊松比，ρ 表示密度。剪切断裂参数包括强度 t_s（t_t）和断裂能 G_{fs}（G_{ft}），假设与抗拉性能 t_n 和 G_{fn} 相同。作者研究发现[18]，在达到强度之前 CIE 的初始刚度应足够高，以模拟未开裂状态（即非常小的张开和分离相对位移），否则在加载的早期阶段，计算域内的每个黏结界面单元都会产生较大的相对位移，引入不客观的整体柔性。换句话说，通过将黏结界面单元的初始刚度设置为 1×10^6，可以避免这种人为效应，保证模型整体初始线弹性行为与不插设黏结界面单元时相同。

表 4.1 细观各相材料参数

	弹性模量 (GPa)	泊松比	密度 (10^{-6} kg/mm³)	初始刚度 k_{n0} (MPa/mm)	抗拉强度 t_{n0} (MPa)	断裂能 G_f (N/mm)
骨料	70	0.2	2.5	—	—	—
砂浆	25	0.2	2.2	—	—	—
CIE_CEM	—	—	2.2	1.0×10^6	4.0	0.06
CIE_INT	—	—	2.2	1.0×10^6	2.0	0.01

对于复杂的细观黏性断裂，显式动力学方法在求解非线性方程组方面已经证明了其稳健性和高效性[18,21]，而隐式静力学方法则很难使系统方程的残差收敛。在显式方法中，加载时间应足够长，代表准静态状态，其结果可与隐式方法吻合较好[25]。但加载时间不应过长导致耗时显著增加，一种有效的试错方法是确保动能不超过总内能的5%。本章使用 ABAQUS/Explicit 求解器进行准静态分析，加载时间选取为 0.01s。在一台计算机工作站上进行计算，配备 Intel (R) Xeon (R) Gold 6248R CPU @ 3.00GHz 和 64GB 内存。使用 30 个处理器进行并行计算，完成一个骨料含量 30% 的细观模型计算约需要 61.8h，而骨料含量 60% 时需要 125.3h。

4.3.1 单元尺寸的影响

首先进行了不同平均单元尺寸的网格敏感性研究，即 Mesh 1 ($h_1=0.5$mm) 和 Mesh 2 ($h_2=0.25$mm)，采用骨料含量为 30% 的混凝土模型。Mesh 1 含有 5739836 个节点、1434959 个固体单元和 2290706 个黏结界面单元，Mesh 2 中分别为 21593764，5398441 和 10143612。图 4.4(a) 显示了裂缝分布情况，红色表示损伤因子 SDEG≥0.9 张开的黏结界面单元。由图可见，在沿 x 轴的拉伸作用下，整体破坏模式对网格尺寸不敏感，宏观裂缝均产生在相似的位置。图 4.4(b) 比较了拉伸应力-位移曲线，其中应力通过将加载面上沿 x 轴的反力除以横截面面积求得，可以发现这些曲线几乎重合。因此，在后续分析中，使用 $h_1=0.5$mm 作为单元平均尺寸来平衡计算精度和效率。

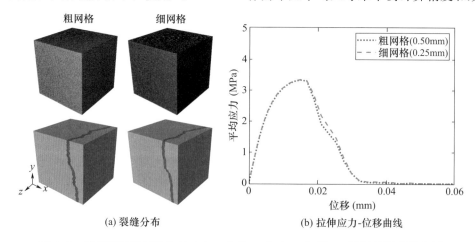

(a) 裂缝分布　　(b) 拉伸应力-位移曲线

图 4.4 采用不同单元平均尺寸 $h_1=0.5$mm 和 $h_2=0.25$mm 的网格敏感性分析

4.3.2 开裂过程分析和加载方向影响

本节进一步研究了上述细观模型（$f_a=30\%$）的典型拉伸断裂过程。图 4.5 将模拟得到的拉伸应力-位移曲线与一个尺寸相近的 $50\text{mm}\times60\text{mm}\times50\text{mm}$ 试件的实验结果[23]进行了比较，该试件有两个深度为 5mm 的凹槽，因此将中间截面积缩小到 $50\text{mm}\times50\text{mm}$。模拟结果与实验数据在峰前非线性、峰值应力和峰后软化响应方面表现出较好的吻合度。然而，需要谨慎比较两类结果，因为实验数据描述了一个有微小缺口的试件，并且其细观组分和材料性质难以确定。此外，实验结果容易受到许多不可避免的不确定性的干扰，如试件制备过程和加载装置中的非线性接触等。

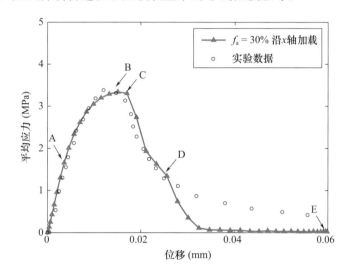

图 4.5　**骨料含量 30%试件在 x 轴向拉伸下的应力-位移曲线**

注：图中 A 至 E 的 5 个关键阶段分别对应于峰值前、峰值应力、开始软化、软化阶段和最终断裂。与实验数据[23]进行了比较。

图 4.6 展示了图 4.5 中标记的 A 到 E 阶段对应的断裂过程，变形放大系数（DSF）为 50。在 A 阶段之前，试样表现出线性弹性行为，几乎没有微裂缝。在 A 阶段，一些微裂缝出现在薄弱的骨料-砂浆界面过渡区（ITZ），并沿着它们缓慢扩展，导致峰值应力之前出现非线性响应。当在 B 阶段达到峰值应力，更多微裂缝在几乎所有 ITZ 上产生，但砂浆中微裂缝较少。当试件从 C 到 D 进入软化阶段时，一些现有的 ITZ 微裂缝逐渐与砂浆中新形成的微裂缝（蓝色）合并。从 D 阶段开始，这些合并的微裂缝加速扩展、宽度逐渐增加，进而局部化形成一条宏观主裂缝，见被拉伸的蓝色和灰色区域，而其余微裂缝逐渐卸载直至完全闭合。换句话说，在达到峰值荷载之前，ITZ 微裂缝的发展相对稳定，而在软化阶段，砂浆中的微裂缝开始演化并成为主导因素，导致宏观裂缝的快速形成。

由于混凝土结构表面裂缝与结构耐久性密切相关，图 4.7 进一步讨论试件外表面裂缝的演化过程。为能观察到早期微小裂缝，设置 DSF 为 50 来放大显示裂缝宽度。因为只有当试件进入软化阶段时，外部微裂缝的扩展才变得明显，选择了峰后阶段 C、D 和 E 来阐释开裂过程。其中一些微裂缝从阶段 C 到 D 迅速张开和融合而向宏观裂缝发展，随着加载位移的增加继续扩大，直至试件在阶段 E 完全断裂，对应于图 4.5 中几乎为零的残余承载力。以上复杂的断裂过程与实验观察[23]和其他数值模拟[19]结果一致。

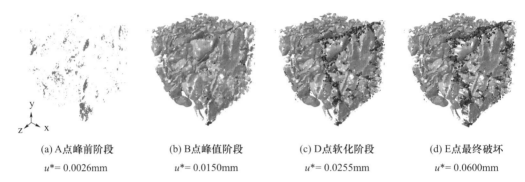

(a) A 点峰前阶段
　$u^* = 0.0026$mm

(b) B 点峰值阶段
　$u^* = 0.0150$mm

(c) D 点软化阶段
　$u^* = 0.0255$mm

(d) E 点最终破坏
　$u^* = 0.0600$mm

图 4.6　骨料含量 30%试件在 x 轴向拉伸下的黏结单元开裂演化（SDEG$\geqslant$0.9）：灰色表示骨料-砂浆界面，蓝色表示砂浆内

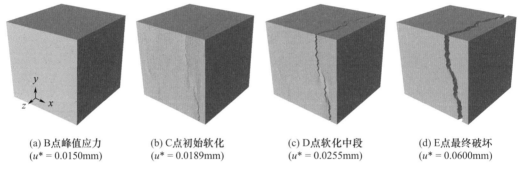

(a) B 点峰值应力
　($u^* = 0.0150$mm)

(b) C 点初始软化
　($u^* = 0.0189$mm)

(c) D 点软化中段
　($u^* = 0.0255$mm)

(d) E 点最终破坏
　($u^* = 0.0600$mm)

图 4.7　骨料含量 30%试件在 x 向拉伸下不同加载阶段（B~E）的外部开裂过程

为了更清楚地描述细观裂缝的形成和扩展，图 4.8 将断裂过程与骨料结构同时显示，突出展示了不同裂缝路径（红色）周围各骨料（黄色）在一系列切面上的位置。由图 4.8 可见，三维微裂缝在骨料尖端形成，并沿着骨料-砂浆界面从内部向外表面扩展。在软化阶段，它们与砂浆内部裂缝共同形成复杂的三维裂缝网，最终融合、局部化形成宏观裂缝。由于骨料形态和空间分布呈一定随机性，不同切面上的裂缝分布有所不同，但这些裂缝同属于一个裂缝网。在骨料的影响方面，三维裂缝扩展会受到骨料阻碍，但同时也受到其薄弱界面的"吸引"而产生偏转，特别是一些较大骨料造成的影响尤为显著，如图中黑色箭头所指骨料显著影响了其所跨越的两个切面的裂缝分布。骨料阻碍和界面开裂的耦合效应使得三维裂缝网在较大范围内出现随机分叉和联结，使得形成的粗糙裂缝面呈现出明显的分形特征。实际上，当裂缝面将试件一分为二时，所有切面因参与了共同抵抗而在开裂机理上相互关联。相比之下，如果只拿各二维切面进行细观建模，由于无法考虑来自其他切面的三维空间影响，容易导致预测结果失去代表性，这也凸显了进行三维断裂模拟的必要性。

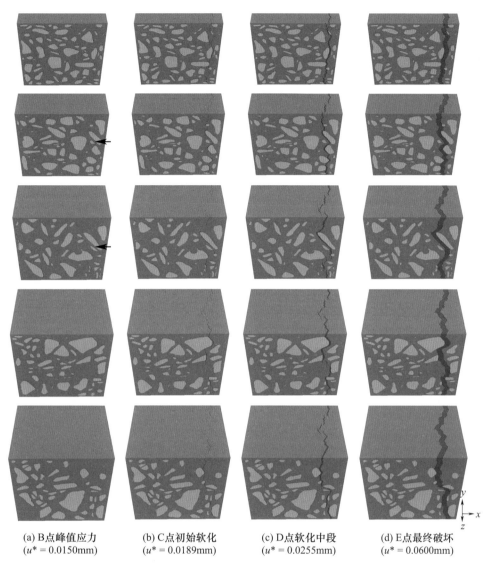

| (a) B点峰值应力 | (b) C点初始软化 | (c) D点软化中段 | (d) E点最终破坏 |
| (u^* = 0.0150mm) | (u^* = 0.0189mm) | (u^* = 0.0255mm) | (u^* = 0.0600mm) |

图 4.8　骨料含量 30% 试件在 x 向拉伸下不同加载阶段（B~E）的内部开裂过程

注：变形放大系数 DSF 取 50，横截面视图展示了骨料对裂缝路径的影响。

本节将前述试件沿其他两个方向 y 和 z 进行加载，从而等效地研究骨料分布的影响。图 4.9 为模拟预测的拉伸应力-位移曲线。虽然这些曲线形状相似，但在软化段上表现出一定的离散性。对于 x、y 和 z 方向加载上，峰值应力分别为 3.33MPa、3.42MPa 和 3.37MPa。

图 4.10 和图 4.11 分别描绘了沿 y 轴和 z 轴拉伸下的峰值应力和软化阶段的裂缝发展过程，同样利用不同位置的切面来说明裂缝如何与骨料产生关联。在不同的切面上观察到不同的裂缝分布，表明了多相不均匀分布导致的随机力学响应。另外，与图 4.8 相比，这些结果也清楚地表明，当加载方向不同时，宏观裂缝可能靠近试件的端部，也可能产生在试件的中间。

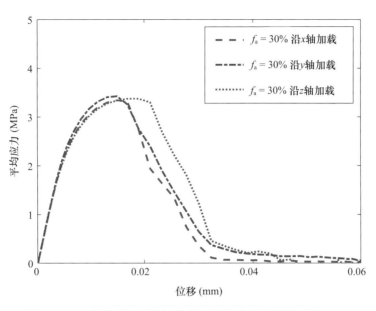

图 4.9 不同加载方向下的拉伸应力-位移曲线（骨料含量 30%）

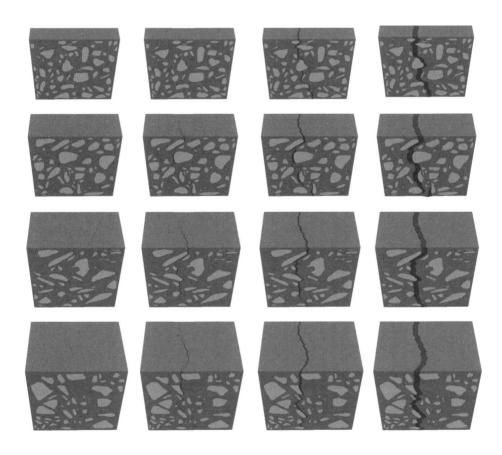

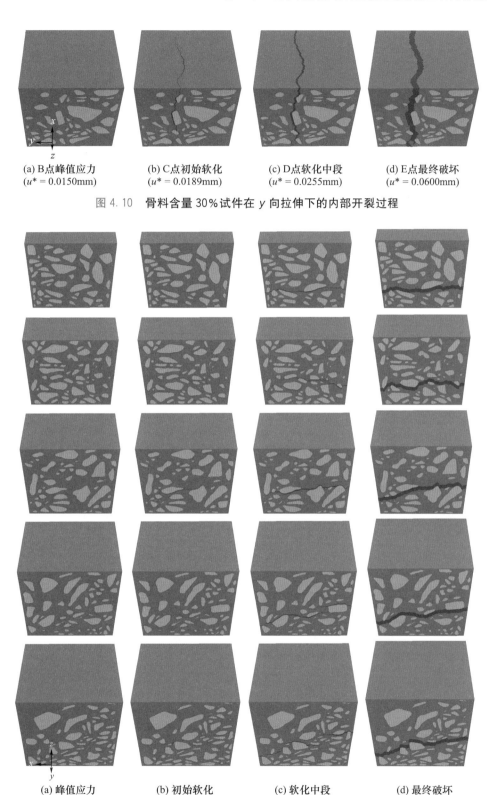

(a) B点峰值应力 (b) C点初始软化 (c) D点软化中段 (d) E点最终破坏
(u^* = 0.0150mm) (u^* = 0.0189mm) (u^* = 0.0255mm) (u^* = 0.0600mm)

图 4.10　骨料含量 30%试件在 y 向拉伸下的内部开裂过程

(a) 峰值应力 (b) 初始软化 (c) 软化中段 (d) 最终破坏
(u^* = 0.0169mm) (u^* = 0.0211mm) (u^* = 0.0255mm) (u^* = 0.0600mm)

图 4.11　骨料含量 30%试件在 z 向拉伸下的内部开裂过程

注：变形放大系数 DSF 取 50。

图 4.12 进一步比较了沿不同方向拉伸的断裂试件，并提取出最终的断裂面。差异较大的断裂面表明，加载方向同样可以反映随机分布对裂缝分布的显著影响。在微裂缝的发展过程中，只有一部分会继续扩展并形成最终的宏观裂缝。就提取出的断裂面而言，灰色表示 ITZ 的裂缝，蓝色表示砂浆中的裂缝，两类区域的裂缝最终相连，但发展的特点不相同：ITZ 裂缝是由于较弱断裂性能导致的初期界面脱黏，而砂浆中的裂缝主要源于试件进入软化阶段后与骨料表面 ITZ 裂缝的聚合和持续扩展。因此，粗糙不平的断裂面与骨料的分布和形状紧密相关，这种粗糙形态也与实验结果[26]相吻合。此外，图中裂缝面均局限于相对狭窄的带状区域内。

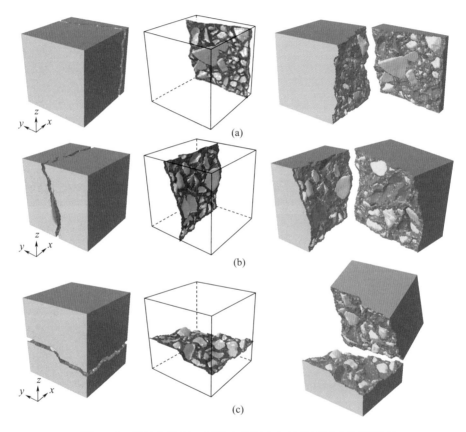

图 4.12　骨料含量 30% 试件在不同方向拉伸下形成的断裂面

注：第二列显示了提取出的断裂面，其中灰色表示骨料界面裂缝，蓝色表示砂浆中的裂缝。

4.3.3　骨料含量对拉伸特性的影响

在工程应用中，设计或调整材料组分的含量能够起到关键和直接的作用[27,28]，因此分析骨料含量如何影响混凝土受拉承载力和断裂模式非常重要。作者在第 2 章提出的模拟框架能够建立较大范围的骨料含量，有助于完成这一研究目标。图 4.13 给出了骨料含量 $f_a=30\%$、40%、50% 和 60% 时不同加载方向的平均应力-位移曲线。在每个具有给定骨料含量的图中，曲线的差异是由内部细观结构的异质性引起的。

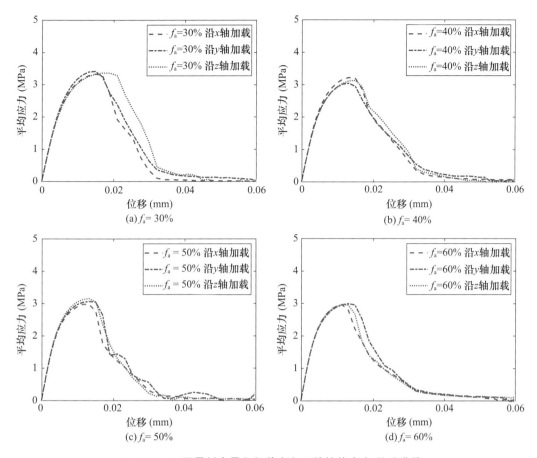

图 4.13　不同骨料含量和加载方向下的拉伸应力-位移曲线

图 4.14（a）列出了不同骨料含量试件的平均拉伸应力-位移曲线，以直观量化骨料含量的影响。为了比较，将骨料含量 30% 的试件曲线划分为典型的三个阶段：（Ⅰ）线性上升阶段；（Ⅱ）非线性上升直至峰值应力阶段；（Ⅲ）呈长尾状的峰后软化阶段。所有曲线都表现出三个阶段的特征，但是随着骨料含量的增加，峰值应力出现更早。图 4.14（b）展示了受骨料含量影响的平均峰值应力，随着骨料含量从 30% 增加到 60%，峰值应力从 3.36MPa 减小到 2.96MPa，减小了 12%。

图 4.15 展示了不同骨料含量（f_a＝30%，40%，50% 和 60%）的试件在不同方向拉伸下的外部和内部最终破坏模式。对于给定的骨料含量，裂缝分布呈现明显的差异，这是由加载方向和内部细观结构的异质性引起的。当骨料含量较低时，例如 30%，局部化的裂缝会穿过整个试件，未受到太多骨料阻碍。然而，当骨料含量增加时，原本较容易的微裂缝融合或联结会明显受到更多的相互嵌锁的骨料的阻碍，从而延缓微裂缝发展成局部化的宏观裂缝，因此这些微裂缝必须绕过更多的骨料，扩展方向的选择变得有限，导致宏观裂缝更加粗糙，相应的结果是，软化曲线在骨料含量较高时呈现出较慢或更为渐进的下降趋势，即软化段曲线的斜率变化特征。

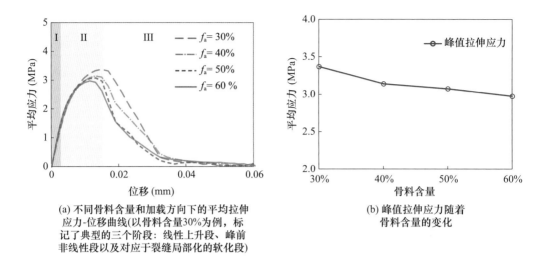

(a) 不同骨料含量和加载方向下的平均拉伸应力-位移曲线(以骨料含量30%为例，标记了典型的三个阶段：线性上升段、峰前非线性段以及对应于裂缝局部化的软化段)

(b) 峰值拉伸应力随着骨料含量的变化

图 4.14 不同骨料含量试件的平均拉伸应力-位移曲线及相应变化情况

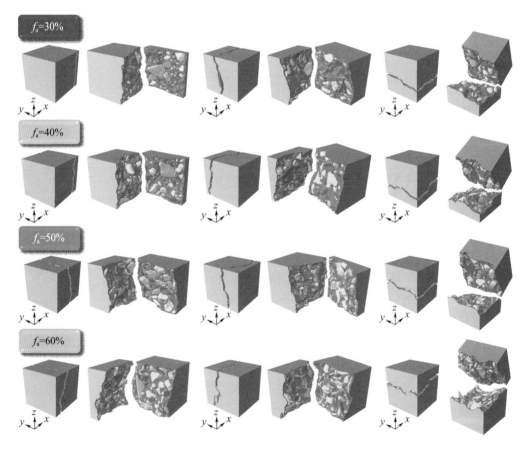

图 4.15 不同骨料含量和加载方向下形成的断裂面（随着骨料含量的增加，断裂面也愈显粗糙）

此外，图 4.16 和图 4.17 采用一系列切面图，比较了骨料含量 40% 和 60% 的模型中裂缝逐渐发展的过程。当加载位移较小时，可以看到在峰前段和峰值阶段，几乎没有微裂缝产生。在图 4.16（b）和图 4.17（b）中，当试件进入软化段时，一些围绕较大骨料的 ITZ 裂缝迅速发展，并在与其他 ITZ 裂缝融合之前扩展到附近的砂浆区域。这表明了断裂局部化或裂缝带正在形成。随着加载位移的继续增大，可以观察到主裂缝穿过不同切面的过程，这是由于 ITZ 微裂缝的融合和砂浆中新裂缝的不断形成。与此同时，局部化区域外的微裂缝由于应力重分布而卸载、闭合。最后，局部化裂缝在两个试件中发展成为宏观主裂缝，试件断裂成两部分。对于骨料含量较低的试件，断裂面更平滑、各切面上的裂缝路径趋于直线，这是因为骨料阻碍较少，裂缝不一定要绕过骨料。然而，当骨料含量增加时，骨料会更加明显地阻碍裂缝发展，同时一些大骨料的 ITZ 可以为裂缝的萌生和融合提供更容易的途径。当骨料含量达到 60% 时，骨料阻碍变成主导因素，迫使裂缝重新定向并沿着薄弱界面通道扩展，导致在各个切面反映出非常曲折的开裂模式，还应注意的是，尽管上述分析是基于二维切面角度，但这些切面与抵抗开裂的综合性相关，也能够很好反映复杂的三维细观断裂现象。

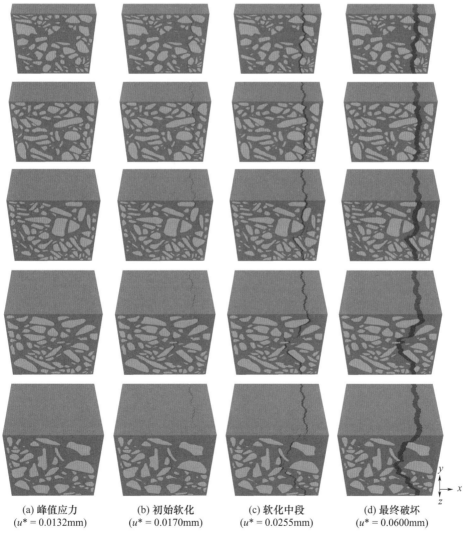

(a) 峰值应力　　　　(b) 初始软化　　　　(c) 软化中段　　　　(d) 最终破坏
(u^* = 0.0132mm)　(u^* = 0.0170mm)　(u^* = 0.0255mm)　(u^* = 0.0600mm)

图 4.16　**骨料含量 40% 试件在 x 向拉伸下的内部开裂过程**

注：变形放大系数 DSF 取 50。

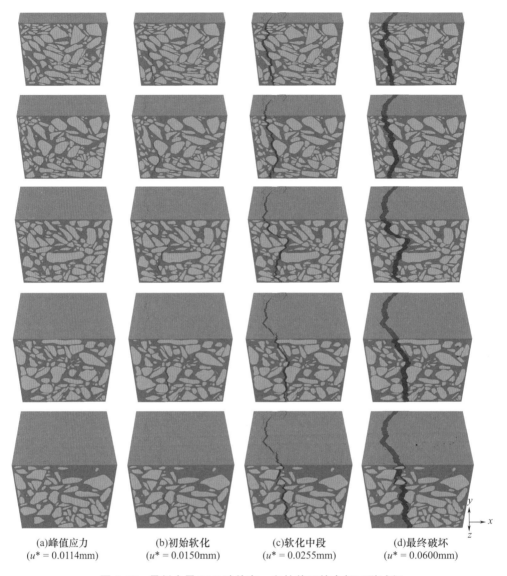

| (a)峰值应力 | (b)初始软化 | (c)软化中段 | (d)最终破坏 |
| (u^* = 0.0114mm) | (u^* = 0.0150mm) | (u^* = 0.0255mm) | (u^* = 0.0600mm) |

图 4.17　骨料含量 60% 试件在 x 向拉伸下的内部开裂过程

注：变形放大系数 DSF 取 50。

此外，图 4.18 从图 4.15 中提取了裂缝面，其中灰色表示 ITZ，蓝色表示砂浆区域。通过这种方式，可以计算每个断裂试件的 ITZ 面积的占比 ρ_{ITZ}，总结于表 4.2。由表可知，当骨料含量持续增加时，ρ_{ITZ} 也增加，并且即使在最低的 30% 时，ρ_{ITZ} 始终大于 50%。这表明薄弱的骨料-砂浆界面更容易成为裂缝萌生、扩展和融合的通道。这种裂缝发展的观点还有助于解释图 4.14 中峰值应力与骨料含量之间的负相关性。因此，尽管引入更多骨料可以降低生产成本，并提高整体刚度和抗压强度，但大量存在的薄弱界面会增加开裂风险并削弱拉伸性能，因此应确定一个最佳的骨料含量，在不同的研究目标之间取得平衡。此外，适量添加钢纤维能够提供桥联阻裂作用，减轻骨料周围早期开裂的影响[29,30]。

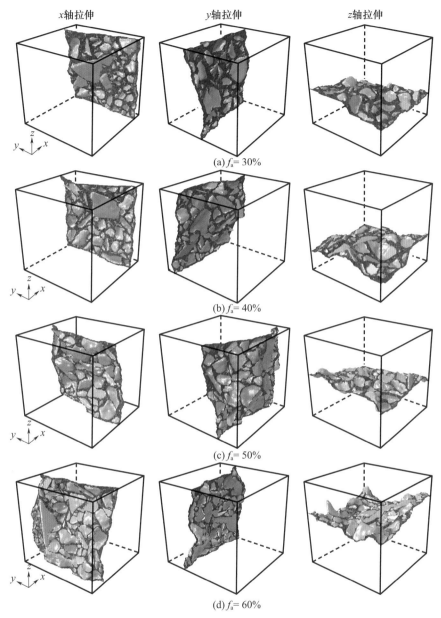

图 4.18 不同骨料含量和拉伸方向下形成的断裂面：其中灰色表示骨料界面裂缝，蓝色表示砂浆中的裂缝

表 4.2 不同骨料含量和加载方向下试件的裂缝表面 ITZ 面积比

f_a	ρ_{ITZ}			
	x 向拉伸	y 向拉伸	z 向拉伸	平均值
30%	0.583	0.553	0.580	0.572
40%	0.628	0.646	0.639	0.638
50%	0.658	0.653	0.676	0.662
60%	0.674	0.664	0.691	0.676

4.4 抗拉强度和断裂能的影响

已有宏观研究表明[19]，黏结裂缝单元的材料参数，特别是抗拉强度与断裂能，对模拟结果影响较大。采用2.2.1节的球基多面体骨料（含量30%），本节对砂浆中和骨料-砂浆界面（即ITZ）上的黏结单元选取不同组别的抗拉强度与断裂能进行研究。保持砂浆和ITZ断裂能0.06N/m和0.03N/m不变，黏结单元取不同抗拉强度时，使用TcTi的编号规则，如Tc4Ti2表示砂浆和界面黏结单元的抗拉强度分别为4MPa和2MPa；保持砂浆和ITZ抗拉强度4MPa和2MPa不变，取不同断裂能，使用GcGi的编号规则，如Gc0.06Gi0.03表示砂浆和界面黏结单元的断裂能分别为0.06N/mm和0.03N/mm。同时，设置对照组分别为Tc4Ti2_REF和Gc0.06Gi0.03_REF，见表4.3和表4.4。

表4.3 黏结界面单元采用不同抗拉强度

CIE 位置	第一组 Tc4Ti1		第二组 Tc4Ti4		第三组 Tc2Ti2		第四组 Tc6Ti2		对照组	
	砂浆	界面	砂浆	界面	砂浆	界面	砂浆	界面	砂浆	界面
抗拉强度 t_{n0}（MPa）	4	1*	4	4*	2*	2	6*	2	4	2

注：表中带"*"的数据与对照组不同。

表4.4 黏结界面单元采用不同断裂能

CIE 位置	第一组 Gc0.06Gi0.01		第二组 Gc0.06Gi0.06		第三组 Gc0.03Gi0.03		第四组 Gc0.09Gi0.03		对照组	
	砂浆	界面	砂浆	界面	砂浆	界面	砂浆	界面	砂浆	界面
断裂能 G_f（N/mm）	0.06	0.01*	0.06	0.06*	0.03	0.03	0.09*	0.03	0.06	0.03

注：表中带"*"的数据与对照组不同。

对上述8组黏结单元材料参数进行模拟，对每一组只变动TcTiGcGi参数中的一个，其余参数与对照组相同。得到如图4.19和图4.20所示的试件宏观平均应力-位移曲线以及图4.21和图4.22所示的试件破坏形式。

由图4.19可见，黏结单元的抗拉强度对试件应力-位移曲线峰值以及峰值前非线性段影响显著：随着黏结单元强度增加，试件强度增加；当ITZ上的黏结界面单元强度降低而砂浆黏结界面单元强度增加时，试件强度亦增加，表明砂浆黏结单元的抗拉强度对试件承载力起控制作用。图4.19也表明，随着试件强度增加，其脆性也逐渐增加。由图4.20可见，黏结单元的断裂能对试件应力-位移曲线软化段影响显著，随着断裂能的提高，试件的延性增加，但对试件强度以及曲线峰前段影响不大。

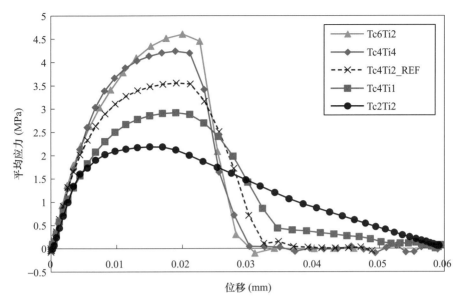

图 4.19　黏结界面单元的抗拉强度对宏观应力-位移曲线的影响

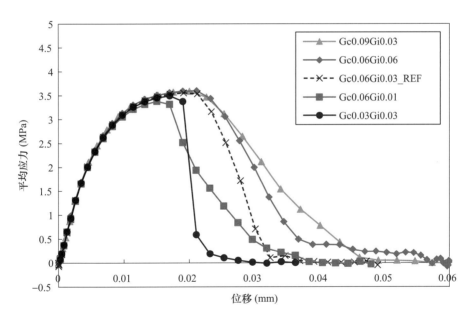

图 4.20　黏结界面单元的断裂能对宏观应力-位移曲线的影响

由图 4.21 可见，黏结单元抗拉强度对裂缝面形态有较大影响，该影响主要体现于砂浆、ITZ 黏结单元的强度相对比值 $\gamma_T = Tc/Ti$。当 $\gamma_T \neq 1$ 时，断裂面的位置基本相同，γ_T 主要影响断裂面的形态；当 $\gamma_T = 4$ 时［图 4.21（c）设计组 Tc4Ti1］，断裂面上出现的大骨料数量最多，其次是 $\gamma_T = 3$［图 4.21（b）设计组 Tc6Ti2］，然后是 $\gamma_T = 2$（图 4.21 对照组 Tc4Ti2）。由于本章黏结单元以名义拉应力作为起裂准则，随着砂浆、ITZ 黏结单元强度差别的增大，ITZ 愈发成为薄弱环节。由于大骨料表面的 ITZ 面积较大，更容易成为裂缝起裂与扩展通道，使试件倾向于在大骨料附近形成裂缝面。另外，

当 $\gamma_T=1$ 时,如图 4.21 (a) 和 (d) 所示,试件断裂面较平滑且以小骨料数量居多;其中设计组 Tc2Ti2 的黏结单元强度较低,离加载端最近一层裂缝单元因应力集中而破坏。

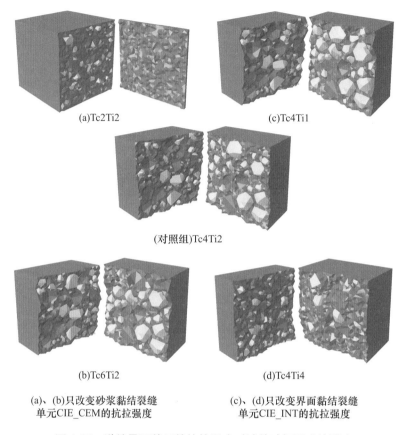

(a)Tc2Ti2　　　　　　　　　(c)Tc4Ti1

(对照组)Tc4Ti2

(b)Tc6Ti2　　　　　　　　　(d)Tc4Ti4

(a)、(b)只改变砂浆黏结裂缝单元CIE_CEM的抗拉强度　　　(c)、(d)只改变界面黏结裂缝单元CIE_INT的抗拉强度

图 4.21　黏结界面单元的抗拉强度对试件破坏形式的影响

图 4.22 显示砂浆、界面黏结单元的断裂能相对比值 $\gamma_G=Gc/Gi$ 对裂缝形态的影响。当 $\gamma_G \leqslant 3$ 时[图 4.22 (a)、(b)、(d) 和对照组],试件破坏时的位移和断裂面形态基本一致。随着断裂能的提高,裂缝面趋于曲折;但当 $\gamma_G=6$ 时[图 4.22 (c) 设计组 Gc0.06Gi0.01],砂浆裂缝单元的断裂能显著高于界面单元,界面成为薄弱环节,由于大骨料表面的 ITZ 面积较大,较容易成为裂缝扩展通道因而影响了裂缝扩展路径,使最终断裂面的位置和形态与其他组差异较大。

(a)Gc0.03Gi0.03　　　　　　　　　(c)Gc0.06Gi0.01

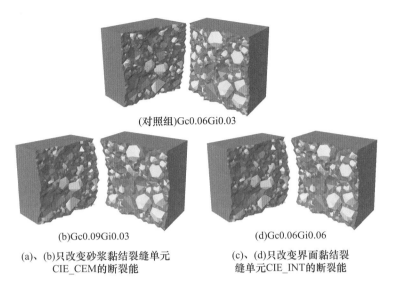

(对照组)Gc0.06Gi0.03

(b)Gc0.09Gi0.03　　　　　　　　(d)Gc0.06Gi0.06

(a)、(b)只改变砂浆黏结裂缝单元　　(c)、(d)只改变界面黏结
　　CIE_CEM的断裂能　　　　　　　　缝单元CIE_INT的断裂能

图 4.22　黏结界面单元的断裂能对试件破坏形式的影响

进一步将 Gc0.06Gi0.01 与对照组 Gc0.06Gi0.03_REF 比较，分析断裂能、宏观应力-位移曲线以及开裂过程之间的关联。如图 4.23 和图 4.24 所示，在这两个模型的应力-位移曲线的软化段中选取 4 个应力水平接近的阶段 A～D 进行分析。由图可见，由于 Gc0.06Gi0.01 的裂缝沿着图 4.22（c）黑色箭头所指的大骨料（大骨料的界面作为薄弱环节）扩展，导致其裂缝面的形成比 Gc0.06Gi0.03_REF 更为曲折复杂，因此其应力-位移曲线的软化段由于断裂耗能的需要变得较为平缓，而没有呈现出 ITZ 黏结单元断裂能减小导致的脆性特征。由此可见，混凝土的力学响应能够反映其裂缝发展特征，二者既决定于断裂材料参数，也受到骨料大小、形状等细观结构因素的影响，显示出十分复杂的破坏机理。

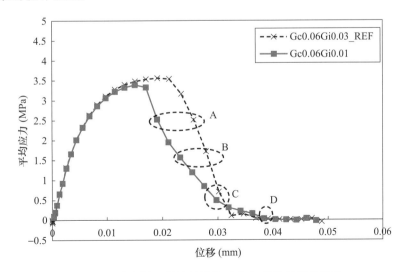

图 4.23　黏结界面单元断裂能对应力-位移曲线的影响

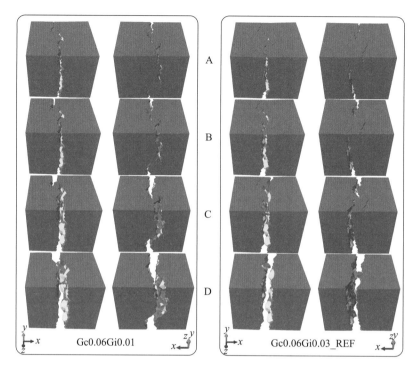

图 4.24　黏结界面单元断裂能对试件开裂过程的影响

4.5　本章小结

基于 CT 骨料库和随机投放/振捣方法生成的较为真实的混凝土细观结构，本章开展了具有一定计算难度的离散黏性断裂模拟（自由度高达千万量级），模拟了较为逼真的混凝土受拉开裂过程和具有分形特征的裂缝面。主要研究了骨料含量和材料断裂参数对拉伸特性的影响。结果表明，所有试件都表现阶段特征相近的拉伸应力-位移曲线和开裂过程：微裂缝通常首先在 ITZ 出现，并在接近峰值应力时逐渐稳定，大量 ITZ 微裂缝也造成了曲线的峰前非线性段；进入软化段后，一些微裂缝宽度迅速增加，并与砂浆中新生成的裂缝连通形成局部化的主裂缝，而另外一些微裂缝则逐渐卸载闭合。骨料会阻碍裂缝扩展，但与骨料表面 ITZ 引裂作用形成一种耦合效应，使得三维裂缝网在较大范围内出现随机分叉、转向和联结的复杂发展模式，而且该效应随着骨料含量的增加而愈加显著，导致产生更为曲折和粗糙的裂缝面，其中 ITZ 开裂破坏占比增加，而当骨料含量较低时，裂缝在局部化过程中未受到太多骨料阻碍，从而形成贯穿试件的较为平滑的裂缝面，以砂浆的开裂破坏为主。同时，试件力学响应也在一定程度反映裂缝发展特征，骨料含量和试件承载力与脆性均成反比。

研究还发现，宏观应力-位移曲线主要受砂浆、ITZ 黏结单元的抗拉强度和断裂能绝对数值的影响：砂浆黏结单元的抗拉强度对试件承载力起控制作用，试件承载力随着其强度的提高而增大，而断裂能对非线性软化段影响显著，断裂能的提高增加了试件的延性。裂缝面的位置和形态主要受砂浆、界面黏性裂缝单元的抗拉强度、断裂能相对比值的影响。比值较大时（$\gamma_T>2$ 或者 $\gamma_G>3$），即界面黏结单元的力学性能远弱于砂浆黏结单元时，由于大骨料表面的界面单元面积较大，较容易成为裂缝起裂与扩展通道，使试件倾向于在大骨料附近形成裂缝面。

参考文献

[1] MAN H K, VAN MIER J G M. Influence of particle density on 3D size effects in the fracture of (numerical) concrete [J]. Mechanics of materials, 2008, 40 (6): 470-486.

[2] XU W X, CHEN H S. Numerical investigation of effect of particle shape and particle size distribution on fresh cement paste microstructure via random sequential packing of dodecahedral cement particles [J]. Computers & Structures, 2013, 114: 35-45.

[3] YAN P, ZHANG J H, FANG Q, et al. 3D numerical modelling of solid particles with randomness in shape considering convexity and concavity [J]. Powder technology, 2016, 301: 131-140.

[4] LI X X, XU Y, CHEN S H. Computational homogenization of effective permeability in three-phase mesoscale concrete [J]. Construction and building materials, 2016, 121: 100-111.

[5] XU W X, LV Z, CHEN H S. Effects of particle size distribution, shape and volume fraction of aggregates on the wall effect of concrete via random sequential packing of polydispersed ellipsoidal particles [J]. Physica A: Statistical mechanics and its applications, 2013, 392 (3): 416-426.

[6] ABYANEH S D, WONG H S, BUENFELD N R. Modelling the diffusivity of mortar and concrete using a three-dimensional mesostructure with several aggregate shapes [J]. Computational materials science, 2013, 78: 63-73.

[7] LIU L, SHEN D J, CHEN H S, et al. Aggregate shape effect on the diffusivity of mortar: a 3D numerical investigation by random packing models of ellipsoidal particles and of convex polyhedral particles [J]. Computers & Structures, 2014, 144: 40-51.

[8] HÄFNER S, ECKARDT S, LUTHER T, et al. Mesoscale modeling of concrete: Geometry and numerics [J]. Computers & Structures, 2006, 84 (7): 450-461.

[9] 刘光廷，高政国. 三维凸型混凝土骨料随机投放算法 [J]. 清华大学学报：自然科学版，2003，43 (8): 1120-1123.

[10] SHENG P Y, ZHANG J Z, JI Z. An advanced 3D modeling method for concrete-like particle-reinforced composites with high volume fraction of randomly distribu-

ted particles [J]. Composites science and technology, 2016, 134: 26-35.

[11] XU Y, CHEN S H. A method for modeling the damage behavior of concrete with a three-phase mesostructure [J]. Construction and building materials, 2016, 102: 26-38.

[12] HILLERBORG A, MODEER M, PETERSSON P E. Analysis of crack formulation and crack growth in concrete by means of fracture mechanics and finite elements [J]. Cement and concrete research, 1976, 6: 773-782.

[13] BARENBLATT G. The formation of equilibrium cracks during brittle fracture. General ideas and hypotheses [J]. Axially-symmetric cracks. Journal of applied mathematics and mechanics, 1959, 23 (3): 622-636.

[14] DUGDALE D S. Yielding of steel sheets containing slits [J]. Journal of the mechanics and physics of solids, 1960, 8 (2): 100-104.

[15] HUANG Y J, NATARAJAN S, ZHANG H, et al. A CT image-driven computational framework for investigating complex 3D fracture in mesoscale concrete [J]. Cement and concrete composites, 2023, 143: 105270.

[16] 苏项庭. 基于粘结裂缝模型的非均匀准脆性材料断裂模拟研究 [D]. 杭州: 浙江大学, 2011.

[17] ZHANG H, HUANG Y J, YANG Z J, et al. 3D meso-scale investigation of ultra high performance fibre reinforced concrete (UHPFRC) using cohesive crack model and Weibull random field [J]. Construction and building materials, 2022, 327: 127013.

[18] ZHANG H, HUANG Y J, XU S L, et al. An explicit methodology of random fibre modelling for FRC fracture using non-conforming meshes and cohesive interface elements [J]. Composite structures, 2023: 116762.

[19] SU X T, YANG Z J, LIU G H. Monte Carlo simulation of complex cohesive fracture in random heterogeneous quasi-brittle materials: A 3D study [J]. International journal of solids and structures, 2010, 47 (17): 2336-2345.

[20] WANG X F, YANG Z J, YATES J R, et al. Monte Carlo simulations of mesoscale fracture modelling of concrete with random aggregates and pores [J]. Construction and building materials, 2015, 75: 35-45.

[21] HUANG Y J, YANG Z J, LIU G H, et al. An efficient FE-SBFE coupled method for mesoscale cohesive fracture modelling of concrete [J]. Computational mechanics, 2016, 58: 635-655.

[22] ZHANG H, HUANG Y J, GUO F Q, et al. A meso-scale size effect study of concrete tensile strength considering parameters of random fields [J]. Engineering fracture mechanics, 2022, 269: 108519.

[23] HORDIJK D A. Tensile and tensile fatigue behaviour of concrete: experiments, modelling and analyses [J]. Heron, 1992, 37 (1).

[24] LIU J Z, HAN F Y, CUI G, et al. Combined effect of coarse aggregate and fiber on tensile behavior of ultra-high performance concrete [J]. Construction and building materials, 2016, 121: 310-318.

[25] YANG Z J, SU X T, CHEN J F, et al. Monte Carlo simulation of complex cohesive fracture in random heterogeneous quasi-brittle materials [J]. International journal of solids and structures, 2009, 46 (17): 3222-3234.

[26] MA G, XIE Y J, LONG G C, et al. Experimental study on acoustic emission and surface morphology characteristics of concrete under different fracture modes [J]. Theoretical and applied fracture mechanics, 2023, 123: 103702.

[27] Ministry of Housing and Urban-Rural Development of the People's Republic of China. Code for design of concrete structures: GB 50010—2010 [S]. Beijing: China Architecture & Building Press, 2015.

[28] Fédération Internationale du Béton. Fib model code for concrete structures 2010 [S]. Berlin: Ernst & Sohn Publishing House, 2013.

[29] XU L H, WU F H, CHI Y, et al. Effects of coarse aggregate and steel fibre contents on mechanical properties of high performance concrete [J]. Construction and building materials, 2019, 206: 97-110.

[30] LI L J, XU L H, HUANG L, et al. Compressive fatigue behaviors of ultra-high performance concrete containing coarse aggregate [J]. Cement and concrete composites, 2022, 128: 104425.

第 5 章

基于比例边界有限元法的混凝土细观模拟

5.1 概述

前述章节表明，混凝土数值模拟方法能够排除偶然因素、获得更多统计数据、解释更深层次的破坏机理，正在成为传统实验方法的有力补充。但是，以有限元法（FEM）为代表的传统数值方法存在刚度较大、精度较低和体积闭锁等问题，无法有效地处理大变形，需要较密的网格来保证求解精度，同时在求解域离散方面也不够灵活。因此，使用网格划分更灵活、求解效率更高的多边形或多面体单元，已成为当前研究的热点，如 Ghosh 和 Moorthy[1] 提出了一种基于泰森多边形的 FEM 用于求解复合材料弹塑性问题；Biabanaki 等[2,3] 提出了一种多边形 FEM 来模拟接触和冲击问题中的任意界面；Rajagopal 等[4] 利用非凸多边形求解域上的 Malsch 插值函数来求解非线性超弹性问题。然而，这些多边形单元采用的插值函数通常不是多项式，导致了数值积分的困难，往往需要额外特殊处理。如绪论所述，Wolf 和 Song[5-7] 提出了一种比例边界有限元法（scaled boundary finite element method, SBFEM），在任意多边形或多面体求解域上，位移场和应力场沿径向具有解析解，仅在环向采用多项式进行插值和数值积分，使其在同等自由度情况下的精度高于其他数值方法。

在混凝土细观模拟方面，由于各相组分物理力学性能一般差异较大，作为薄弱环节的骨料-砂浆界面存在显著的应力集中，因此界面附近需要较为精细的网格来捕捉初始损伤或起裂；另一方面，常规混凝土骨料的强度和刚度是砂浆和界面的数倍，即使在高速冲击下也较难开裂，因此可降低骨料内部的网格密度要求来提高断裂模拟的整体计算效率。由于这种骨料和砂浆内部采用渐进网格划分的思路较难通过传统有限元法来实现自动化，采用扩展有限元法中水平集（level set）对界面的隐式表征[8,9]，有望实现骨料粗网格和界面细网格的彼此独立和非协调过渡，但需要对数值积分和单元刚度矩阵进行特殊处理，总体计算效率不一定更高。考虑到粗骨料可近似用多边形或多面体进行表征，如何将 SBFEM 用于混凝土细观模拟，成为一种值得探讨的问题。

本章从 SBFEM 理论框架出发，提出混凝土细观模拟新方法，利用 SBFEM 的半解析特性和网格划分的灵活性，实现了每个粗骨料采用单个或少量 SBFEM 多边形单元进行模拟，显著降低细观模型的前处理复杂度和自由度数量。同时开发用户自定义单元（user-defined element，UEL）实现 SBFEM 在通用有限元软件 ABAQUS 中的集成，砂浆和界面仍然采用 FEM 模拟（即 SBFEM-FEM 耦合方法），其中插设黏结界面单元来模拟离散裂缝演化过程。另外，提出高效、高精度的基于全 SBFEM 多边形的半解析渐进均匀化理论，通过大量样本的蒙特卡洛模拟，获得了试件尺寸和细观非均质性对混凝土宏观等效弹性参数的统计影响。

5.2　比例边界有限元法

如图 5.1 所示，SBFEM 求解域被分割成三个多边形子域（subdomain），每个子域需满足边界对其相似中心（scaling centre）可见的条件。多边形子域的形状、边数可以任意。每个多边形子域由其边界 S 围绕而成［如图 5.1（b）所示］，边界由一维有限单元按局部坐标 η 从 -1 到 1 进行离散。本章使用如图 5.1（c）所示的二节点线单元作为边界单元，也可以类似于有限元使用更高阶的单元来提高求解精度。由图 5.1（c）可知，该边界单元的径向由坐标 ξ 来定义，ξ 在相似中心取值为 0 而在边界 S 取值为 1，通过将边界 S 沿着 ξ 作为比例缩小而完成子域内部的定义。如上，SBFEM 用 η 作为环向坐标，用 ξ 作为径向坐标，是一个类似于极坐标的正则化局部坐标系。

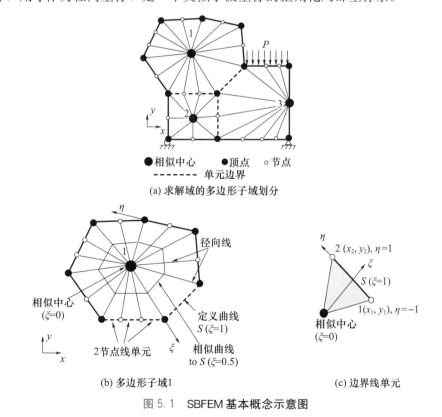

图 5.1　SBFEM 基本概念示意图

以相似中心为原点，子域中任一点的笛卡尔坐标可以通过变换方程求得

$$x = \xi x(\eta) = \xi \mathbf{N}(\eta)\mathbf{x} \qquad [5.1\ (\text{a})]$$

$$y = \xi y(\eta) = \xi \mathbf{N}(\eta)\mathbf{y} \qquad [5.1\ (\text{b})]$$

式中，$\mathbf{x}=[x_1,\ x_2]^T$、$\mathbf{y}=[y_1,\ y_2]^T$ 为子域边界线单元的节点坐标。式（5.1）表明线单元上任一点的坐标可以通过形函数 $\mathbf{N}(\eta)=[N_1(\eta), N_2(\eta)]=\left[\dfrac{1}{2}(1-\eta),\dfrac{1}{2}(1+\eta)\right]$ 插值获得。

改写 $\mathbf{N}(\eta)$ 为 $\begin{bmatrix} N_1(\eta) & 0 & N_2(\eta) & 0 \\ 0 & N_1(\eta) & 0 & N_2(\eta) \end{bmatrix}$，子域内的位移场可以表示为 SBFEM 径向与环向坐标的形式

$$\mathbf{u}(\xi,\eta) = \mathbf{N}(\eta)\mathbf{u}(\xi) \qquad (5.2)$$

式中，$\mathbf{u}(\xi)$ 为径向的位移，应变 $\boldsymbol{\varepsilon}(\xi,\eta)$ 为

$$\boldsymbol{\varepsilon}(\xi,\eta) = \mathbf{L}\mathbf{u}(\xi,\eta) \qquad (5.3)$$

式中，线性算子矩阵 $\mathbf{L}$ 为

$$\mathbf{L} = \mathbf{b}_1(\eta)\frac{\partial}{\partial \xi} + \frac{1}{\xi}\mathbf{b}_2(\eta) \qquad (5.4)$$

系数矩阵 $\mathbf{b}_1$ 和 $\mathbf{b}_2$ 分别为

$$\mathbf{b}_1(\eta) = \frac{1}{|\mathbf{J}(\eta)|}\begin{bmatrix} y(\eta)_{,\eta} & 0 \\ 0 & -x(\eta)_{,\eta} \\ -x(\eta)_{,\eta} & y(\eta)_{,\eta} \end{bmatrix} \qquad [5.5\ (\text{a})]$$

$$\mathbf{b}_2(\eta) = \frac{1}{|\mathbf{J}(\eta)|}\begin{bmatrix} -y(\eta) & 0 \\ 0 & x(\eta) \\ x(\eta) & y(\eta) \end{bmatrix} \qquad [5.5\ (\text{b})]$$

边界上的雅可比矩阵（Jacobian matrix）$\mathbf{J}(\eta)$ 为

$$\mathbf{J}(\eta) = \begin{bmatrix} x(\eta) & y(\eta) \\ x(\eta)_{,\eta} & y(\eta)_{,\eta} \end{bmatrix} \qquad (5.6)$$

该雅可比矩阵的行列式为

$$|\mathbf{J}(\eta)| = x(\eta)y(\eta)_{,\eta} - y(\eta)x(\eta)_{,\eta} \qquad (5.7)$$

注意到 $x(\eta)$ 与 $y(\eta)$ 由式（5.1）求解。子域中任一点的应力为

$$\boldsymbol{\sigma}(\xi,\eta) = \mathbf{D}\boldsymbol{\varepsilon}(\xi,\eta) \qquad (5.8)$$

式中，$\mathbf{D}$ 为弹性矩阵，对于平面应力问题当厚度为 h 时有

$$\mathbf{D} = \frac{Eh}{1-\mu^2}\begin{bmatrix} 1 & \mu & 0 \\ \mu & 1 & 0 \\ 0 & 0 & \dfrac{1-\mu}{2} \end{bmatrix} \qquad (5.9)$$

式中，E 为弹性模量；μ 为泊松比。

将式（5.3）～式（5.5）代入式（5.8）可以得到

$$\sigma(\xi,\eta) = \mathbf{DB}_1(\eta)\mathbf{u}(\xi)_{,\xi} + \xi^{-1}\mathbf{DB}_2(\eta)\mathbf{u}(\xi) \tag{5.10}$$

上式的系数矩阵分别为

$$\mathbf{B}_1(\eta) = \mathbf{b}_1(\eta)\mathbf{N}(\eta) \tag{5.11(a)}$$

$$\mathbf{B}_2(\eta) = \mathbf{b}_2(\eta)\mathbf{N}(\eta)_{,\eta} \tag{5.11(b)}$$

将式（5.3）和式（5.10）代入虚功方程可以得到 SBFEM 的线弹性静力控制平衡方程[10]

$$\delta\mathbf{u}(\xi)^{\mathrm{T}}[\mathbf{E}_0\mathbf{u}(\xi)_{,\xi} + \mathbf{E}_1^{\mathrm{T}}\mathbf{u}(\xi)|_{\xi=1} - \mathbf{F}] - \int_S \delta\mathbf{u}(\xi)^{\mathrm{T}}[\mathbf{E}_0\xi\mathbf{u}(\xi)_{,\xi\xi} + (\mathbf{E}_0 + \mathbf{E}_1^{\mathrm{T}} - \mathbf{E}_1)\mathbf{u}(\xi)_{,\xi} - \frac{1}{\xi}\mathbf{E}_2\mathbf{u}(\xi)]\mathrm{d}\xi = 0 \tag{5.12}$$

式中，$\mathbf{u}(\xi)$ 表示节点位移向量；$\mathbf{F}$ 为边界上的等效节点力矢量。考虑到 $\delta\mathbf{u}(\xi)^{\mathrm{T}}$ 的任意性，式（5.12）需满足下式

$$\mathbf{E}_0\xi^2\mathbf{u}(\xi)_{,\xi\xi} + (\mathbf{E}_0 + \mathbf{E}_1^{\mathrm{T}} - \mathbf{E}_1)\xi\mathbf{u}(\xi)_{,\xi} - \mathbf{E}_2\mathbf{u}(\xi) = 0 \tag{5.13}$$

以及

$$\mathbf{F} = \mathbf{E}_0\mathbf{u}(\xi)_{,\xi} + \mathbf{E}_1^{\mathrm{T}}\mathbf{u}(\xi)|_{\xi=1} \tag{5.14}$$

$\mathbf{E}_0$、$\mathbf{E}_1$ 与 $\mathbf{E}_2$ 是系数矩阵，仅由子域边界的几何信息以及材料性质决定

$$\mathbf{E}_0 = \int_\eta \mathbf{B}_1(\eta)^{\mathrm{T}}\mathbf{DB}_1(\eta)|\mathbf{J}|\mathrm{d}\eta \tag{5.15(a)}$$

$$\mathbf{E}_1 = \int_\eta \mathbf{B}_2(\eta)^{\mathrm{T}}\mathbf{DB}_1(\eta)|\mathbf{J}|\mathrm{d}\eta \tag{5.15(b)}$$

$$\mathbf{E}_2 = \int_\eta \mathbf{B}_2(\eta)^{\mathrm{T}}\mathbf{DB}_2(\eta)|\mathbf{J}|\mathrm{d}\eta \tag{5.15(c)}$$

注意到式（5.12）是齐二次欧拉-柯西偏微分方程，可以通过引入变量 $\boldsymbol{\chi}(\xi)$ 来求解，其表达式为

$$\boldsymbol{\chi}(\xi) = \begin{Bmatrix} \mathbf{u}(\xi) \\ \mathbf{q}(\xi) \end{Bmatrix} \tag{5.16}$$

式中，等效节点力向量 $\mathbf{q}(\xi)$ 可以表示为

$$\mathbf{q}(\xi) = \mathbf{E}_0\xi\mathbf{u}(\xi)_{,\xi} + \mathbf{E}_1^{\mathrm{T}}\mathbf{u}(\xi) \tag{5.17}$$

令式（5.17）中 $\xi=1$，可得到式（5.14）边界上的等效节点力向量 $\mathbf{F}$。

通过式（5.16）将未知量的数量增加一倍，式（5.13）可以转化为一阶微分方程

$$\xi\boldsymbol{\chi}(\xi)_{,\xi} = -\mathbf{Z}\boldsymbol{\chi}(\xi) \tag{5.18}$$

式中，$\mathbf{Z}$ 为汉密尔顿矩阵（Hamiltonian matrix），表示为

$$\mathbf{Z} = \begin{bmatrix} \mathbf{E}_0^{-1}\mathbf{E}_1^{\mathrm{T}} & -\mathbf{E}_0^{-1} \\ -\mathbf{E}_1\mathbf{E}_0^{-1}\mathbf{E}_1^{\mathrm{T}} - \mathbf{E}_2 & -\mathbf{E}_1\mathbf{E}_0^{-1} \end{bmatrix} \tag{5.19}$$

对 $\mathbf{Z}$ 进行特征值分解[7]可以得到

$$\mathbf{Z}\begin{bmatrix} \boldsymbol{\Phi}_u^{(n)} & \boldsymbol{\Phi}_u^{(p)} \\ \boldsymbol{\Phi}_q^{(n)} & \boldsymbol{\Phi}_q^{(p)} \end{bmatrix} = \begin{bmatrix} \boldsymbol{\Phi}_u^{(n)} & \boldsymbol{\Phi}_u^{(p)} \\ \boldsymbol{\Phi}_q^{(n)} & \boldsymbol{\Phi}_q^{(p)} \end{bmatrix}\begin{bmatrix} \boldsymbol{\Lambda}^{(n)} & 0 \\ 0 & \boldsymbol{\Lambda}^{(p)} \end{bmatrix} \tag{5.20}$$

对于一个子域，若其边界上有 m 个自由度数（DOFs），则由式（5.20）可以获得

$2m$ 个模态。$\mathbf{\Lambda}^{(n)}$ 与 $\mathbf{\Lambda}^{(p)}$ 是特征值矩阵，实部分别满足 Re($\mathbf{\Lambda}^{(n)}$)<0 与 Re($\mathbf{\Lambda}^{(p)}$)>0。$\mathbf{\Phi}_u^{(n)}$ 与 $\mathbf{\Phi}_q^{(n)}$ 是 $\mathbf{\Lambda}^{(n)}$ 对应的特征向量，而 $\mathbf{\Phi}_u^{(p)}$ 与 $\mathbf{\Phi}_q^{(p)}$ 是 $\mathbf{\Lambda}^{(p)}$ 对应的特征向量。对于有界区域问题，具有负实部的 $\mathbf{\Lambda}^{(n)}$ 对应的模态才能使相似中心的位移为有限值。作为一个整体，$\mathbf{\Phi}_u$ 与 $\mathbf{\Phi}_q$ 分别表示模态位移（modal displacement）与模态力（modal force）。联立式（5.18）和式（5.20），$\mathbf{u}(\xi)$ 与 $\mathbf{q}(\xi)$ 的解分别为

$$\mathbf{u}(\xi) = \mathbf{\Phi}_u^{(n)} \xi^{-\mathbf{\Lambda}^{(n)}} \mathbf{c}^{(n)} \tag{5.21}$$

$$\mathbf{q}(\xi) = \mathbf{\Phi}_q^{(n)} \xi^{-\mathbf{\Lambda}^{(n)}} \mathbf{c}^{(n)} \tag{5.22}$$

式中，积分常数 $\mathbf{c}^{(n)}$ 为向量，由边界上的节点位移 $\mathbf{u}_b = \mathbf{u}(\xi=1)$ 求得

$$\mathbf{c}^{(n)} = (\mathbf{\Phi}_u^{(n)})^{-1} \mathbf{u}_b \tag{5.23}$$

将式（5.21）代入式（5.2），则多边形子域内任一点的位移为

$$\mathbf{u}(\xi,\eta) = \mathbf{N}(\eta) \mathbf{\Phi}_u^{(n)} \xi^{-\mathbf{\Lambda}^{(n)}} \mathbf{c}^{(n)} \tag{5.24}$$

注意到 $\mathbf{\Phi}_u^{(n)} = [\boldsymbol{\varphi}_1, \boldsymbol{\varphi}_2, \cdots, \boldsymbol{\varphi}_m]$、$\mathbf{\Lambda}^{(n)} = \text{diag}(\lambda_1, \lambda_2, \cdots, \lambda_m)$ 以及 $\mathbf{c}^{(n)} = [c_1, c_2, \cdots, c_m]^T$，式（5.24）可以改写为

$$\mathbf{u}(\xi,\eta) = \mathbf{N}(\eta) \sum_{i=1}^m c_i \xi^{-\lambda_i} \boldsymbol{\varphi}_i \tag{5.25}$$

将式（5.23）代入式（5.22）且考虑边界上（即 $\xi=1$）的情况可获得

$$\mathbf{F} = \mathbf{\Phi}_q^{(n)} (\mathbf{\Phi}_u^{(n)})^{-1} \mathbf{u}_b \tag{5.26}$$

则多边形子域的刚度矩阵为

$$\mathbf{K} = \mathbf{\Phi}_q^{(n)} (\mathbf{\Phi}_u^{(n)})^{-1} \tag{5.27}$$

或等效地有

$$\mathbf{K} = \mathbf{E}_0 \mathbf{\Phi}_u^{(n)} [\lambda] (\mathbf{\Phi}_u^{(n)})^{-1} + \mathbf{E}_1^T \tag{5.28}$$

式中，对角矩阵 $[\lambda] = \text{diag}(\lambda_1, \lambda_2, \cdots, \lambda_m)$。

与有限元法类似，通过集成所有多边形子域的刚度矩阵来得到结构的整体刚度矩阵。在考虑模型整体的边界条件后，可求得模型节点的位移。求得每个子域的积分常数 $\mathbf{c}$ 后，子域内位移场可由式（5.24）计算，应力场由下式求解

$$\boldsymbol{\sigma}(\xi,\eta) = \mathbf{D}\mathbf{B}_1(\eta)\left[-\sum_{i=1}^m c_i \lambda_i \xi^{(-\lambda_i-1)} \boldsymbol{\varphi}_i\right] + \mathbf{D}\mathbf{B}_2(\eta)\left[\sum_{i=1}^m c_i \xi^{(-\lambda_i-1)} \boldsymbol{\varphi}_i\right] \tag{5.29}$$

上式也可写为

$$\boldsymbol{\sigma}(\xi,\eta) = \sum_{i=1}^m c_i \xi^{(-\lambda_i-1)} \boldsymbol{\Psi}_{\sigma i}(\eta) \tag{5.30}$$

式中，$\boldsymbol{\Psi}_{\sigma i}(\eta)$ 表示第 i 个应力模态，可表示为[11,12]

$$\boldsymbol{\Psi}_{\sigma i}(\eta) = \begin{Bmatrix} \Psi_{xx}(\eta) \\ \Psi_{yy}(\eta) \\ \Psi_{xy}(\eta) \end{Bmatrix}_i = \mathbf{D}(-\lambda_i \mathbf{B}_1(\eta) + \mathbf{B}_2(\eta)) \boldsymbol{\varphi}_i \tag{5.31}$$

由上述分析可知，求解 SBFEM 平衡方程时仅需离散子域边界，每个子域中的位移场[式（5.25）]和应力场[式（5.30）]沿径向 ξ 均为解析表达式，而沿环向则通过与有限元类似的插值方法求解，因此，SBFEM 是一种将空间维度降低了一维的半解析数值方法。

5.3 基于 SBFEM 的细观建模方法

5.3.1 多边形粗骨料模拟方法

实际工程常选用多面体粗骨料来增强咬合力，同时由前述章节混凝土 CT 图像可知骨料二维截面呈多边形。SBFEM 多边形单元形状和节点数量十分自由、灵活，能够很自然地用于模拟粗骨料，并且无须对骨料内部离散。类似于图 5.2（a）的凸多边形骨料都可以由 n 个顶点的 SBFEM 多边形（边界采用二节点线单元离散）直接模拟，只需将相似中心置于多边形的几何形心，其坐标为

$$x_c = \frac{1}{6A} \sum_{i=0}^{n-1} (x_i + x_{i+1})(x_i y_{i+1} - x_{i+1} y_i) \qquad [5.32(a)]$$

$$y_c = \frac{1}{6A} \sum_{i=0}^{n-1} (y_i + y_{i+1})(x_i y_{i+1} - x_{i+1} y_i) \qquad [5.32(b)]$$

式中，x_i 和 y_i 为各多边形顶点的坐标。多边形面积 A 由下式求解

$$A = \frac{1}{2} \sum_{i=0}^{n-1} (x_i y_{i+1} - x_{i+1} y_i) \tag{5.33}$$

对于略凹的多边形骨料，也可以只用一个 SBFEM 多边形来模拟，前提条件是这个多边形中存在相似中心，能够使得多边形边界对相似中心可见，如图 5.2（b）所示，则该凹多边形需满足

$$\alpha_{i-1} < \alpha_i \quad (i=2, \cdots, n) \tag{5.34}$$

式中，α_i 为第 i 个顶点以相似中心为极点、相对于水平 x 轴的极角。

顶点需按逆时针从最小正极角的顶点开始排序。因此，只要按下述过程生成略凹多边形，式（5.34）就可以得以满足：如图 5.2（b）所示的极坐标体系下，首先随机产生极径和递增的极角来生成多边形顶点，再将这些顶点按逆时针的顺序连接形成多边形。

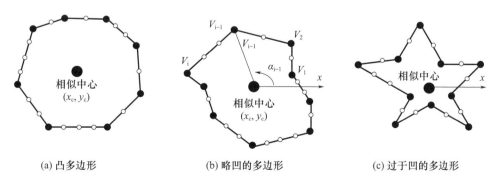

(a) 凸多边形　　　　(b) 略凹的多边形　　　　(c) 过于凹的多边形

图 5.2　骨料作为一个 SBFEM 多边形单元

对于过于凹的多边形，例如图 5.2（c）所示星形骨料的特殊情况，在可以找到相似中心的前提下，也能够只用一个 SBFEM 多边形模拟。但更为复杂的骨料一般要剖分为若干 SBFEM 多边形单元，以基于 CT 图像的混凝土模型为例介绍具体方法，该模型的尺寸为 7mm。由于像素阶梯状的边界不利于材料界面的表征，易导致应力集中而影响裂缝的扩展，也会造成 SBFEM 相似中心的难以定位。因此，将骨料边界上的正方形像素单元沿对角线进行切割，形成直角三角形单元来实现边界的光滑化处理[13]，如图 5.3 所示。

如图 5.3（b）所示骨料具有复杂边界，因此要在这种骨料中直接确定相似中心的位置有时很困难。一种自动解决的方法是按"逢凹即剖"的思路，即在凹顶点将骨料多边形按对角线方向进行剖分，最终形成若干凸多边形[12,14]。这种方法虽然可以确保所得多边形都是凸的，但对于具有大量凹顶点的骨料会得到数量较多、尺寸较小的子多边形，不利于模拟的开展。

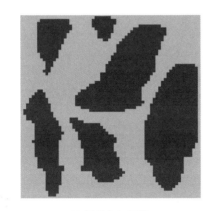
(a) 混凝土CT图像

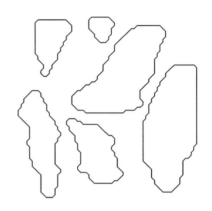
(b) 对像素边界进行光滑化处理

图 5.3 混凝土 CT 图像和边界光滑化处理

因此，本节提出了一种多边形处理算法，以找到 SBFEM 相似中心为目标，能够比较自动和灵活地对骨料多边形进行剖分或不剖分处理，做到有的放矢。首先，对于每个多边形，基于直线相交算法来定义核多边形（Kernel Polygon, KP）[15,16]。核多边形在计算机图形学的概念是原多边形的边界对于核多边形内部各点都是可见的。图 5.4 与图 5.5 阐述了核多边形的概念以及所提出的多边形处理算法的基本流程，分别说明原多边形中存在核多边形和不存在时的处理方法：如图 5.4 所示，如果存在一个核多边形，则该核多边形的几何中心可作为原多边形的相似中心；如图 5.5 所示，如果找不到核多边形［图 5.5（d）］，则原多边形需要被剖分，有两种剖分多边形的方法，分别如图 5.5（e）与图 5.5（f）所示，剖分所得新的多边形也要按同样流程判断是否存在核多边形，直至对于每个多边形都可以找到一个核多边形用以定位相似中心。图 5.6 显示了对骨料多边形按上述剖分算法得到的 18 个 SBFEM 多边形和相似中心，该剖分方案将用于后续模拟中。

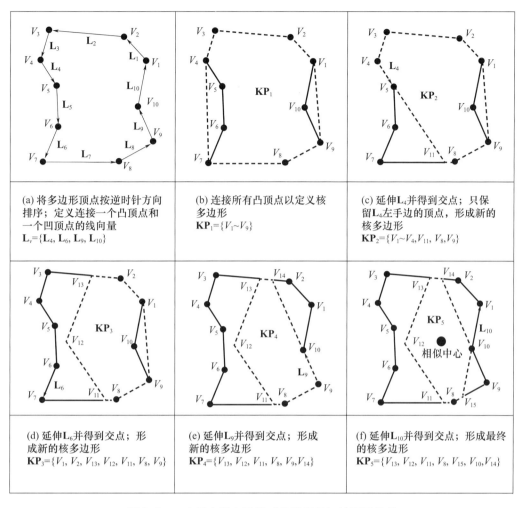

图 5.4 一个具有核多边形（虚线表示）的凹形骨料

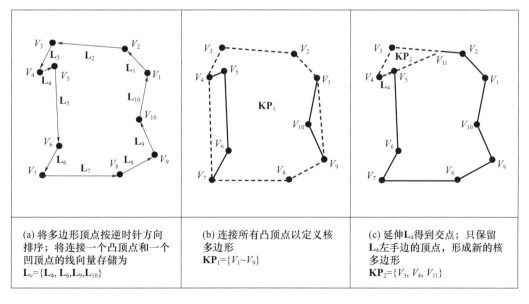

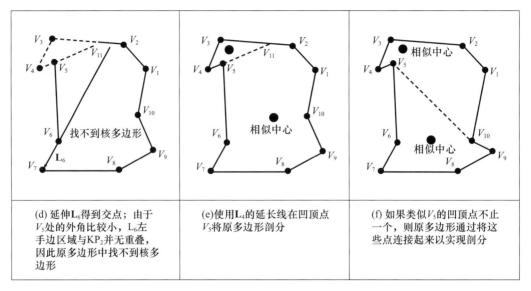

图 5.5 一个没有核多边形（虚线表示）而需剖分的凹形骨料

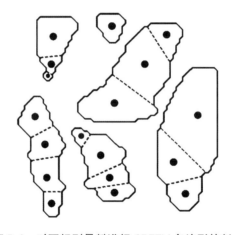

图 5.6 对不规则骨料进行 SBFEM 多边形的剖分

另一方面，SBFEM 最耗时的是求解特征值问题以及数值积分求解刚度矩阵。当 SBFEM 多边形单元的边界采用如图 5.1（c）所示二节点线单元时，式（5.13）中的系数矩阵 E_0，E_1 与 E_2 可以通过直接积分得到如下显式解析表达式

上述各式中的常数分别为

$$A=(x_1+x_2)/2, B=(y_1+y_2)/2, C=(x_2-x_1)/2, D=(y_2-y_1)/2 \quad [5.35(a)]$$

式中：x、y 是以相似中心为原点的边界节点的笛卡尔坐标。

如果保持多边形的形状与节点构型不变，而将该多边形的尺寸用系数 γ 加以缩小或放大，所得多边形与原多边形则构成了自相似，该过程也称为自相似变换。

上述常数变换为

$$A'=\gamma A, B'=\gamma B, C'=\gamma C, D'=\gamma D \quad [5.35(b)]$$

$$\mathbf{E}_0 = \frac{Eh}{(1-\mu^2)} \begin{bmatrix} \dfrac{C^2 - \mu C^2 + 2D^2}{3(AD-BC)} & -\dfrac{(1+\mu)CD}{3(AD-BC)} & \dfrac{C^2 - \mu C^2 + 2D^2}{6(AD-BC)} & -\dfrac{(1+\mu)CD}{6(AD-BC)} \\ -\dfrac{(1+\mu)CD}{3(AD-BC)} & \dfrac{2C^2 - \mu D^2 + D^2}{3(AD-BC)} & -\dfrac{(1+\mu)CD}{6(AD-BC)} & \dfrac{2C^2 - \mu D^2 + D^2}{6(AD-BC)} \\ \dfrac{C^2 - \mu C^2 + 2D^2}{6(AD-BC)} & -\dfrac{(1+\mu)CD}{6(AD-BC)} & \dfrac{C^2 - \mu C^2 + 2D^2}{3(AD-BC)} & -\dfrac{(1+\mu)CD}{3(AD-BC)} \\ -\dfrac{(1+\mu)CD}{6(AD-BC)} & \dfrac{2C^2 - \mu D^2 + D^2}{6(AD-BC)} & -\dfrac{(1+\mu)CD}{3(AD-BC)} & \dfrac{2C^2 - \mu D^2 + D^2}{3(AD-BC)} \end{bmatrix}$$

[5.36 (a)]

$$\mathbf{E}_1 = \frac{Eh}{(1-\mu^2)} \begin{bmatrix} \dfrac{(1-\mu)C}{4D} + \dfrac{(3B-D)(C^2 - \mu C^2 + 2D^2)}{12D(AD-BC)} & -\dfrac{\mu}{2} - \dfrac{(1+\mu)D(3A-C)}{12(AD-BC)} & \dfrac{(1-\mu)C}{4D} + \dfrac{(3B+D)(C^2 - \mu C^2 + 2D^2)}{12D(AD-BC)} & -\dfrac{\mu}{2} - \dfrac{(1+\mu)D(3A+C)}{12(AD-BC)} \\ -\dfrac{\mu}{2} - \dfrac{(3B-D)(2C^2 - \mu D^2 + D^2)}{12D(AD-BC)} & \dfrac{C}{2D} + \dfrac{(1+\mu)C(3B-D)}{12(AD-BC)} & \dfrac{C}{2D} + \dfrac{(3B+D)(2C^2 - \mu D^2 + D^2)}{12D(AD-BC)} & -\dfrac{\mu}{2} - \dfrac{(1+\mu)D(3A+C)}{12(AD-BC)} \\ \dfrac{\mu}{2} + \dfrac{(1+\mu)C(3B-D)}{12(AD-BC)} & \dfrac{\mu}{2} + \dfrac{(1+\mu)D(3A-C)}{12(AD-BC)} & \dfrac{C}{2D} + \dfrac{(1+\mu)C(3B+D)}{12(AD-BC)} & \dfrac{\mu}{2} + \dfrac{(1+\mu)D(3A+C)}{12(AD-BC)} \\ -\dfrac{\mu}{2} & -\dfrac{C}{2D} & -\dfrac{\mu}{2} & -\dfrac{C}{2D} \end{bmatrix}$$

[5.36 (b)]

$$\mathbf{E}_2 = \frac{Eh}{(1-\mu^2)} \begin{bmatrix} \dfrac{(3A^2 - \mu C^2 - 3\mu A^2 + 6B^2 + C^2 + 2D^2)}{12(AD-BC)} & \dfrac{(1+\mu)(3AB+CD)}{12(AD-BC)} & -\dfrac{(3A^2 - \mu C^2 - 3\mu A^2 + 6B^2 + C^2 + 2D^2)}{12(AD-BC)} & \dfrac{(1+\mu)(3AB+CD)}{12(AD-BC)} \\ \dfrac{(1+\mu)(3AB+CD)}{12(AD-BC)} & \dfrac{(3B^2 - \mu D^2 - 3\mu B^2 + 6A^2 + D^2 + 2C^2)}{12(AD-BC)} & \dfrac{(1+\mu)(AB+CD)}{12(AD-BC)} & -\dfrac{(3B^2 - \mu D^2 - 3\mu B^2 + 6A^2 + D^2 + 2C^2)}{12(AD-BC)} \\ -\dfrac{(3A^2 - \mu C^2 - 3\mu A^2 + 6B^2 + C^2 + 2D^2)}{12(AD-BC)} & \dfrac{(1+\mu)(3AB+CD)}{12(AD-BC)} & \dfrac{(3A^2 - \mu C^2 - 3\mu A^2 + 6B^2 + C^2 + 2D^2)}{12(AD-BC)} & \dfrac{(1+\mu)(3AB+CD)}{12(AD-BC)} \\ \dfrac{(1+\mu)(3AB+CD)}{12(AD-BC)} & -\dfrac{(3B^2 - \mu D^2 - 3\mu B^2 + 6A^2 + D^2 + 2C^2)}{12(AD-BC)} & \dfrac{(1+\mu)(3AB+CD)}{12(AD-BC)} & \dfrac{(3B^2 - \mu D^2 - 3\mu B^2 + 6A^2 + D^2 + 2C^2)}{12(AD-BC)} \end{bmatrix}$$

[5.36 (c)]

将式 [5.35 (b)] 代入式 (5.36) 进行求解，所得系数矩阵 $\mathbf{E}_0$、$\mathbf{E}_1$ 及 $\mathbf{E}_2$ 与自相似变换前完全一致。这表明自相似的两个 SBFEM 多边形单元的系数矩阵和刚度矩阵完全相同，并不会受几何尺寸的影响。该性质可用于提高计算效率，尤其是对于采用正多边形的随机骨料模型，只要多边形边界的节点离散方式是相同的，无论多边形大与小，对于此节点构型的正多边形仅需求解一次特征值问题和刚度矩阵即可，从而显著减少计算量。取具有一定节点构型的、外接圆半径为 1 的正多边形作为基本单元，其刚度矩阵为 $\mathbf{K}_0$，随机旋转了角度 α 后，该单元的刚度矩阵可更新为

$$\mathbf{K} = \mathbf{T}\mathbf{K}_0\mathbf{T}^{\mathrm{T}} \qquad [5.37 (a)]$$

式中，旋转变换矩阵 $\mathbf{T}$ 的表达式为

$$\mathbf{T} = \begin{bmatrix} \cos\alpha & -\sin\alpha \\ \sin\alpha & \cos\alpha \end{bmatrix} \qquad [5.37 (b)]$$

在 SBFEM-FEM 耦合方法中，砂浆采用 FEM 三角单元模拟，骨料采用 SBFEM 多边形单元，即骨料-砂浆界面的节点提供了 SBFEM 所需边界信息。本章 SBFEM 单元的边界均采用二节点线单元进行离散。砂浆单元平均尺寸的不同将导致多边形单元的节点个数发生变化，以图 5.7 (a) 所示正八边形随机骨料为例，砂浆单元尺度为 1mm 时，骨料采用 16 或 32 节点的正八边形单元进行模拟，求解其基本单元仅需处理一次刚度矩阵，通过自相似性质和旋转变换矩阵来求解其他多边形单元。而对于图 5.7 (b) 所示基于 CT 图像的复杂模型，所有多边形骨料的形状均不相似、节点构型均不相同，因此需要分别求解每个多边形单元的刚度矩阵。当该模型中砂浆单元尺寸为 0.1mm 时，剖分所得 18 个不规则多边形的节点数介于 21 和 63 之间，需要分别求解 18 个 SBFEM 特征值问题和相应的刚度矩阵。

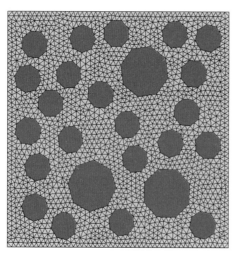 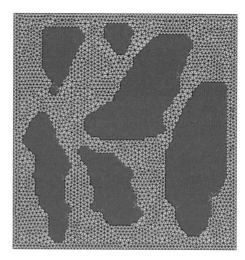

(a) 随机骨料模型　　　　　　　　　(b) 基于CT图像模型
(试件尺寸50mm)　　　　　　　　　(试件尺寸7mm)

图 5.7　SBFEM-FEM 耦合模型

(骨料为 SBFEM 多边形单元；砂浆为 FEM 三角单元，单元尺寸为 1mm)

对于图 5.7 所示的细观结构,图 5.8 给出了全 FEM 网格划分作为比较,其砂浆区域网格划分与耦合模型相同。可以直观地发现,在耦合方法中,骨料内部无须网格划分,因此,显著减少了整体自由度数量。

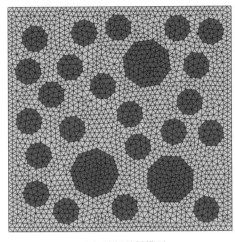
(a) 随机骨料模型
(试件尺寸50mm)

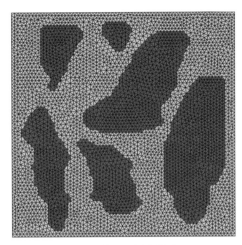
(b) 基于CT图像模型
(试件尺寸7mm)

图 5.8 全 FEM 模型(骨料和砂浆采用三角单元划分,单元尺寸为 1mm)

5.3.2 细观混凝土全 SBFEM 网格生成算法

采用第 2 章随机算法生成不同骨料含量 f_a 和孔洞率 f_{pore} 的混凝土模型,骨料采用满足一定级配的多边形,孔洞采用 1.0～2.0mm 粒径范围内均匀分布的圆形。图 5.9 显示了尺寸为 $D=50$mm、骨料含量 $f_{agg}=40\%$ 的具有不同孔洞率的细观混凝土模型,其中孔洞率 $f_{pore}=0\%\sim6\%$。

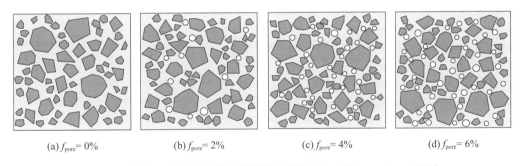

(a) $f_{pore}=0\%$　　(b) $f_{pore}=2\%$　　(c) $f_{pore}=4\%$　　(d) $f_{pore}=6\%$

图 5.9 具有不同孔洞率的细观混凝土模型($D=50$mm,$f_{agg}=40\%$)

针对随机骨料模型的细观结构,图 5.10 给出了多边形网格的生成算法示意图,显示了砂浆与骨料多边形单元的构造方法,该算法通过 MATLAB 编程实现。首先,在砂浆中用 Delaunay 三角化方法[12]生成背景三角网格,连接这些背景三角形的形心而构成多边形,再将三角形边中点插到骨料-砂浆边界以及外边界,让其成为多边形的节点。与骨料共用顶点(如点 A)的砂浆多边形若为凹多边形,将其剖分成两个凸多边形,以保证所有多边形均凸，即可将其形心作为相似中心。采用加节点（如点 B）的方法实现剖分，点 B 取骨料顶点 A 的角平分线与砂浆凹多边形的交点，并作为新生成的多边形的顶点。如果点 B 与凹多边形顶点（如点 C）的距离很小，例如小于所在多边形边长的 1/5，则用 AC 连线对凹多边形进行剖分而不增加节点 B。上述剖分算法体现了 SBFEM 多边形的灵活性。

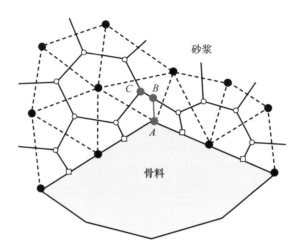

图 5.10　细观结构中生成多边形网格的算法示意

在 SBFEM 多边形方法中，可以通过增加节点的方式提高求解精度而无需改变多边形网格的几何构型，而在 FEM 中使用不同尺寸的单元时就会改变网格的几何构型，因此 SBFEM 多边形在网格自动划分方面具有一定优势。生成了砂浆多边形之后，骨料多边形单元可直接由骨料-砂浆边界上的节点构成。每个砂浆、骨料多边形单元的节点均按逆时针排序。

使用单元平均尺寸为 1.0mm 的三角形作为砂浆背景网格，由混凝土细观结构 [图 5.9（b）] 生成的多边形网格与局部放大网格如图 5.11（a）～（c）所示。由图可见，上述算法对复杂细观结构也适用。无孔模型的局部放大网格如图 5.11（d）所示。

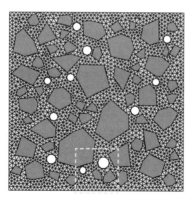
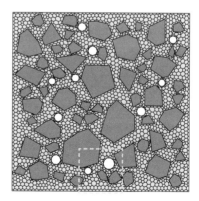

(a) 砂浆中的背景三角形网格　　　　(b) 模型中生成的多边形网格

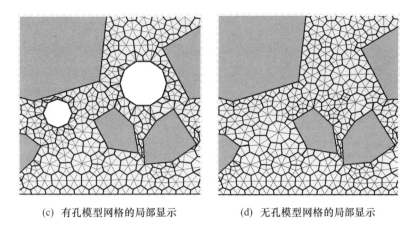

(c) 有孔模型网格的局部显示　　　　(d) 无孔模型网格的局部显示

图 5.11　细观结构中生成的多边形网格

5.3.3　SBFEM 用户自定义单元子程序

ABAQUS 为用户提供了功能强大并且灵活的用户子程序（user subroutine）接口[17]，本节通过 FORTRAN 语言编写用户自定义单元（user-defined element，UEL），在 ABAQUS 强大的非线性计算平台上使用 SBFEM 多边形单元，从而实现 SBFEM 的 ABAQUS 二次开发及其在细观混凝土断裂模拟上的应用。其中，SBFEM 多边形单元相当于一个超单元（super-element），其形状、节点数和单元阶次都可以任意指定，只要保证多边形内部存在一个相似中心。

图 5.12 给出了 SBFEM 多边形单元的 UEL 子程序计算流程图，包含 SBFEM 单元刚度矩阵计算，可通过数值积分或线单元显式表达求解。将 SBFEM 多边形单元按节点坐标、单元编号和单元所含节点编号（逆时针）的方式写入 *.inp 文件，通过 UEL 即可按传统 FEM 基于节点自由度编号的方式进行单元刚度矩阵的集成，从而实现 SBFEM-FEM 耦合（5.4 节）或单独使用 SBFEM（5.5 节），均采用平面应力假设。

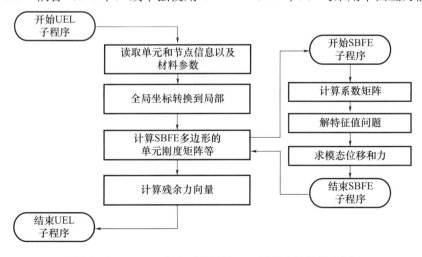

图 5.12　SBFEM 多边形单元的 UEL 子程序计算流程图

除特别说明外，本章所用的细观各相的材料弹性参数为：骨料弹性模量 $E_{agg}=70\text{GPa}$，密度 $\rho_{agg}=2.5\times10^3\text{ kg/m}^3$，泊松比 0.2；砂浆的弹性模量 $E_m=25\text{GPa}$，密度 $\rho_m=2.2\times10^3\text{ kg/m}^3$，泊松比 0.2。

5.4 基于 SBFEM-FEM 耦合的线弹性和黏性断裂模拟

5.4.1 线弹性模拟

采用位移加载控制的单轴拉伸模拟，沿水平 x 向最大拉伸应变为 0.0001。采用骨料含量 36% 的随机骨料模型，耦合模型相比于 FEM 模型在自由度数量和计算时间上分别减少了 19.1% 与 15.2%，而对骨料含量为 41% 的基于 CT 图像的模型，自由度数量和计算时间分别减少了 35.4% 和 31.5%。这是由于 SBFEM 多边形内部无须离散，显著减少了系统方程的求解规模和相应耗时。从图 5.13 和图 5.14 可以看出，耦合模型的应力分布与 FEM 模型基本一致。

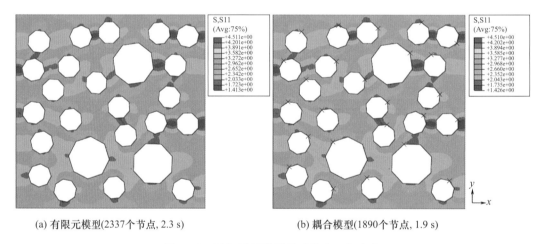

(a) 有限元模型(2337个节点, 2.3 s)   (b) 耦合模型(1890个节点, 1.9 s)

图 5.13 随机骨料模型的砂浆水平向应力

对图 5.15 所示四种骨料含量 26%~54% 的随机骨料模型进行单轴拉伸模拟，分别采用 0.1~2mm 五种单元尺寸的网格。表 5.1 总结了所有 40 个 FEM 模型与耦合模型的自由度数量和计算时间。由表可知，在保证应力、位移计算精度的前提下，耦合方法均提高了计算效率。例如，骨料含量 54%、单元尺寸为 0.1mm 时，耦合方法的自由度数量从 525218 减少到 279404（减少了 46.8%），计算时间从 235.6 s 减少到 143.2 s（减少了 39.2%）。基于表 5.1 的数据，图 5.16 进一步显示了耦合方法的计算效率提高程度随骨料含量和网格单元尺寸的变化趋势，发现随着骨料含量的增多，即越多的区域采用 SBFEM 模拟时，计算效率的提升百分比也越明显。

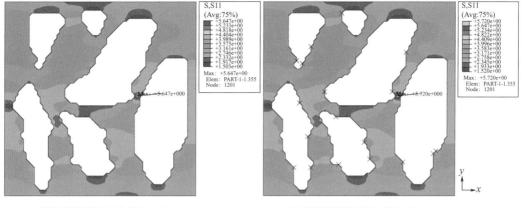

(a) 有限元模型(4417个节点, 4.2 s)　　　　(b) 耦合模型(2852个节点, 2.8 s)

图 5.14　基于 CT 图像模型的砂浆水平向应力

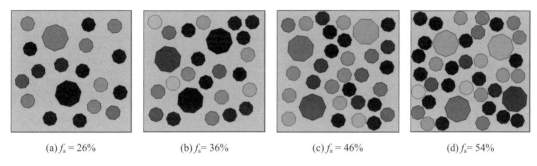

(a) f_a = 26%　　(b) f_a = 36%　　(c) f_a = 46%　　(d) f_a = 54%

图 5.15　不同骨料含量的正八边形随机骨料模型（L = 50mm）

另外也发现，随着网格密度的增加，耦合方法在计算时间上的效率提高程度呈现逐渐下降的趋势。这反映了当体系自由度数量增加时，虽然骨料内部不需离散以及多边形自相似性这两方面均减少了计算量，但 SBFEM 多边形的边界节点数量增加导致需要求解更大规模的特征值问题，该部分的计算耗时愈发显著。

表 5.1　不同骨料含量和单元尺寸对应的模型自由度和计算时间

骨料含量	26%		36%		46%		54%	
	FEM	耦合法（节省）	FEM	耦合法（节省）	FEM	耦合法（节省）	FEM	耦合法（节省）
网格 2mm	1278	1136 (11.1%)	1268	1080 (14.8%)	1252	1032 (17.6%)	1324	1052 (20.5%)
	0.81s	0.73s (10.0%)	0.74s	0.64s (13.2%)	0.72s	0.62s (14.4%)	0.82s	0.69s (16.2%)
网格 1mm	4756	4102 (13.8%)	4674	3780 (19.1%)	4592	3526 (23.2%)	4552	3234 (29.0%)
	2.32s	2.05s (11.6%)	2.31s	1.96s (15.2%)	2.14s	1.75s (18.2%)	2.11s	1.66s (21.5%)

续表

骨料含量	26%		36%		46%		54%	
	FEM	耦合法（节省）	FEM	耦合法（节省）	FEM	耦合法（节省）	FEM	耦合法（节省）
网格 0.5mm	24088	19050 (20.9%)	24228	17466 (27.9%)	24698	16390 (33.6%)	24640	14580 (40.8%)
	11.01s	9.42s (14.4%)	11.12s	9.07s (18.4%)	11.21s	8.48s (24.3%)	11.13s	7.95s (28.6%)
网格 0.25mm	83780	64524 (23.0%)	84480	58390 (30.9%)	84738	53064 (37.4%)	85246	46818 (45.1%)
	37.72s	33.10s (12.2%)	38.04s	29.96s (21.2%)	38.15s	27.23s (28.6%)	38.38s	24.03s (37.4%)
网格 0.1mm	518998	395980 (23.7%)	521182	354898 (31.9%)	523708	320926 (38.7%)	525218	279404 (46.8%)
	232.78s	202.91s (12.8%)	233.76s	181.86s (22.2%)	234.89s	164.46s (30.0%)	235.56s	143.19s (39.2%)

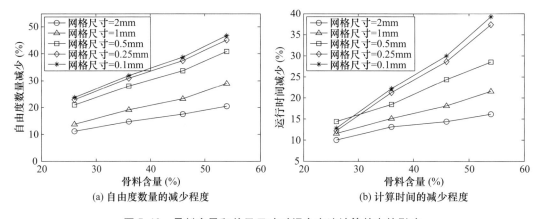

(a) 自由度数量的减少程度　　　　(b) 计算时间的减少程度

图 5.16　骨料含量和单元尺寸对耦合方法计算效率的影响

由于上述细观非均质问题缺少解析解，这里对纯弯梁进行模拟：采用含量为 40%、直径为 8mm 的圆形骨料建立简化细观模型，并假设骨料与砂浆的弹性模量均为 $E=25\text{GPa}$。如图 5.17 所示给出了细观结构和加载条件，由对称性只需模拟四分之一梁，并取 $x=0$ 与 $y=0$ 边界处 x 向位移等于零作为边界条件。对于平面应力问题，A 点 x 向位移的解析解是 $u_A^a = \sigma_0 L/E$[18]。

用 $|(u_A - u_A^a)/u_A^a|$ 表示右上角 A 点水平位移的相对误差，采用四种单元尺寸（0.5mm、1mm、2mm、3mm）进行网格收敛性研究。图 5.18（a）和图 5.18（b）分别给出了单元尺寸为 1mm 时的 FEM 模型与耦合模型，其中骨料采用具有 38 个节点的 SBFEM 多边形进行模拟。图 5.19 给出了相对误差随自由度数量的变化情况。可见，在自由度数量相同的情况下，耦合方法比 FEM 更加精确，同时误差的收敛速度也略高于 FEM。

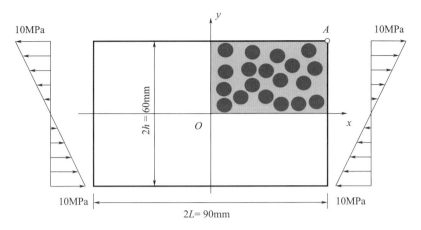

图 5.17 纯弯梁的几何尺寸与加载条件

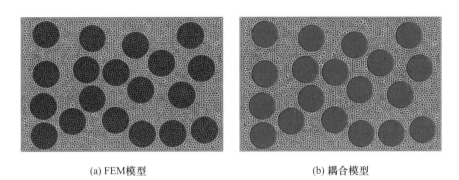

(a) FEM模型　　　　　　　　　(b) 耦合模型

图 5.18 单元尺寸为 1mm 时的 FEM 模型和耦合模型

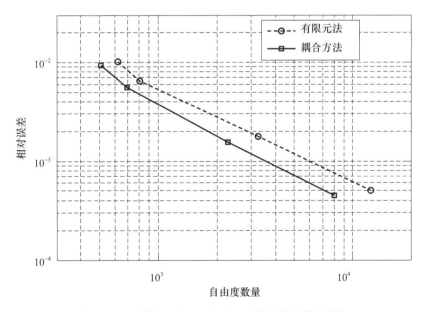

图 5.19 对节点位移 u_A 相对误差的网格收敛性分析

5.4.2 黏性断裂模拟

采用在骨料-砂浆界面 ITZ 和砂浆中预设黏结界面单元的方法进行断裂模拟，该方法假设裂缝尖端存在一个法向、切向或混合黏结力主导的断裂过程区，通过黏结应力-相对位移关系来描述黏结界面单元相对面的张开与滑移，避免了裂尖的应力奇异问题，能够高效地捕捉潜在离散裂缝的萌生、扩展和卸载闭合现象。黏结界面单元插设方法同第 4 章。

本节模拟中，骨料和砂浆都假设为线弹性，黏结界面单元被赋予线性的拉伸/剪切软化关系，采用名义应力平方准则为起裂准则。表 5.2 根据文献 [13] 给出了材料参数，并假设剪切断裂参数与拉伸断裂参数相同。黏结界面单元的初始弹性刚度应该取得足够高以反映非开裂材料的状态，但不能太高以至于求解时不收敛，经过多次尝试和比较，将初始弹性刚度取为 6×10^6 MPa/mm。使用 ABAQUS/Standard 隐式求解器进行计算分析，采用光滑位移加载方式。

表 5.2 材料参数

	弹性模量 E (GPa)	泊松比 μ	密度 ρ (10^{-6} kg/mm^3)	初始刚度 k_{n0} (MPa/mm)	抗拉强度 t_{n0} (MPa)	断裂能 G_f (N/mm)
骨料	70	0.2	2.5	—	—	—
砂浆	25	0.2	2.2	—	—	—
CIE_CEM	—	—	2.2	6×10^6	6	0.06
CIE_INT	—	—	2.2	6×10^6	3	0.03

1. 单轴拉伸破坏

采用随机骨料模型，先研究单元尺寸对裂缝形式与荷载-位移曲线的影响。图 5.20 与图 5.21 比较了 FEM 模型与耦合模型拉伸破坏的裂缝分布，其中粗网格的单元尺寸为 2mm，而细网格为 1mm。图中红色单元表示开裂的且损伤因子 SDEG≥0.9 的黏结界面单元（等于 1 时表示完全破坏），变形放大系数取 50 以方便观察，这些模型的破坏形式完全相同。图 5.22 比较了采用不同单元尺寸的 FEM 模型和耦合模型的荷载（反力）-位移曲线，图中反力取加载端所有节点的水平反力之和。由图可见，FEM 模型与耦合模型获得了一致的宏观力学响应，同时也显示出较小的网格依赖性。因此，单元尺寸 1mm 对上述模型是合适的，采用黏结界面单元模拟裂缝具有较小的网格依赖性。

以随机骨料模型的开裂过程为例，在加载初期，内部骨料之间就已经产生了复杂的应力场。骨料-砂浆界面的断裂参数比砂浆更低而出现大量微裂缝，此时荷载-位移曲线进入峰前非线性段，这些微裂缝反映了黏结界面单元的张开位移较小，SDEG 值较小。随着加载位移的增加，试件达到抗拉强度，一些骨料-砂浆界面上的裂缝继续扩展并与砂浆中新生成的微裂缝相连通，试件内部也不断发生应力重分布，导致其余微裂缝随着应力释放而逐渐卸载闭合，试件进入荷载-位移曲线的软化段，承载力持续降低。在软化段的中后期，连通的微裂缝逐渐张开变宽，进而迅速扩展而形成贯穿模型的主裂缝，这时模型承载力降至最低。

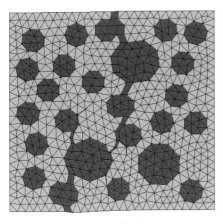
(a) FEM模型

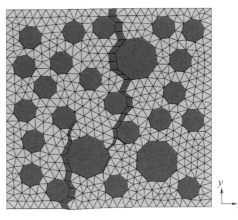
(b) SBFEM-FEM耦合模型

图 5.20　粗网格（单元尺寸 2mm）随机骨料模型的裂缝分布

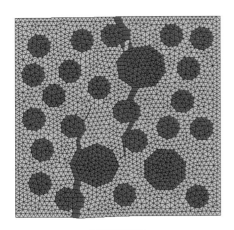
(a) FEM模型

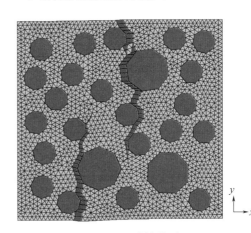
(b) SBFEM-FEM耦合模型

图 5.21　细网格（单元尺寸 1mm）随机骨料模型的裂缝分布

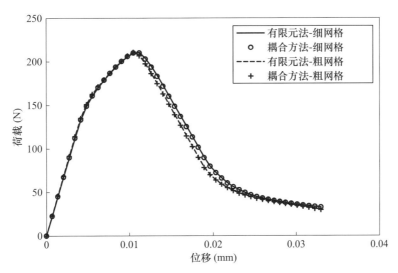

图 5.22　随机骨料模型的单轴拉伸荷载-位移曲线

再采用基于 CT 图像的模型进行单轴拉伸模拟,图 5.23 和图 5.24 分别给出了 x 方向和 y 方向拉伸时各模型的裂缝分布情况,变形放大系数取为 5:当沿 x 方向拉伸时只有单条主裂缝,而沿 y 方向拉伸时出现了两条主裂缝,不同加载方向得到的不同裂缝分布也反映了细观结构非均质性的影响。图 5.25 显示了相应的荷载-位移曲线:沿不同方向拉伸时,峰值前的线性段基本重合,表明细观非均质性对弹性响应影响较小,然而沿 x 方向拉伸时承载力比 y 方向拉伸时低,且软化段下降得更快、残余承载力更低,这呼应了不同的破坏形式,即沿 x 方向拉伸时只形成了一条贯穿模型的主裂缝,所需断裂耗散能更少,表现出更脆的断裂性能。

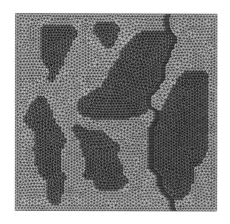
(a) FEM模型

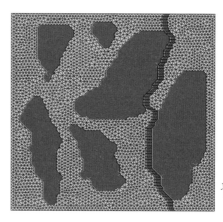
(b) SBFEM-FEM耦合模型

图 5.23　CT 图像模型在 x 轴拉伸下的裂缝分布

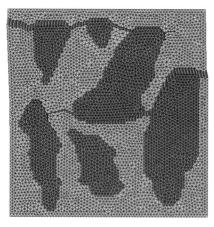
(a) FEM模型

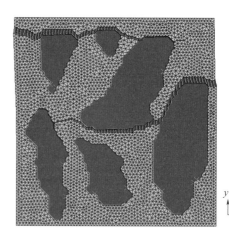
(b) SBFEM-FEM耦合模型

图 5.24　CT 图像模型在 y 轴拉伸下的裂缝分布

2. 带缺口三点弯曲梁

首先对带缺口三点弯曲梁进行模拟。根据 Petersson[19] 的实验,图 5.26 给出梁的几何尺寸和加载条件,采用平面应力假设,平面外厚度为 50mm。Carpinteri 和 Colombo[20] 以及 Moës 和 Belytschko[21] 也对该梁进行过实验和模拟验证。

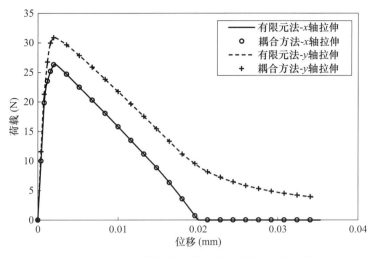

图 5.25　CT 图像模型的单轴拉伸荷载-位移曲线

图 5.26 中，只有包含缺口的 $200\times200\text{mm}^2$ 中间区域被模拟为骨料、砂浆组成的细观结构，并在骨料-砂浆界面和砂浆中预设了黏结界面单元，其余区域采用均质混凝土，单位为毫米（mm）。对细观区域实施随机骨料生成算法，取直径分别为 40mm、30mm 与 20mm 的三级配粗骨料，骨料总体含量为 40%。在该模型的砂浆单元尺寸为 2.5mm，只需求解 3 种 SBFEM 单元的刚度矩阵，即 32 节点、40 节点以及 64 节点的正八边形。

表 5.2 的材料参数用于细观各相，其中断裂能依据实验[19]对 CIE_CEM 和 CIE_INT 分别取值为 0.10N/mm 和 0.05N/mm。均质混凝土区域假设为线弹性，其弹性模量为 30GPa，泊松比为 0.18[19]。

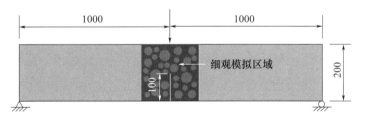

图 5.26　混凝土三点弯曲梁的几何尺寸和加载条件

图 5.27 与图 5.28 分别给出了 FEM 模型和耦合模型预测的裂缝分布和荷载-位移曲线，结果基本一致。裂缝呈现较为曲折的路径，反映了随机分布的骨料对裂缝走向的影响。模拟所得承载力为 0.81 kN，与实验结果 0.80 kN[19]较为接近。

3. 集中荷载下的 L 形板

本算例模拟 Winkler 等[22]进行的 L 形板实验，该实验常用于对比验证数值模拟的合理性[23,55,56]，本节用于研究混凝土细观结构非均质性对裂缝扩展路径的影响。

图 5.29 显示了试件的几何尺寸与加载条件，尺寸单位为毫米（mm），相应的数值模型如图 5.30（a）所示，板的厚度为 100mm，采用平面应力假设。取直径分别是 40mm、30mm 以及 20mm 的三级配骨料用于建立细观结构，骨料含量为 40%。在耦合模型中，只需求解两种单元的刚度矩阵，即 16 节点以及 32 节点的正八边形（网格单元尺寸为 5mm）。

(a) FEM模型

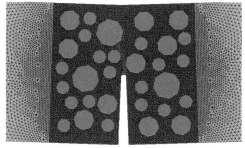
(b) SBFEM-FEM耦合模型

图 5.27　混凝土三点弯曲梁的裂缝分布

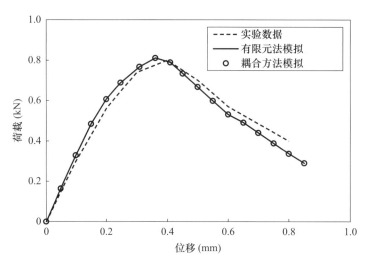

图 5.28　混凝土三点弯曲梁的荷载-位移曲线

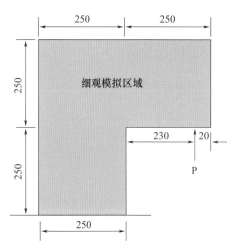

图 5.29　混凝土L形板的几何尺寸和加载条件

表 5.2 的材料参数用于各相材料，其中根据实验[22] CIE_CEM 与 CIE_INT 的断裂能分别为 0.065N/mm 与 0.033N/mm，抗拉强度分别为 3MPa 与 1.5MPa。

图 5.30 表明，模拟所得裂缝路径由于细观结构非均质性的影响而曲折不平，与实验结果比较吻合。由图 5.31 和图 5.32 可见，有限元法与耦合方法在裂缝形态与荷载-位移曲线上获得了一致的结果。模拟所得的承载力为 7.27kN，接近于实验结果 7.22kN[22]。

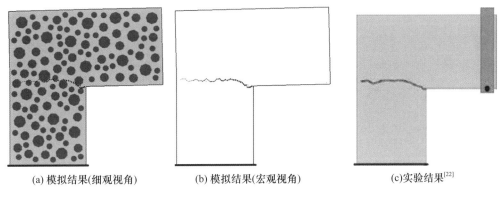

(a) 模拟结果(细观视角)　　(b) 模拟结果(宏观视角)　　(c) 实验结果[22]

图 5.30　混凝土 L 形板的裂缝分布

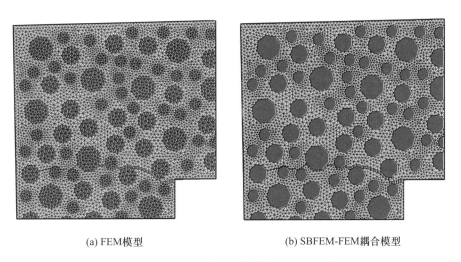

(a) FEM模型　　　　　　(b) SBFEM-FEM耦合模型

图 5.31　混凝土 L 形板的裂缝分布：细观区域放大

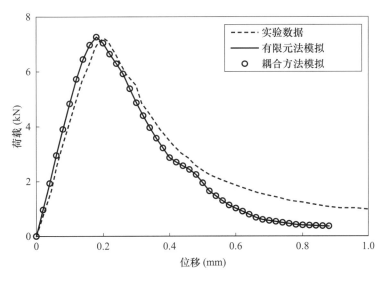

图 5.32　混凝土 L 形板的荷载-位移曲线

5.5 基于全SBFEM的均匀化蒙特卡洛模拟

混凝土作为一种非均质多相复合材料，广泛应用于工程结构中。混凝土在宏观上往往被视作均质材料，具有一定的"等效"材料参数，这种简化便于结构设计；混凝土在细观上则是随机非均质的，细观各相组分（如骨料、孔洞与砂浆三相）具有不同的材料性质、几何形态以及空间分布。基于非均质的细观结构求解宏观的等效材料参数（如弹性模量、剪切模量与泊松比等），即用宏观均匀材料来等效细观非均质材料，该过程称为均匀化。由于宏观实验的时间与经济成本较高，采用有效的细观均匀化方法获得混凝土宏观等效参数，有助于从细观组分的角度揭示宏观力学性能的机理，对材料和结构优化具有一定的积极意义。

复合材料的均匀化模型一般可以归纳为解析模型与数值模型两大类。解析模型最早由 Voigt[24]、Reuss[25] 以及 Hill[26] 提出，用以预测等效弹性参数的上下界。基于变分原理，Hashin 和 Shtrikman[27] 提出界限更为紧密的渐进解以求取各向同性等效参数。Eshelby[28] 基于本征应变的概念给出含单个椭圆夹杂（inclusion）的无限基质问题的解析解，后来被扩展到求解弱界面相互作用的问题[29]。其他广泛使用的解析模型还包括自洽（self-consistent）法[30]、Mori-Tanaka 法[31,32] 以及 Christensen 模型[33] 等。大多数解析方法或模型假设夹杂具有简单的几何形态，如圆形或椭圆形，且往往忽略或简化界面的互相作用，因此无法准确地表征混凝土中复杂的细观结构与界面作用。因此，采用有限元法（FEM）[34-43] 的数值均匀化方法也被广泛使用，主要通过施加一系列边界条件对场变量进行体积平均，获得等效的本构关系。对场变量的体积平均计算，一般要在具有统计意义的代表性体积单元（representative volume element，RVE）内进行[38]。一个重要而研究甚少的问题是，只有当非均质材料样本的尺寸大于某个 RVE 临界尺寸[44,45] 时，该样本才能视为统计上的均质，从而作为 RVE 求得其宏观等效参数。

数值均匀化中，为了获得诸如均值和标准差的统计值，需要对大量的含夹杂（如混凝土的骨料和孔洞）的随机样本进行模拟计算，该过程可以通过蒙特卡洛模拟实现；同时，为了研究 RVE 临界尺寸，也需要对不同尺寸的大量模型进行蒙特卡洛模拟。对混凝土使用基于 FEM 的数值均匀化方法时，混凝土复杂细观结构使得前处理网格生成较为繁琐，同时需非常细的网格以准确求解体积平均应力以及进行大量样本的蒙特卡洛模拟，因此计算工作量往往很大。此外，作为混凝土细观结构上的薄弱环节，孔洞对混凝土力学性能有不可忽略的影响，然而关于这方面定量的研究报道还较少，因此有必要研究孔洞对均匀化的影响，以揭示孔洞作为非均质缺陷与混凝土宏观力学性能之间的关系。

为解决上述解析及数值均匀化方法中存在的限制与缺点，本章基于 SBFEM 的优势提出了一种 SBFEM 数值均匀化的方法，使用了本章开发的针对随机骨料模型的全 SBFEM 多边形网格自动生成算法：每个多边形骨料用一个 SBFEM 多边形来模拟，只需将骨料边界离散而不需内部网格划分，这显著减少了模型所需自由度数，并且使网格自动划分更加简单；砂浆区域使用基于三角形背景网格的 SBFEM 多边形进行划分。另外，本节采用蒙特卡洛模拟求解均匀化等效弹性参数并进行统计分析，进而在考虑孔洞影响的基础上研究弹性参数的尺寸效应。

5.5.1 基于 SBFEM 的数值均匀化方法

如前所述 SBFEM 理论框架中，SBFEM 用 η 作为环向坐标（$-1\sim 1$），用 ξ 作为径向坐标（$0\sim 1$），即采用了一个类似于极坐标的正则化局部坐标体系。图 5.33 给出了一个 SBFEM 多边形子域及其边界二节点线单元示意图。

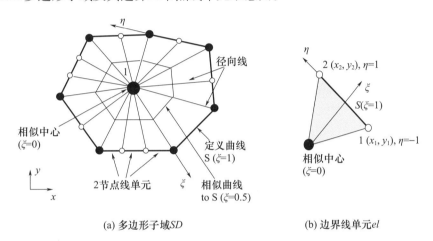

(a) 多边形子域 SD (b) 边界线单元 el

图 5.33 SBFEM 多边形子域和边界线单元示意图

根据周期性边界条件的渐进展开均匀化（asymptotic homogenisation）理论，非均质材料的平均应力-应变关系为[37]

$$\langle \boldsymbol{\sigma} \rangle = \mathbf{C}^{\mathrm{H}} \langle \boldsymbol{\varepsilon} \rangle \tag{5.38}$$

其中〈·〉表示 RVE 内做体积平均，有

$$\langle \cdot \rangle = \frac{1}{V} \int_V \cdot \, \mathrm{d}V \tag{5.39}$$

其中 V 是 RVE 的体积，$\mathbf{C}^{\mathrm{H}}$ 是均匀化等效刚度矩阵。

SBFEM 多边形内的体积平均应力 $\langle \boldsymbol{\sigma} \rangle$ 为

$$\langle \boldsymbol{\sigma} \rangle = \begin{Bmatrix} \langle \sigma_{xx} \rangle \\ \langle \sigma_{yy} \rangle \\ \langle \sigma_{xy} \rangle \end{Bmatrix} = \frac{1}{V} \sum_{SD} \sum_{el} \left[\iint_{\xi\eta} \sum_{i=1}^{m} c_i \xi^{(-\lambda_i - 1)} \boldsymbol{\Psi}_{\sigma i}(\eta) \mathrm{d}V \right] \tag{5.40}$$

式中，i 表示第 i 个模态，el 表示多边形子域 SD 的一个线单元；右边括号中的积分即在线单元 el 与相似中心围成的三角形区域内进行。

为了求解式（5.40），分别沿径向与环向进行积分，可得到

$$\langle \boldsymbol{\sigma} \rangle = \frac{1}{V} \sum_{SD} \sum_{el} \iint_{\xi\eta} \sum_{i=1}^{m} c_i \xi^{(-\lambda_i-1)} \boldsymbol{\Psi}_{\sigma i}(\eta) \xi |\mathbf{J}| \mathrm{d}\xi \mathrm{d}\eta$$

$$= \frac{1}{V} \sum_{SD} \sum_{el} |\mathbf{J}| \sum_{i=1}^{m} c_i \iint_{\xi\eta} \xi^{-\lambda_i} \boldsymbol{\Psi}_{\sigma i}(\eta) \mathrm{d}\xi \mathrm{d}\eta \qquad (5.41)$$

$$= \frac{1}{V} \sum_{SD} \sum_{el} |\mathbf{J}| \sum_{i=1}^{m} c_i \int_{\xi} \xi^{-\lambda_i} \mathrm{d}\xi \int_{\eta} \boldsymbol{\Psi}_{\sigma i}(\eta) \mathrm{d}\eta$$

上式沿径向的第一个积分可以解析地表达为

$$\int_{\xi} \xi^{-\lambda_i} \mathrm{d}\xi = \frac{1}{1-\lambda_i} \xi^{-\lambda_i+1} \Big|_{0}^{1} = \frac{1}{1-\lambda_i} \qquad (5.42)$$

而沿环向的第二个积分可以通过高斯数值积分求解，式（5.42）可以进一步写为

$$\langle \boldsymbol{\sigma} \rangle = \frac{1}{V} \sum_{SD} \sum_{el} |\mathbf{J}| \sum_{i=1}^{m} \frac{c_i}{1-\lambda_i} \sum_{j=1}^{n} \boldsymbol{\Psi}_{\sigma i}(\eta_j) \omega_j \qquad (5.43)$$

式中，η_j 与 ω_j（$j=1, 2, \cdots, n$）分别为高斯积分点的坐标与权系数。对于每个线单元，使用两个高斯积分点。相比于 FEM 需要沿两个坐标方向进行数值积分，式（5.43）只需进行环向的数值积分，因此可以获得更精确的体积平均应力。

为了求解式（5.38）的均匀化刚度矩阵 $\mathbf{C}^{\mathrm{H}}$，对于三维问题可以通过分别施加六种位移荷载（即边界条件）来求解该刚度矩阵中的每一列元素[46-48]。对于二维问题，需要施加三种边界条件

$$u_{x=0} = v_{y=0} = v_{y=l_y} = 0 \; \text{与} \; u_{x=l_x} = \varepsilon_{11} l_x \qquad [5.44\,(\mathrm{a})]$$

$$u_{x=0} = u_{x=l_x} = v_{y=0} = 0 \; \text{与} \; v_{y=l_y} = \varepsilon_{22} l_y \qquad [5.44\,(\mathrm{b})]$$

$$u_{y=0} = v_{x=l_x} = v_{x=0} = 0 \; \text{与} \; u_{y=l_y} = \varepsilon_{12} l_y \qquad [5.44\,(\mathrm{c})]$$

其中 l_x、l_y 分别是模型沿 x、y 轴的边长，u、v 分别是沿 x、y 轴施加的位移。

继而求出 $\mathbf{C}^{\mathrm{H}}$ 的逆矩阵 $\mathbf{S}$，该矩阵用于求解弹性模量 E_{11} 与 E_{22}、泊松比 μ_{12} 以及剪切模量 G_{12}

$$E_{11} = 1/S_{11}, \; E_{22} = 1/S_{22}, \; \mu_{12} = -S_{12}/S_{11}, \; G_{12} = 1/S_{33} \qquad (5.45)$$

5.5.2 方法验证和收敛性分析

在本章后续的模拟与讨论中，首先对基于 SBFEM 的均匀化方法的精确性进行验证，并与 FEM 进行比较以显示其效率。然后开展大量随机骨料模型作为样本的蒙特卡洛模拟，从统计上分析均匀化等效弹性参数，最后研究模型尺寸与孔洞率的影响。

以式 [5.44（a）] 形式的边界条件 $\varepsilon_{11}=0.0001$，$\varepsilon_{22}=\varepsilon_{12}=0$ 为例，对前文图 5.11（b）和图 5.11（d）采用 SBFEM 多边形网格的模型进行加载。将模拟结果分别与有孔 [图 5.34（a）] 和无孔 [图 5.34（b）] 的 FEM 模型进行比较，其中使用单元大小为 0.5mm 的 CPS4 单元。图 5.35 和图 5.36 分别显示了在水平方向拉伸时有孔模型与无孔模型的位移云图，可见 SBFEM 多边形模型在减少了一半的自由度情况下得到与 FEM 模型一致的结果。

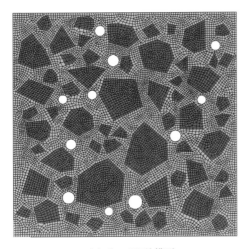
(a) f_{pore} = 2%的模型
(11610个单元；23774个自由度)

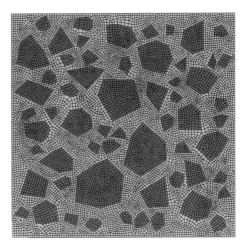
(b) f_{pore} = 0%的模型
(11804个单元；24010个自由度)

图 5.34　采用 ABAQUS CPS4 单元的 FEM 网格

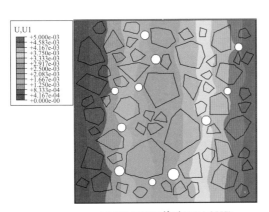
(a) FEM CPS4单元(ABAQUS)
(11610个单元；23774个自由度)

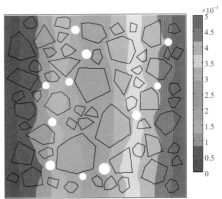
(b) SBFEM多边形单元
(2691个多边形；11450个自由度)

图 5.35　含孔洞细观混凝土模型中的水平向位移 u_{11} 分布

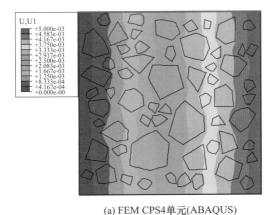
(a) FEM CPS4单元(ABAQUS)
(11804个单元；24010个自由度)

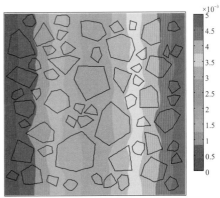
(b) SBFEM多边形单元
(2597个多边形；11150个自由度)

图 5.36　无孔洞细观混凝土模型中的水平向位移 u_{11} 分布

147

非均质混凝土不存在均匀化的解析解。在无孔洞模型上假设 $E_{agg}=E_m=25.0\text{GPa}$，即可得到等效弹性模量的"精确解" $E_{exact}=25.0\text{GPa}$ 用以验证 SBFE 多边形均匀化方法。基于 SBFE 模型以及 FE 模型均获得等效模量 25.0GPa、剪切模量 10.4GPa 以及泊松比 0.2，表明了本章均匀化方法的准确性。

再对均匀化方法进行网格收敛性分析，研究计算精度（误差）随自由度数量的变化情况，从而比较 SBFEM 多边形模型与 FEM 模型在相同自由度数量时的计算精度。采用图 5.11（d）所示的无孔洞模型，设计 3 种不同 CPS4 单元网格密度（单元平均尺寸分别是 1.0、0.5 以及 0.25mm）的 FE 模型以及 3 种不同三角网格密度（单元平均尺寸分别是 2.0、1.0 以及 0.5mm）的 SBFE 多边形模型。另外采用单元平均尺寸为 0.15mm 的 FE 网格（共计 267938 个自由度）的模型进行均匀化计算，将获得的等效弹性模量作为"精确解" $\overline{E}_{exact}$，并定义相对误差为 $|(\overline{E}-\overline{E}_{exact})/\overline{E}_{exact}|$，其中 $\overline{E}=(E_{11}+E_{22})/2$。均匀化计算结果如表 5.3 所示，图 5.37 给出了误差与自由度数量的关系。从图可见，本章基于 SBFE 多边形的均匀化方法在同等自由度数量的情况下比 FEM 更精确，而且收敛速度更快。

表 5.3 均匀化结果的网格收敛性分析

单元类型	自由度数	E_{11}（GPa）	E_{22}（GPa）	G_{12}（GPa）	μ_{12}	相对误差
FE CPS4	6602	36.114	35.850	14.755	0.2042	5.28×10^{-3}
FE CPS4	24010	35.978	35.720	14.691	0.2053	1.58×10^{-3}
FE CPS4	96926	35.932	35.678	14.669	0.2057	3.44×10^{-4}
FE CPS4（"$exact$"）	267250	35.920	35.666	14.663	0.2058	—
SBFEM polygon	4294	36.006	35.773	14.721	0.2046	2.70×10^{-3}
SBFEM polygon	11150	35.949	35.695	14.681	0.2054	8.13×10^{-4}
SBFEM polygon	34054	35.925	35.674	14.666	0.2058	1.90×10^{-4}

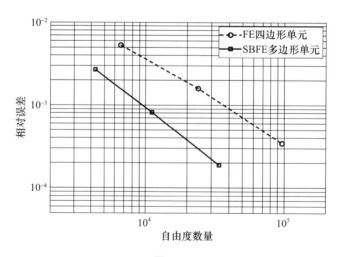

图 5.37 等效弹性模量 $\overline{E}$ 相对误差的网格收敛性分析

5.5.3 考虑孔洞含量影响的尺寸效应统计分析

本节进行蒙特卡洛模拟来求解均匀化等效弹性参数并进行统计分析，模拟采用四种模型尺寸，分别是 $D=25.0\text{mm}$、37.5mm、50.0mm、62.5mm。对于每种尺寸，随机生成 100 个细观混凝土样本（$f_{\text{agg}}=40\%$）。另外，保持骨料分布不变的情况下，每个样本中分别添加孔洞含量 $f_{\text{pore}}=0\%$、2%、4%、6% 的圆形孔洞来探讨孔洞的影响[49]。这样共进行了 $4\times4\times100=1600$ 个样本的模拟。图 5.38 给出了四个不同尺寸的样本（$f_{\text{agg}}=40\%$ 且 $f_{\text{pore}}=2\%$）作为示例。使用单元平均尺寸为 1.0mm 的三角形作为砂浆背景网格来划分 SBFE 多边形单元。表 5.4~表 5.7 总结了模拟所得均匀化弹性参数的统计值，包括平均值（mean）、标准差（standard deviation，SD）以及变异系数（coefficient of variation，CoV）。

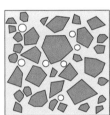
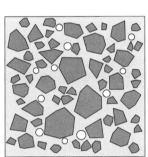
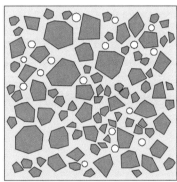

图 5.38 尺寸 25.0mm、37.5mm、50.0mm 与 62.5mm 的细观混凝土模型（$f_{\text{agg}}=40\%$，$f_{\text{pore}}=2\%$）

表 5.4 孔洞率为 0%时的均匀化弹性参数蒙特卡洛模拟结果

尺寸（mm）	统计值	E_{11}（GPa）	E_{22}（GPa）	$\overline{E}$（GPa）	G_{12}（GPa）	μ_{12}
25.0	Mean	36.1351	36.1359	36.1355	14.7001	0.2022
	SD	0.1952	0.1903	0.1021	0.0559	0.0020
	CoV	0.54%	0.53%	0.28%	0.38%	0.99%
37.5	Mean	36.0156	36.0294	36.0225	14.7141	0.2036
	SD	0.1487	0.1645	0.1157	0.0563	0.0016
	CoV	0.41%	0.46%	0.32%	0.38%	0.77%
50.0	Mean	35.9387	35.9091	35.9239	14.7153	0.2045
	SD	0.1381	0.1409	0.1120	0.0465	0.0011
	CoV	0.38%	0.39%	0.31%	0.32%	0.52%
62.5	Mean	35.8870	35.8832	35.8851	14.7321	0.2051
	SD	0.1171	0.1328	0.1073	0.0474	0.0010
	CoV	0.33%	0.37%	0.30%	0.32%	0.47%

表 5.5 孔洞率为 2% 时的均匀化弹性参数蒙特卡洛模拟结果

尺寸（mm）	统计值	E_{11}（GPa）	E_{22}（GPa）	$\overline{E}$（GPa）	G_{12}（GPa）	μ_{12}
25.0	Mean	34.3299	34.3328	34.3314	13.7918	0.2067
	SD	0.2939	0.2776	0.1541	0.1322	0.0036
	CoV	0.86%	0.81%	0.45%	0.96%	1.76%
37.5	Mean	34.0874	34.1276	34.1075	13.9006	0.2102
	SD	0.2233	0.2603	0.1578	0.0994	0.0034
	CoV	0.66%	0.76%	0.46%	0.71%	1.60%
50.0	Mean	34.0118	33.9826	33.9972	13.8766	0.2112
	SD	0.1981	0.1819	0.1331	0.0713	0.0020
	CoV	0.58%	0.54%	0.39%	0.51%	0.96%
62.5	Mean	33.9571	33.9407	33.9489	13.8852	0.2119
	SD	0.1676	0.1749	0.1313	0.0673	0.0020
	CoV	0.49%	0.52%	0.39%	0.48%	0.93%

表 5.6 孔洞率为 4% 时的均匀化弹性参数蒙特卡洛模拟结果

尺寸（mm）	统计值	E_{11}（GPa）	E_{22}（GPa）	$\overline{E}$（GPa）	G_{12}（GPa）	μ_{12}
25.0	Mean	32.6813	32.6185	32.6499	12.9432	0.2107
	SD	0.3337	0.3646	0.1990	0.1560	0.0049
	CoV	1.02%	1.12%	0.61%	1.21%	2.34%
37.5	Mean	32.2838	32.2980	32.2909	13.0991	0.2162
	SD	0.2500	0.3028	0.1828	0.1106	0.0042
	CoV	0.77%	0.94%	0.57%	0.84%	1.94%
50.0	Mean	32.1986	32.1552	32.1769	13.0885	0.2173
	SD	0.1883	0.2105	0.1374	0.0785	0.0026
	CoV	0.58%	0.65%	0.43%	0.60%	1.20%
62.5	Mean	32.1218	32.1328	32.1273	13.0914	0.2180
	SD	0.1856	0.1939	0.1461	0.0784	0.0026
	CoV	0.58%	0.60%	0.45%	0.60%	1.18%

表 5.7 孔洞率为 6% 时的均匀化弹性参数蒙特卡洛模拟结果

尺寸（mm）	统计值	E_{11}（GPa）	E_{22}（GPa）	$\overline{E}$（GPa）	G_{12}（GPa）	μ_{12}
25.0	Mean	31.2352	31.1994	31.2173	11.8852	0.2097
	SD	0.4289	0.3906	0.2400	0.2318	0.0060
	CoV	1.37%	1.25%	0.77%	1.95%	2.87%
37.5	Mean	30.7147	30.8010	30.7579	12.1575	0.2176
	SD	0.3067	0.3403	0.2281	0.1431	0.0053
	CoV	1.00%	1.10%	0.74%	1.18%	2.24%

续表

尺寸（mm）	统计值	E_{11}（GPa）	E_{22}（GPa）	$\overline{E}$（GPa）	G_{12}（GPa）	μ_{12}
50.0	Mean	30.6116	30.4935	30.5525	12.2213	0.2213
	SD	0.2563	0.2401	0.1637	0.1107	0.0034
	CoV	0.84%	0.79%	0.53%	0.91%	1.53%
62.5	Mean	30.5553	30.4571	30.5062	12.1963	0.2209
	SD	0.2189	0.2259	0.1586	0.0997	0.0033
	CoV	0.72%	0.74%	0.52%	0.82%	1.52%

图 5.39 显示了样本数对均匀化弹性模量 E_{11} 的平均值和标准差的影响，对于不同尺寸模型所得 E_{11} 的平均值与标准差，在样本数达到 100 时均可获得统计上收敛的结果。该结论也适用于其他均匀化弹性参数。

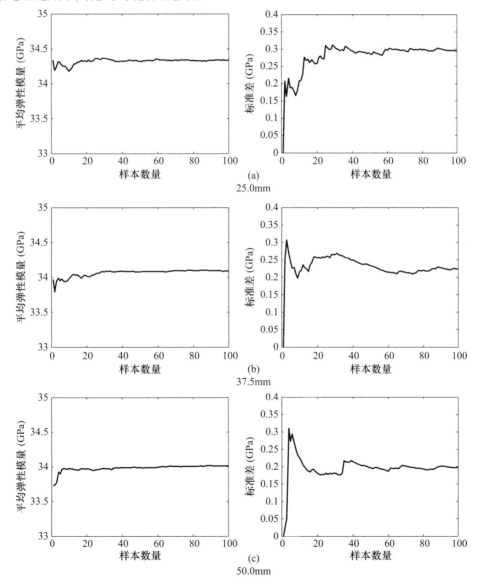

(a) 25.0mm

(b) 37.5mm

(c) 50.0mm

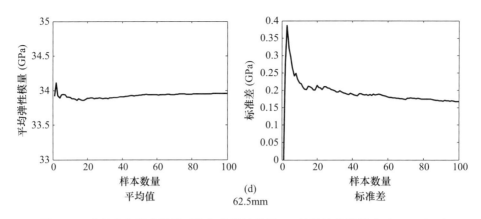

图 5.39 蒙特卡洛样本数量对均匀化弹性模量 E_{11} 的统计值的影响（$f_{pore}=2\%$）

与图 5.39 的数据相对应，图 5.40 显示了 E_{11} 的概率密度分布与累积概率分布。图中也显示了具有相同平均值与标准差时的高斯分布。由图可见，E_{11} 趋近于高斯分布。从概率密度分布图可以直观看出，随着模型尺寸的增大，标准差逐渐减小。上述结论也适用于其他均匀化弹性参数。

另一方面，二维细观混凝土模型的各向异性比可表达为下式[57]

$$A=\frac{2C_{33}}{C_{11}-C_{12}} \tag{5.46}$$

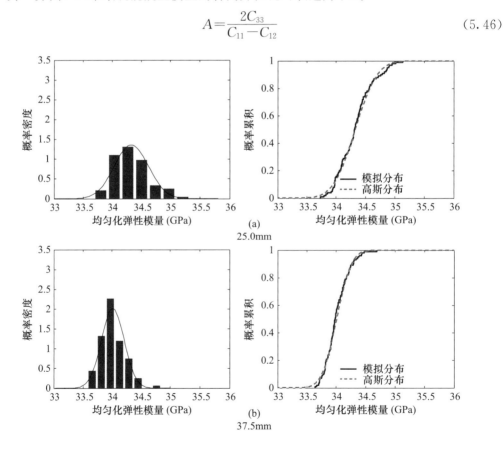

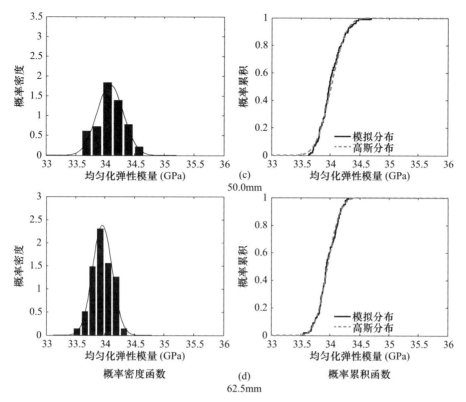

图 5.40 E_{11} 的概率密度分布与累积概率分布（$f_{\text{pore}}=2\%$）

其中 C_{11}、C_{12} 与 C_{33} 为均匀化刚度矩阵 $\mathbf{C}^{\text{H}}$ 的元素。在复合材料细观力学中，各向异性比用于度量材料均质的程度，该比值越接近 1 则表示材料越均匀，当等于 1 时则是各向同性材料。对于不同尺寸与孔洞率的模型，表 5.8 列出了各向异性比的统计值计算结果。由表中数据可知，各向异性比的平均值基本接近 1，这表明各细观混凝土模型可近似认为是各向同性，因此可采用 $\overline{E}=(E_{11}+E_{22})/2$ 来简化定义模型的等效弹性模量以便于后续讨论。另外，尺寸相同时，模型的孔洞率越高，各向异性比越小；孔洞率相同时，模型的尺寸越大，各向异性比越大。这表明尺寸越小、孔洞含量越高的模型，其非均质性也越高。

表 5.8 蒙特卡洛模拟得到的各向异性比统计值

尺寸（mm）	统计值	$f_{\text{pore}}=0\%$	$f_{\text{pore}}=2\%$	$f_{\text{pore}}=4\%$	$f_{\text{pore}}=6\%$
	Mean	0.9783	0.9700	0.9592	0.9215
25.0	SD	0.0094	0.0182	0.0215	0.0313
	CoV	0.96%	1.88%	2.24%	3.40%
	Mean	0.9874	0.9872	0.9835	0.9649
37.5	SD	0.0065	0.0140	0.0164	0.0215
	CoV	0.66%	1.42%	1.67%	2.23%
	Mean	0.9895	0.9882	0.9863	0.9745
50.0	SD	0.0047	0.0102	0.0107	0.0170
	CoV	0.47%	1.03%	1.08%	1.75%

续表

尺寸（mm）	统计值	$f_{pore}=0\%$	$f_{pore}=2\%$	$f_{pore}=4\%$	$f_{pore}=6\%$
	Mean	0.9930	0.9911	0.9895	0.9748
62.5	SD	0.0044	0.0096	0.0122	0.0150
	CoV	0.45%	0.97%	1.23%	1.54%

选取两个解析模型即 Mori-Tanaka 模型[32]以及 Christensen 模型[33]计算比较等效弹性模量。这两个模型均假设所含夹杂为圆形，并可以考虑孔洞的影响。在 Mori-Tanaka 模型中，有效体积模量与剪切模量分别是

$$K^* = K_m + \sum_i (K_i - K_m)\frac{c_i\alpha_i}{(1-c_i)+c_i\alpha_i} \quad [5.47(a)]$$

$$G^* = G_m + \sum_i (G_i - G_m)\frac{c_i\beta_i}{(1-c_i)+c_i\beta_i} \quad [5.47(b)]$$

$$\alpha_i = \frac{K_m + \frac{4}{3}G_m}{K_i + \frac{4}{3}G_m}, \beta_i = \frac{G_m + F_m}{G_i + F_m}, F_m = \frac{G_m(9K_m + 8G_m)}{6(K_m + 2G_m)} \quad [5.47(c)]$$

在 Christensen 模型中，有效体积模量与剪切模量分别是

$$K^* = K_m + \sum_i \frac{K_i - K_m}{1+\dfrac{K_i - K_m}{K_m + \frac{4}{3}G_m}}c_i \quad [5.48(a)]$$

$$G^* = G_m + \sum_i \frac{15(1-\nu_m)(G_i - G_m)}{7-5\nu_m + 2(4-5\nu_m)\dfrac{G_i}{G_m}}c_i \quad [5.48(b)]$$

上述表达式中，c 是夹杂（包括骨料、孔洞）的含量，v 是泊松比，K 是体积模量，G 是剪切模量；下标 i 与 m 分别表示夹杂与砂浆基质。对于孔洞，则由文献[52]假设 $K=0.00015$ GPa 与 $G=0$ GPa。

当 K^*、G^* 由前文所给材料参数（E_a，E_m，v，f_{agg}，f_{pore}）获得求解之后，等效弹性模量可以通过弹性力学理论求得

$$E^* = \frac{9K^*G^*}{3K^* + G^*} \quad (5.49)$$

图 5.41 显示了本章均匀化方法与解析模型所得等效弹性模量。由图可见，基于 SBFEM 的细观均匀化方法得到的 $\overline{E}$ 位于解析模型的包络范围。

基于表 5.4～表 5.7 的数据，图 5.42 分别给出了均匀化所得 E_{11}、E_{22}、G_{12} 以及 μ_{12} 随模型尺寸的变化趋势，图中给出标准误差以体现样本计算结果相对于平均值的波动。由图可知，随着模型尺寸的增加，E_{11} 与 E_{22} 的平均值减小，而 μ_{12} 增大。然而，G_{12} 的平均值并未显示出明显的变化趋势，当模型尺寸达到 37.5mm 时该值趋于稳定。这有可能是因为细观混凝土模型并不是严格的各向同性，从而使得表达式 $G=E/2/(1+\mu)$ 不能适用，该表达式中只有两个变量是独立的。从图中也可以看出，尺寸相同时，模型的孔

洞率越高标准差越大，这反映了模型非均质性的增加；孔洞率相同时，模型的尺寸越大标准差越小，这表明模型趋于均质而获得离散性较小的结果。

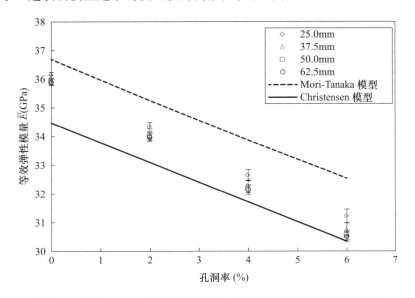

图 5.41 基于 SBFEM 的均匀化方法与解析模型得到的等效弹性模量

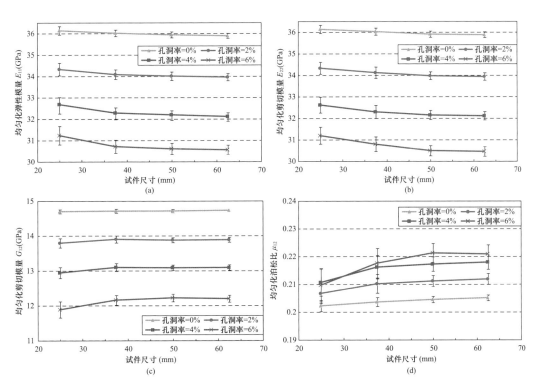

图 5.42 均匀化弹性参数 （a） E_{11}、（b） E_{22}、（c） G_{12} 与 （d） μ_{12}

为了判断复合材料的 RVE 临界尺寸，一般需要研究等效参数的变异系数的收敛特征[45]。均匀化所得 E_{11}、E_{22}、G_{12} 与 μ_{12} 的变异系数随模型尺寸 D 的变化如图 5.43 所示。随着模型尺寸的增加,变异系数一开始迅速减小,随后稳定于 $D=50.0$ mm 与 62.5 mm 之间,也就是最大骨料尺寸 $d_{\max}=12.7$ mm 的 3.94~4.92 倍。因此,RVE 临界尺寸大约是 $4.5 d_{\max}$,当试件尺寸大于该尺寸时,可获得统计上收敛的均匀化结果,作为等效材料参数用于宏观结构设计。这与其他数值研究[45,50]建议的范围 4.0~8.0$d_{\max}$ 是相符的。

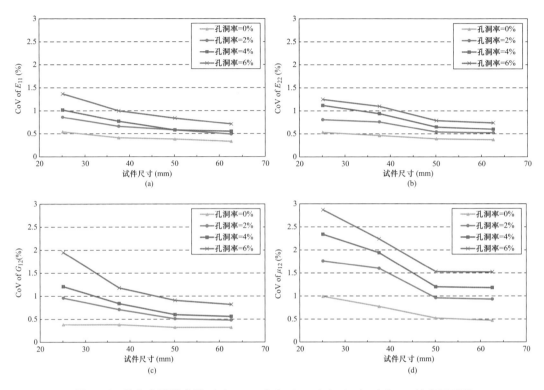

图 5.43 均匀化弹性参数 (a) E_{11}、(b) E_{22}、(c) G_{12} 与 (d) μ_{12} 的变异系数

图 5.44 显示了不同孔洞率的等效弹性模量 $\overline{E}=(E_{11}+E_{22})/2$ 随模型尺寸的变化而变化。通过曲线拟合得到一个考虑孔洞率的尺寸效应公式

$$\overline{E} = \overline{E}_0 e^{A\ln D+B} \tag{5.50}$$

其中的系数为 $A=-0.3 f_{\text{pore}}$ 和 $B=-1.5 f_{\text{pore}}$。$\overline{E}_0$ 表示孔洞率为 0% 时模型的等效弹性模量,其拟合表达式为

$$\overline{E}_0 = e^{-0.007\ln D+3.608} \tag{5.51}$$

该尺寸效应公式见图 5.44 所示。对于不同的孔洞率 $f_{\text{pore}}=0\%$、2%、4% 及 6%,拟合决定系数分别是 $R^2=0.99$、0.96、0.94 及 0.93。

式(5.50)也可以写为

$$\ln \overline{E} = (-0.3 f_{\text{pore}}-0.007)\ln D+(-1.5 f_{\text{pore}}+3.608) \tag{5.52}$$

式(5.52)与强度的 Weibull 尺寸效应律[51]具有相似的形式。图 5.45 表明 $\ln \overline{E}$ 与 $\ln D$ 存在线性负相关,由图可知,该拟合直线的斜率绝对值随着孔洞率的增加而增加,表明等效弹性模量的尺寸效应在孔洞率较高时变得更加显著。

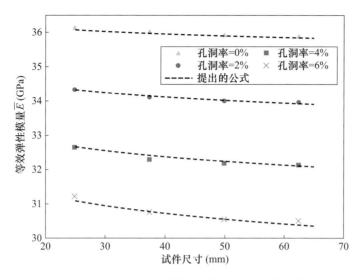

图 5.44　不同尺寸与孔洞率的模型所得等效弹性模量

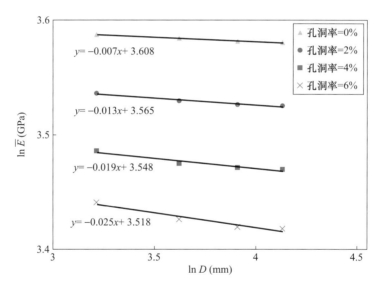

图 5.45　不同孔洞率模型的等效弹性模量的尺寸效应

定义等效弹性模量比 $\beta=\overline{E}/E_0$，式（5.50）可写为

$$\beta = e^{A\ln D+B} \tag{5.53}$$

β 只与模型尺寸以及孔洞率有关。图 5.46 显示了 β 随模型尺寸的变化规律，其中将模型尺寸外推到结构性尺寸 500mm（如梁、柱尺寸）；由图可见，随着模型尺寸的增加，β 初始下降较为迅速，而后下降速度减缓直至趋于稳定；孔洞率较高时，下载的速度也较大，达到稳定时所需试件的尺寸也较大。

图 5.47 给出了 β 随孔洞率的变化；由图可知，模型尺寸相同时，等效弹性模量比 β 与孔洞率呈线性负相关。模型尺寸为 25～200mm 的 β 值（即 0.940～0.951、0.883～0.906 及 0.830～0.862，分别对应于孔洞率 2%、4% 及 6%）与 Yaman[52] 的实验拟合

表达式 $1-2.58f_{\text{pore}}$（即 0.948、0.897 与 0.845，分别对应于孔洞率 2%、4% 与 6%）比较接近，该实验采用了直径为 100mm、高为 200mm 的混凝土圆柱试件。

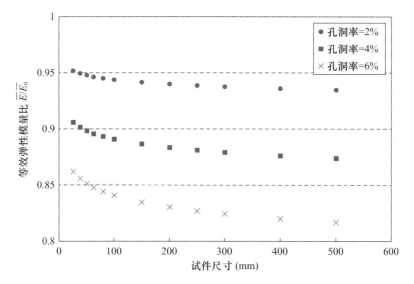

图 5.46 不同孔洞率的模型所得等效弹性模量比随模型尺寸的变化

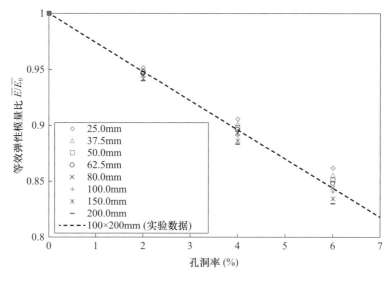

图 5.47 不同尺寸的模型所得等效弹性模量比随孔洞率的变化

5.6 本章小结

本章提出以比例边界有限元法（SBFEM）为基础的混凝土细观分析方法，采用灵活的多边形对细观结构进行网格划分。骨料仅需一个或少量 SBFEM 多边形单元模拟，只要将其边界离散而内部无须网格划分，与传统 FEM 相比，既简化了前处理过程，也显著减少了所需的自由度数量。理论推导发现，形状、节点分布相同但大小不同的自相似 SBFEM 多边形具有相同的刚度矩阵。结果表明，由于 SBFEM 具有半解析的位移场与应力场，相比于传统 FEM 具有更好的粗网格精度，提升了混凝土细观模拟的准确性和效率。此外，还推导了 SBFEM 均匀化公式用于求解考虑细观结构异质性的混凝土等效弹性参数。

蒙特卡洛模拟结果表明，随着模型尺寸的增加，等效弹性参数趋于收敛；RVE 临界尺寸最大为 62.5mm，约等于 4.5 倍骨料的最大粒径，可推断当模型大于该尺寸时，所得等效弹性参数可用于宏观结构设计。提出了一个考虑孔洞含量影响的等效弹性模量尺寸效应公式，结果表明，随着孔洞率增加，尺寸效应更加显著。在此基础上定义了等效弹性模量比 β，即考虑孔洞和不考虑孔洞时模型的等效弹性模量之比；随着尺寸的增加，β 初始下降较为迅速，而后下降速度减缓直至趋于稳定；而孔洞率较高时，β 下载的速度变快，达到稳定时所需试件尺寸也较大，β 与孔洞率呈线性负相关，与实验结果较为接近。综上所述，随着孔洞率的减少和模型尺寸的增加，混凝土越接近均质各向同性材料，从而获得离散性较小的均匀化结果。

此外，还有一种名为光滑有限元法（Smoothed Finite Element Method，SFEM）[53,54]的数值方法，同样具备采用多边形单元对求解域进行灵活离散的特点，并且能够有效解决传统 FEM 存在的刚度过大、精度不高、剪切锁闭、无法处理网格畸变和大变形等问题。关于 SFEM 的详细特性及其在混凝土宏细观损伤断裂模拟中的开发应用，读者可进一步参考作者的文献[55，56]，本书在此方面则不作展开。

参考文献

[1] GHOSH S，MOORTHY S. Elastic-plastic analysis of arbitrary heterogeneous materials with the Voronoi Cell finite element method [J]. Computer methods in applied mechanics and engineering，1995，121 (1-4)：373-409.

[2] BIABANAKI S O R，KHOEI A R. A polygonal finite element method for modeling arbitrary interfaces in large deformation problems [J]. Computational mechanics，2012，50：19-33.

[3] BIABANAKI S O R，KHOEI A R，WRIGGERS P. Polygonal finite element methods for contact-impact problems on nonconformal meshes [J]. Computer methods in applied mechanics and engineering，2014，269：198-221.

[4] RAJAGOPAL A，KRAUS M，STEINMANN P. Hyperelastic analysis based on a polygonal finite element method [J]. Mechanics of advanced materials and structures，2018，25 (11)：930-942.

[5] WOLF J P，SONG C M. Finite-element modelling of unbounded media [M]. Chichester：Wiley，1996.

[6] SONG C M，WOLF J P. The scaled boundary finite-element method-alias consist-

ent infinitesimal finite-element cell method-for elastodynamics [J]. Computer methods in applied mechanics and engineering, 1997, 147 (3-4): 329-355.

[7] SONG C M. The scaled boundary finite element method: introduction to theory and implementation [M]. Hoboken: John Wiley & Sons, 2018.

[8] BELYTSCHKO T, PARIMI C, MOËS N, et al. Structured extended finite element methods for solids defined by implicit surfaces [J]. International journal for numerical methods in engineering, 2003, 56 (4): 609-635.

[9] MOUMNASSI M, BELOUETTAR S, BÉCHET É, et al. Finite element analysis on implicitly defined domains: An accurate representation based on arbitrary parametric surfaces [J]. Computer methods in applied mechanics and engineering, 2011, (5): 774-796.

[10] DEEKS A J, WOLF J P. A virtual work derivation of the scaled boundary finite-element method for elastostatics [J]. Computational mechanics, 2002, 28 (6): 489-504.

[11] SONG C M. Analysis of singular stress fields at multi-material corners under thermal loading [J]. International journal for numerical methods in engineering, 2006, 65 (5): 620-652.

[12] OOI E T, SONG C M, TIN-LOI F, et al. Polygon scaled boundary finite elements for crack propagation modelling [J]. International journal for numerical methods in engineering, 2012, 91 (3): 319-342.

[13] REN W Y, YANG Z J, SHARMA R, et al. Two-dimensional X-ray CT image based meso-scale fracture modelling of concrete [J]. Engineering fracture mechanics, 2015, 133: 24-39.

[14] ZHU C M, TANG J, XU T G. The application of concave polygon convex decomposition algorithm to rapid prototyping [J]. Modern manufacturing engineering, 2010, 2: 53-56.

[15] ROGERS D F. Procedural elements for computer graphics [M]. McGraw-Hill, Inc., 1984.

[16] LIU W, HE Y J, LI Z X. An algorithm to calculate the kernel of a plane simple polygon [J]. Journey of image and graphics, 2007, 12 (6): 1098-1102.

[17] DS SIMULIA. ABAQUS 6.11 theory and user's manual. DS SIMULIA Corp., Providence (RI, USA), 2011.

[18] TIMOSHENKO S, GOODIER J N. Theory of elasticity [M]. McGraw-Hill, Inc., 1951.

[19] PETERSSON P E. Crack growth and development of fracture zones in plain concrete and similar materials [M]. Division, Inst., 1981.

[20] CARPINTERI A, COLOMBO G. Numerical analysis of catastrophic softening behaviour (snap-back instability) [J]. Computers & Structures, 1989, 31 (4):

607-636.

[21] MOËS N, BELYTSCHKO T. Extended finite element method for cohesive crack growth [J]. Engineering fracture mechanics, 2002, 69 (7): 813-833.

[22] WINKLER B, HOFSTETTER G, NIEDERWANGER G. Experimental verification of a constitutive model for concrete cracking [J]. Proceedings of the institution of mechanical engineers, Part L: Journal of materials design and applications, 2001, 215 (2): 75-86.

[23] OŽBOLT J, SHARMA A. Numerical simulation of dynamic fracture of concrete through uniaxial tension and L-specimen [J]. Engineering fracture mechanics, 2012, 85: 88-102.

[24] VOIGT W. Über Die Beziehung Zwischen Den Beiden Elastizitätskonstanten Isotroper Körper [J]. Wied Ann, 1889, 38: 573-587.

[25] REUSS A. Berechnung der Fliessgrenze von Mischkristallen auf Grund der Plastizitatsbedingung für Einkristalle [J]. Zeitschrift für angewandte mathematik and mechanik, 1929, 9: 49-58.

[26] HILL R. The elastic behaviour of a crystalline aggregate [J]. Proceedings of the physical society. Section A, 1952, 65 (5): 349.

[27] HASHIN Z, SHTRIKMAN S. A variational approach to the theory of the elastic behaviour of multiphase materials [J]. Journal of the mechanics and physics of solids, 1963, 11 (2): 127-140.

[28] ESHELBY J D. The determination of the elastic field of an ellipsoidal inclusion, and related problems [C]. In Proceedings of the Royal Society of London A: Mathematical, Physical and Engineering Sciences (Vol. 241, No. 1226, pp. 376-396). The Royal Society, 1957.

[29] ZOHDI T I, WRIGGERS P. Computational micro-macro material testing [J]. Archives of computational methods in engineering, 2001, 8 (2): 131-228.

[30] HILL R. A self-consistent mechanics of composite materials [J]. Journal of the mechanics and physics of solids, 1965, 13 (4): 213-222.

[31] MORI T, TANAKA K. Average stress in matrix and average elastic energy of materials with misfitting inclusions [J]. Acta metallurgica, 1973, 21 (5): 571-574.

[32] BENVENISTE Y. A new approach to the application of Mori-Tanaka's theory in composite materials [J]. Mechanics of materials 6 (2): 147-157.

[33] CHRISTENSEN R M. A critical evaluation for a class of micro-mechanics models [M]. In Inelastic Deformation of Composite Materials (pp. 275-282). Springer, New York, 1991.

[34] SANCHEZ-PALENCIA E. Homogenization method for the study of composite

media [M]. In Asymptotic Analysis Ⅱ (pp. 192-214). Springer, Berlin Heidelberg, 1983.

[35] HASSANI B, HINTON E. A review of homogenization and topology opimization Ⅰ-analytical and numerical solution of homogenization equations [J]. Computers & Structures, 1998, 69 (6): 719-738.

[36] HASSANI B, HINTON E. A review of homogenization and topology opimization Ⅱ-analytical and numerical solution of homogenization equations [J]. Computers & Structures, 1998, 69 (6): 719-738.

[37] JANSSON S. Homogenized nonlinear constitutive properties and local stress concentrations for composites with periodic internal structure [J]. International journal of solids and structures, 1992, 29 (17): 2181-2200.

[38] WRIGGERS P, MOFTAH S O. Mesoscale models for concrete: homogenisation and damage behavior [J]. Finite elements in analysis and design, 2006, 42 (7): 623-636.

[39] 唐欣薇,张楚汉. 基于均匀化理论的混凝土宏细观力学特性研究 [J]. 计算力学学报, 2009, 6: 876-881.

[40] GUEDES J, KIKUCHI N. Preprocessing and postprocessing for materials based on the homogenization method with adaptive finite element methods [J]. Computer methods in applied mechanics and engineering, 1990, 83 (2): 143-198.

[41] REZAKHANI R, CUSATIS G. Asymptotic expansion homogenization of discrete fine-scale models with rotational degrees of freedom for the simulation of quasibrittle materials [J]. Journal of the mechanics and physics of solids, 2016, 88: 320-345.

[42] PARSAEE A, SHOKRIEH M M, MONDALI, M. A micro-macro homogenization scheme for elastic composites containing high volume fraction multi-shape inclusions [J]. Computational materials science, 2016, 121: 217-224.

[43] PERALTA N R, MOSALAM K M, LI S. Multiscale homogenization analysis of the effective elastic properties of masonry structures [J]. Journal of materials in civil engineering, 2016, 04016056.

[44] GITMAN I M, ASKES H, SLUYS L J. Representative volume: existence and size determination [J]. Engineering fracture mechanics, 2007, 74 (16): 2518-2534.

[45] LI X X, XU Y, CHEN S H. Computational homogenization of effective permeability in three-phase mesoscale concrete [J]. Construction and building materials, 2016, 121: 100-111.

[46] LI S G. Boundary conditions for unit cells from periodic microstructures and their implications [J]. Composites science and technology, 2008, 68 (9): 1962-1974.

[47] RAO M V, MAHAJAN P, MITTAL R K. Effect of architecture on mechanical

properties of carbon/carbon composites [J]. Composite structures, 2008, 83 (2): 131-142.

[48] SHARMA R, MAHAJAN P, MITTAL R K. Elastic modulus of 3D carbon/carbon composite using image-based finite element simulations and experiments [J]. Composite structures, 2013, 98: 69-78.

[49] DU X L, JIN L, MA G W. Macroscopic effective mechanical properties of porous dry concrete [J]. Cement and concrete research, 2013, 44: 87-96.

[50] SEBSADJI S K, CHOUICHA K. Determining periodic representative volumes of concrete mixtures based on the fractal analysis [J]. International journal of solids and structures, 2012, 49 (21): 2941-2950.

[51] WEIBULL W. A statistical distribution function of wide applicability [J]. Journal of applied mechanics, 1951, 18 (3): 293-297.

[52] YAMAN I O, HEARN N, AKTAN H M. Active and non-active porosity in concrete part Ⅰ: experimental evidence [J]. Materials and structures, 2002, 35 (2): 102-109.

[53] LIU G R, DAI K Y, NGUYEN T T. A smoothed finite element method for mechanics problems [J]. Computational mechanics, 2007, 39: 859-877.

[54] NATARAJA S, BORDAS S P A, OOI E T. Virtual and smoothed finite elements: a connection and its application to polygonal/polyhedral finite element methods [J]. International journal for numerical methods in engineering, 2015, 104 (13): 1173-1199.

[55] HUANG Y J, YANG Z J, ZHANG H, et al. A phase-field cohesive zone model integrated with cell-based smoothed finite element method for quasi-brittle fracture simulations of concrete at mesoscale [J]. Computer methods in applied mechanics and engineering, 2022, 396: 115074.

[56] HUANG Y J, ZHENG Z S, YAO F, et al. An arbitrary polygon-based CSFEM-PFCZM for quasi-brittle fracture of concrete [J]. Computer methods in applied mechanics and engineering, 2024, 424: 116899.

[57] QSYMAH A, SHARMA R, YANG Z J, et al. Micro X-ray computed tomography image-based two-scale homogenisation of ultra high performance fibre reinforced concrete [J]. Construction and building materials, 2017, 130: 230-240.

第 6 章

基于随机场和损伤相场的混凝土多尺度断裂模拟

6.1 概述

显式模拟混凝土细观各组分，存在前处理几何建模复杂和网格划分困难等问题，并且连续损伤塑性模型预测的裂缝的宽度和高度依赖于单元的尺寸，离散黏结裂缝模型预测的裂缝路径也与单元的构型相关。因此，本章提出混凝土细观断裂模拟的"场化"方法：(1) 建立具有一定统计量（如均值、方差、相关函数）的随机场来有效描述材料性质的空间随机波动，可快速产生大量随机样本直接映射到一套规则的网格[1-6]，避免复杂的细观结构生成和单一的指标描述（如骨料尺寸或含量）[7]，提高细观模拟效率，从而满足工程结构设计的统计分析和可靠性评估的需求；(2) 采用吴建营[8,9]提出的相场黏结裂缝模型（phase field-regularized cohesive zone model，PFCZM）考虑具有软化行为的混凝土准脆性断裂，该模型将尖锐裂缝或强不连续性弥散为有限宽的损伤带，利用基于强度的起裂准则和基于断裂能的裂缝扩展准则，通过求解节点上的损伤相场及其梯度场自动追踪裂缝演化[10]，无须网格重划分或额外的单元增强技术，能够获得对网格和相场尺寸不敏感的结果[11-16]。

对于构件尺寸较大的混凝土损伤断裂模拟，若全部采用前述的微细观数值模型会遇到复杂度过高、计算成本过大的问题[17]，因此需要建立高效的多尺度模拟算法，关键在于实现不同尺度之间的衔接和信息传递[18-21]。可采用协同多尺度方法（concurrent multiscale method），将微细观和宏观尺度不同计算区域进行整体耦合，其中将微细观信息直接映射到易损局部区域且采用精细化网格，其他区域则采用粗化网格进行宏观尺度线弹性模拟，从而避免使用全区域微细观模型引起的计算量过大等问题。本章采用四叉树分解算法进行网格自动划分，并利用第 5 章 SBFEM 多边形的灵活高效，解决了传统 XFEM 和 FEM 中的悬节点位移不协调的问题，实现了宏细观区域的耦合，提供了一种新的模拟思路。

本章充分发挥以上方法的优势，生成大量随机场样本对三种典型混凝土构件的复杂断裂行为进行蒙特卡洛模拟，并开展统计分析，与实验数据和传统确定性均质模拟进行对比讨论。此外，针对单轴拉伸损伤断裂特性开展了尺寸效应研究，获取具有统计意义的分析结果。

6.2 随机场模型

正如前面提到的采用随机场进行混凝土模拟，基于随机理论来考虑材料的空间变异性，能够消除对细观结构几何显式表征的依赖性，即无须直接模拟复杂的骨料、砂浆、界面和初始孔洞或裂缝，这相当于将原本各相分明的细观结构异质性做了平滑化处理，转为在概率层次精细反映材料的随机力学行为，数值实现方便并且能够兼顾随机分析效率和精度。基于文献 [22，23] 提出的谱表示方法（spectral representation method，SRM），可生成如下高斯随机场

$$X(\mathbf{x},\omega) = \sqrt{N_1 \cdot N_2} \cdot \text{FFT}^{-1}\left[\sqrt{S_X(\omega)}\exp(j\theta)\right] \tag{6.1}$$

式中，$X(\mathbf{x},\omega)$ 为一个均值为零、方差为单位 1 的平稳高斯随机场，ω 表示一个随机样本，$\mathbf{x}$ 表示计算域中任意空间点的笛卡尔坐标；根据 Wiener-Khintchine 关系式[24,25]，通过两点相关函数 $\rho(\mathbf{x}_1-\mathbf{x}_2)$ 的快速傅里叶变换（FFT），可以计算目标高斯谱（即功率谱密度函数）$S_X(\omega)$。此外，在上述公式中，j 表示虚数单位，θ 表示均匀分布在 0 到 2π 之间的随机相位角，同时 N_1 和 N_2 表示在每个维度上进行离散 FFT 的网格数量[23]。

两点相关函数则由下述求解[2,3,25]

$$\rho(\mathbf{x}_1-\mathbf{x}_2) = \exp\left(-\frac{\pi|\mathbf{x}_1-\mathbf{x}_2|^2}{l_c^2}\right) \tag{6.2}$$

式中，相关长度 l_c 代表细观异质材料的特征长度，如混凝土的骨料平均粒径。以边长为 D 的正方形样本为例，通过网格间距 D/N 和来计算 l_c，有

$$l_c = d_c \times \frac{D}{N} \tag{6.3}$$

其中 d_c 是单位网格的长度。

根据文献 [26]，假设材料的拉伸强度 f_t 服从 Weibull 分布，即 Weibull 随机场 $R(\mathbf{x},\omega)$。同时，断裂能和弹性模量保持不变作为简化，需要注意的是，这两个材料参数也可以作为随机场。在 Weibull 理论中，体积为 V 且强度小于 y 的材料分布的概率为

$$F(y) = 1 - \exp\left[\frac{V}{V_0}\left(-\frac{y}{s_0}\right)^m\right] \tag{6.4}$$

式中，V_0 表示代表元的体积，而形状参数 m 和尺度参数 s_0 由均值和方差确定，分别对应一阶和二阶统计矩。

可以使用点对点的单调非线性转换，基于高斯随机场来得到相应的 Weibull 随机场

$$R(\mathbf{x},\omega) = F^{-1}\{\Phi[X(\mathbf{x},\omega)]\} \tag{6.5}$$

这也称为零存储（zero-memory）转换。在上式中，Φ 为标准正态累积密度函数。然而，直接将高斯场映射到 Weibull 场可能会导致相关性的失真，特别是对于非常偏斜的分布。采用经验迭代方法[3,25]能够有效地解决这个问题。

本节编写了相关的 MATLAB 程序来生成 Weibull 随机场样本，图 6.1 显示了三个尺寸为 50mm 的样本作为示例，平均拉伸强度为 $f_t = 3.5\text{MPa}$，方差 $Var = 0.1\text{MPa}^2$，其中采用不同的相关长度，即 l_c 分别为 3.125mm、6.25mm 和 12.5mm，两个方向上的网格数为 $N=128$。在这些随机场图中，深蓝色表示由孔洞或裂隙、浇筑缺陷或化学降解等引起的低拉伸强度区域，而深红色区域则表示由骨料夹杂、未水化水泥或物理化学增强等引起的高强度区域，从而反映混凝土试件真实性状。换句话说，随机场是细观随机异质性的一种有效表征工具，通过连续和平滑的方式综合考虑多种可能源的材料空间分布不确定性。在后续章节中，通过线性插值将随机场映射到高斯点，按单元逐一进行材料属性分配。此外，作者还提出了一种采用少量混凝土 CT 图像高效生成大量高可信度随机场的方法，读者可进一步参考文献 [6]。

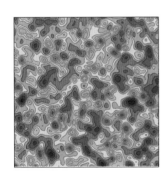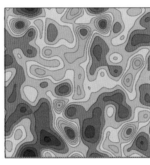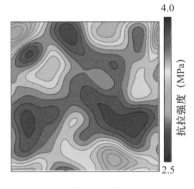

图 6.1　尺寸为 $D=50\text{mm}$ 的随机场样本（$f_t = 3.5\text{MPa}$，$Var = 0.1\text{MPa}^2$）

注：相关长度 l_c 从左到右分别为 3.125mm、6.25mm 和 12.5mm。

6.3　相场黏结裂缝模型

6.3.1　控制方程和本构关系

本节简要介绍相场黏结裂缝模型（PFCZM）[8,14]。如图 6.2 所示，采用 $\Omega \subset \mathbb{R}^{n_{\dim}}$（$n_{\dim}=1$，2，3）描述了含有尖锐裂缝 $S \subset \mathbb{R}^{n_{\dim}-1}$ 的固体计算域，其中用 $\mathbf{x}$ 表示空间坐标，$\mathbf{n}_S$ 表示裂缝的单位法向量，$\mathbf{n}$ 表示外部边界 $\partial\Omega \subset \mathbb{R}^{n_{\dim}-1}$ 的向外单位法向量。采用位移场 $\mathbf{u}(\mathbf{x})$ 描述固体的变形，应变或位移梯度场为 $\varepsilon(\mathbf{x}) := \nabla^{\text{sym}} \mathbf{u}(\mathbf{x})$，式中 $\nabla^{\text{sym}}(\cdot) := \frac{1}{2}(\partial_i(\cdot) + \partial_j(\cdot))$ 为对称梯度算子，这里仅考虑小变形情况，但须注意相场模型同样适用于其他有限变形问题。另外，外部边界 $\partial\Omega$ 由两个不相交的子集 $\partial\Omega_u$ 和 $\partial\Omega_t$ 组成，

以保证位移场的边值问题的适定性,分别对应于所施加的位移 $\mathbf{u}^*(\mathbf{x})$ 和面力 $\mathbf{t}^*(\mathbf{x})$,同时用 $\mathbf{b}^*$ 表示施加在固体上的体力。

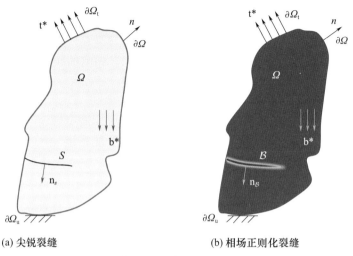

(a) 尖锐裂缝　　　　　　　　　　(b) 相场正则化裂缝

图 6.2　对含尖锐裂缝的固体的相场正则化

在相场断裂理论中,为避免应变场奇异,需要将尖锐裂缝 $\mathcal{S} \subset \mathbb{R}^{n_{\dim}-1}$ 弥散到一个宽度为 b 的裂缝带 $\mathcal{B} \subseteq \Omega$,见图 6.2(b),其中引入损伤场(也称为损伤相场)变量 $d(\mathbf{x})$: $\mathcal{B} \to [0, 1]$ 来描述裂缝的演化和局部化,该变量为标量且须满足不可逆条件 $\dot{d}(\mathbf{x}) \geqslant 0$。$b$ 的数值越小,裂缝带宽越小,越接近尖锐裂缝。另外,采用 $\mathbf{n}_{\mathcal{B}}$ 表示裂缝带的单位法向量,在裂缝带 $\mathcal{B}$ 之外的区域认为材料是完整无损的,即 $d(\mathbf{x}) = 0$;在裂缝带 $\mathcal{B}$ 内,裂缝由 0 到 1 过渡演化,$d(\mathbf{x}) = 1$ 时裂缝已完全形成。

准静态条件下,纯力学作用下固体开裂行为可利用表 6.1 列出的位移场-裂缝相场耦合方程来描述。其中,$\boldsymbol{\sigma}$ 和 $\boldsymbol{\varepsilon}$ 分别为应力和应变张量,有效应力张量 $\bar{\boldsymbol{\sigma}}$ 通过线弹性胡克定律与材料弹性四阶张量 $\mathbb{C}_0$ 建立联系;$\mathbf{q}$ 为相场通量共轭于相场梯度 ∇d,用 Q 表示相场源项,$\mathbf{q}$ 的散度在损伤相场子问题中与 Q 实现平衡,当 $\dot{d}(\mathbf{x}) > 0$ 时损伤相场子问题中的不等式即变成等式;G_f 为材料的断裂能,表示扩展单位面积裂缝所耗散的能量;$\bar{Y}$ 为裂缝演化的有效驱动力,将在后面具体讨论。

表 6.1　相场控制方程和本构关系

	位移场子问题 $\mathbf{u}(\mathbf{x})$	损伤相场子问题 $d(\mathbf{x})$
强形式控制方程	$\begin{cases} \nabla \cdot \boldsymbol{\sigma} + \mathbf{b}^* = 0 \text{ in } \Omega \\ \boldsymbol{\sigma} \cdot \mathbf{n} = \mathbf{t}^* \text{ on } \partial\Omega \end{cases}$	$\begin{cases} \nabla \cdot \mathbf{q} + Q(d) \leqslant 0 \text{ in } \mathcal{B} \\ \mathbf{q} \cdot \mathbf{n}_{\mathcal{B}} \geqslant 0 \text{ on } \partial\mathcal{B} \end{cases}$
本构关系	$\begin{cases} \boldsymbol{\sigma} = \dfrac{\partial \psi(\boldsymbol{\varepsilon}, d)}{\partial \boldsymbol{\varepsilon}} = \omega(d) \bar{\boldsymbol{\sigma}} \\ \bar{\boldsymbol{\sigma}} = \mathbb{C}_0 : \boldsymbol{\varepsilon} \end{cases}$	$\begin{cases} \mathbf{q} = \dfrac{2b}{c_\alpha} G_\mathrm{f} \nabla d \\ Q(d) = Y - \dfrac{1}{c_\alpha b} G_\mathrm{f} \alpha'(d) \end{cases}$
裂缝相场驱动力		$Y = \dfrac{\partial \psi(\boldsymbol{\varepsilon}, d)}{\partial d} = -\omega'(d) \psi_0 = -\omega'(d) \bar{Y}$

裂缝几何函数 $\alpha(d) \in [0,1]$ 和能量退化函数 $\omega(d) \in [0,1]$ 是相场黏结裂缝模型的两个关键特征函数，前者随损伤变量 d 的增长而单调递增，后者满足各向同性退化法则 $\omega'(d) \leqslant 0$，随 d 的增长而单调递减。通过修改这两个函数的形式，能够获得不同种类的脆性或准脆性相场模型。另一方面，引入归一化参数 $c_\alpha = 4\int_0^1 \alpha(\beta)d\beta$ 来保证固体完全破坏时单位裂缝面积的耗能为材料断裂能，相应的裂缝面积密度函数为[8]

$$\gamma(d,\nabla d) = \frac{1}{c_\alpha}\left(\frac{1}{b}\alpha(d) + b|\nabla d|^2\right) \tag{6.6}$$

裂缝相场驱动力 Y 也称为损伤能释放率，定义为应变能密度 $\psi(\boldsymbol{\varepsilon},d)$ 对损伤变量的一阶导数，由推导可见其反映了无损固体的初始应变能密度 $\psi_0(\boldsymbol{\varepsilon})$ 的衰减，后者也可表示为裂缝演化的有效驱动力 $\overline{Y}$。由于表 6.1 的应力应变关系是各向同性的，未考虑拉压不对称行为造成的材料单边效应，这会导致受压裂缝的出现与受拉时一样容易，因此 Wu 和 Cervera[27] 提出一种通过等效应力 $\bar{\sigma}_{eq}$（标量）来定义有效驱动力的方法

$$\overline{Y} = \frac{1}{2E_0}\bar{\sigma}_{eq}^2 \tag{6.7 (a)}$$

$$\bar{\sigma}_{eq} = \frac{1}{\rho_c}\left((\rho_c - 1)\langle\bar{\sigma}_1\rangle + \sqrt{3\overline{J}_2}\right) \tag{6.7 (b)}$$

式中，E_0 为弹性模量；$\bar{\sigma}_1$ 为有效应力张量 $\bar{\boldsymbol{\sigma}}$ 的最大应力，$\langle\cdot\rangle = \max(\cdot, 0)$；$\overline{J}_2 = (\bar{\mathbf{s}}:\bar{\mathbf{s}})/2$ 为应力偏量 $\bar{\mathbf{s}} = \bar{\boldsymbol{\sigma}} - tr(\bar{\boldsymbol{\sigma}})\mathbf{1}/3$ 的第二不变量；$\rho_c = f_c/f_t$ 为材料单轴抗压强度 f_c 和单轴抗拉强度 f_t 的比值。通常，应力应变本构关系和相场演化驱动力还可以将 Helmholtz 自由能结合材料的拉压不对称性质进行分解，如球偏分解、拉压分解和能量正交分解等。在受拉行为主导的破坏中，这些方法与上述各向同性方法能够取得相同的模拟结果，但后者更为简单直接，且满足热力学能量耗散平衡的自洽性。

为保证各积分点损伤相场 $d(\mathbf{x})$ 满足有界性条件 $d(\mathbf{x}) \in [0,1]$ 和不可逆性条件 $\dot{d}(\mathbf{x}) \geqslant 0$，引入驱动力的历史最大值 $\mathcal{H}$[28-31]

$$\mathcal{H} = \max(\overline{Y}_0, \max_{\tau \in [0,T]} \overline{Y}_\tau) \tag{6.8}$$

式中，$\overline{Y}_0 = f_t^2/2E_0$ 为裂缝演化有效驱动力的初始阈值或基准值，作为控制起裂的重要参数，即当裂缝演化有效驱动力 $\overline{Y}$ 不超过 $\overline{Y}_0$ 时，材料不开裂并保持线弹性状态。当 $d(\mathbf{x})$ 满足上述有界性和不可逆性条件时，损伤相场子问题中的不等式即变成等式

$$\begin{cases} \nabla\cdot\mathbf{q} + Q(d) = 0 \text{ in } \mathcal{B} \\ Q(d) = -\omega'(d)\mathcal{H} - \frac{1}{c_\alpha b}G_f\alpha'(d) \end{cases} \tag{6.9}$$

6.3.2 特征函数

材料的开裂软化特性由能量退化函数 $\omega(d)$ 和裂缝几何函数 $\alpha(d)$ 决定，在相场黏结裂缝模型中具有以下形式

$$\begin{cases} \alpha(d) = 2d - d^2 \Rightarrow c_\alpha = \pi \\ \omega(d) = \dfrac{(1-d)^p}{(1-d)^p + a_1 d \cdot (1 + a_2 d + a_2 a_3 d^2)} \end{cases} \tag{6.10}$$

式中，能量退化函数包含参数 $p \geqslant 2$，参数 $a_1 \geqslant 0$、a_2 和 a_3 可分别根据给定的黏结力 $t(w)$－张开位移 w 软化曲线来建立与抗拉强度 f_t、初始斜率 k_0 裂缝最大张开位移 w_c 的关系

$$\begin{cases} a_1 = \dfrac{4}{\pi b} \cdot l_{\mathrm{ch}} \geqslant \dfrac{3}{2}, a_2 = 2\left(-2k_0 \dfrac{G_\mathrm{f}}{f_\mathrm{t}^2}\right)^{2/3} - \left(p + \dfrac{1}{2}\right) \\ a_3 = \begin{cases} 0 & p > 2 \\ \dfrac{1}{a_2}\left[\dfrac{1}{8}\left(\dfrac{w_c f_\mathrm{t}}{G_\mathrm{f}}\right)^2 - (1 + a_2)\right] & p = 2 \end{cases} \end{cases} \quad (6.11)$$

式中，$l_{\mathrm{ch}} = E_0 G_\mathrm{f} / f_\mathrm{t}^2$ 为 Irwin 特征长度用于表征断裂过程区的尺度，并且满足 $b \leqslant 8 l_{\mathrm{ch}}/3\pi$ 来保证能量退化函数 $\omega(d)$ 和应变能密度 $\psi(\varepsilon, d)$ 的外凸性[14]。

而软化曲线则采用 Cornelissen 等[30]提出的解析表达式

$$t(w) = f_\mathrm{t}\left[(1.0 + \eta_1^3 r_w^3)\exp(-\eta_2 r_w) - r(1.0 + \eta_1^3)\exp(-\eta_2)\right] \quad (6.12)$$

式中，裂缝张开位移采取了归一化形式 $r_w = w/w_c$；对普通混凝土，参数 $\eta_1 = 3.0$ 和 $\eta_2 = 6.93$，相应的 k_0 和 w_c 为

$$k_0 = -1.3546 \dfrac{f_\mathrm{t}^2}{G_\mathrm{f}}, w_c = 5.1361 \dfrac{G_\mathrm{f}}{f_\mathrm{t}} \quad (6.13)$$

将式（6.13）带入式（6.11）可以得到 $p=2$、$a_2=1.3868$ 和 $a_3=0.6567$。图 6.3 对比了相场模型预测结果和软化曲线解析解，二者吻合良好。如果采用线性软化曲线，则上述参数为 $w_c = 2G_\mathrm{f}/f_\mathrm{t}^2$、$p=2$、$a_1 = 4E_0 G_\mathrm{f}/\pi b f_\mathrm{t}^2$、$a_2 = -0.5$ 和 $a_3 = 0$。

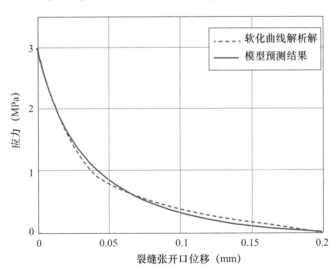

图 6.3 Cornelissen 软化曲线的对比情况（$f_\mathrm{t} = 3.0\mathrm{MPa}$，$G_\mathrm{f} = 0.15\mathrm{N/mm}$）[13]。

6.3.3 数值算法

在相场模型中，将损伤相场的连续标量 d 作为单元节点的额外自由度，从而将离散的尖锐裂缝弥散在有限区域内，便于数值计算，即相场模型的单元节点有 3 个自由度：

2 个用于描述位移场 $\mathbf{u}$，1 个用于损伤相场 d。为得到相场模型的数值格式，需将表 6.1 的强形式偏微分控制方程通过加权余量法转换为弱形式，即

$$\begin{cases} \int_\Omega \boldsymbol{\sigma} : \nabla^{sym}\delta\mathbf{u}dV = \int_\Omega \mathbf{b}^* \cdot \delta\mathbf{u}dV + \int_{\partial\Omega_t} \mathbf{t}^* \cdot \delta\mathbf{u}dA \\ \int_\mathcal{B} (Y\delta d - G_f\delta\gamma)dV = 0 \end{cases} \quad (6.14)$$

可进一步推导得到

$$\begin{cases} \int_\Omega \delta\boldsymbol{\varepsilon}^\mathrm{T}\boldsymbol{\sigma}dV = \int_\Omega \delta\mathbf{u}^\mathrm{T}\mathbf{b}^* \, dV + \int_{\partial\Omega} \delta\mathbf{u}^\mathrm{T}\mathbf{t}^* \, dA \\ \int_\mathcal{B} \left\{ \dfrac{G_f}{c_\alpha}\left[\dfrac{1}{b}\alpha'(d)\delta d + 2b\nabla d \cdot \nabla \delta d\right] + \omega'(d)\overline{Y}\delta d \right\}dV = 0 \end{cases} \quad (6.15)$$

式（6.15）用于解耦位移场和相场的偏微分方程并获得数值解。在相场模型中，单元内任一点的位移场、相场及二者的梯度可表示为

$$\begin{cases} \mathbf{u} = \sum_{k=1}^{n} \mathbf{N}_k^u \mathbf{u}_k \quad \text{且} \ \mathbf{N}_k^u = \begin{bmatrix} N_k & 0 \\ 0 & N_k \end{bmatrix} \\ d = \sum_{k=1}^{n} N_k d_k \end{cases} \quad [6.16\,(a)]$$

$$\begin{cases} \boldsymbol{\varepsilon} = \sum_{k=1}^{n} \mathbf{B}_k^u \mathbf{u}_k \quad \text{且} \ \mathbf{B}_k^u = \begin{bmatrix} \partial_x N_k & 0 \\ 0 & \partial_y N_k \\ \partial_y N_k & \partial_x N_k \end{bmatrix} \\ \nabla d = \sum_{k=1}^{n} \mathbf{B}_k^d d_k \quad \text{且} \ \mathbf{B}_k^d = \begin{bmatrix} \partial_x N_k \\ \partial_y N_k \end{bmatrix} \end{cases} \quad [6.16\,(b)]$$

式中，$\mathbf{u}_k$ 和 d_k 分别为节点 k 的位移和损伤值；n 为单元的节点总数。整体形函数则分别表示为 $\mathbf{N}^u = [\mathbf{N}_k^u]$ 和 $\mathbf{N}^d = [N_k]$。为离散式（6.15），构造位移场和相场的残差向量

$$\begin{cases} \mathbf{R}^u = -\int_{\mathcal{C}^e} (\mathbf{B}^u)^\mathrm{T}\boldsymbol{\sigma}dV + \int_{\mathcal{C}^e} (\mathbf{N}^u)^\mathrm{T}\mathbf{b}^* \, dV + \int_{\partial\mathcal{C}^e} (\mathbf{N}^u)^\mathrm{T}\mathbf{t}^* \, dA \\ \mathbf{R}^d = \mathbf{0} - \int_\mathcal{B}\left[(\mathbf{N}^d)^\mathrm{T}\left(\omega'\overline{Y} + \dfrac{\alpha'G_f}{c_\alpha b}\right) + \dfrac{2bG_f}{c_\alpha}(\mathbf{B}^d)^\mathrm{T}\nabla d\right]h\,d\mathcal{B} \end{cases} \quad (6.17)$$

式中，形函数 $\mathbf{N} = [N_1, N_2, \cdots, N_k, \cdots, N_n]$ 在积分点上进行计算。

接下来需要求解未知的场变量 $\mathbf{a} = [\mathbf{u}; d]$ 使得 $\mathbf{R}^u = 0$ 和 $\mathbf{R}^d = 0$，这里采用 ABAQUS 中的一种拟牛顿整体迭代算法（Broyden-Fletcher-Goldfarb-Shanno，BFGS）来对迭代步中的刚度矩阵进行更新，BFGS 算法的求解效率也较传统交错迭代算法显著提高，详见文献 [31]。对于某增量步 $[t, t+\Delta t]$，系统方程通过整体线性化处理可得到

$$\begin{Bmatrix} \mathbf{u} \\ d \end{Bmatrix}_{t+\Delta t} = \begin{Bmatrix} \mathbf{u} \\ d \end{Bmatrix}_t - (\mathbf{K}_t)^{-1}\begin{Bmatrix} \mathbf{R}^u \\ \mathbf{R}^d \end{Bmatrix}_t \quad (6.18)$$

式中采用如下初始刚度矩阵形式

$$\mathbf{K}_t^{(0)} = \begin{bmatrix} \mathbf{K}^{uu} & 0 \\ 0 & \mathbf{K}^{dd} \end{bmatrix} \quad (6.19)$$

其中各分量为

$$\begin{cases} \mathbf{K}^{uu} = \int_{\mathscr{A}} (\mathbf{B}^u)^T \left(\frac{\partial \boldsymbol{\sigma}}{\partial \boldsymbol{\varepsilon}}\right) \mathbf{B}^u dV = \int_{\mathscr{A}} (\mathbf{B}^u)^T (\omega(d)\mathbf{E}_0) \mathbf{B}^u dV \\ \mathbf{K}^{dd} = \int_{\mathscr{B}} \left[\left(\omega''\overline{Y} + \alpha''\frac{G_f}{c_a b}\right)(\mathbf{N}^d)^T \mathbf{N}^d + \frac{2bG_f}{c_a}(\mathbf{B}^d)^T \mathbf{B}^d\right] h \, d\mathscr{B} \end{cases} \quad (6.20)$$

以上刚度矩阵 $\mathbf{K}^{uu}$ 和 $\mathbf{K}^{dd}$ 以及 BFGS 近似矩阵 $\mathbf{K}_t$ 均是对称且正定的。在 BFGS 算法中，通过线性搜索方法在给定迭代步 $[k, k+1]$ 更新场变量

$$\begin{Bmatrix} \mathbf{u} \\ d \end{Bmatrix}_t^{(k+1)} = \begin{Bmatrix} \mathbf{u} \\ d \end{Bmatrix}_t^{(k)} + \delta \begin{Bmatrix} \mathbf{u} \\ d \end{Bmatrix}_t^{(k)} \quad [6.21(a)]$$

$$\delta \begin{Bmatrix} \mathbf{u} \\ d \end{Bmatrix}_t^{(k)} = (\mathbf{K}_t^{(k)})^{-1} \delta \mathbf{R}_t^{(k)} \quad [6.21(b)]$$

式中，k 代表 t 到 $t+\Delta t$ 增量步内的当前迭代步，$\delta \mathbf{R}_t^{(k)} = \mathbf{R}_t^{(k+1)} - \mathbf{R}_t^{(k)}$ 为 t 到 $t+\Delta t$ 增量步中两次迭代的残量差，令 $\mathbf{R} = \text{assemble}(\mathbf{R}^u, \mathbf{R}^d)$。则下一迭代步的刚度矩阵的逆矩阵可由下式直接更新为[31]

$$(\mathbf{K}_t^{(k+1)})^{-1} = \left[\mathbf{I} - \frac{\delta \begin{Bmatrix} \mathbf{u} \\ d \end{Bmatrix}_t^{(k)} \delta \mathbf{R}_t^{(k)T}}{\delta \begin{Bmatrix} \mathbf{u} \\ d \end{Bmatrix}_t^{(k)T} \delta \mathbf{R}_t^{(k)}}\right] (\mathbf{K}^{(k)})^{-1} \left[\mathbf{I} - \frac{\delta \begin{Bmatrix} \mathbf{u} \\ d \end{Bmatrix}_t^{(k)} \delta \mathbf{R}_t^{(k)T}}{\delta \begin{Bmatrix} \mathbf{u} \\ d \end{Bmatrix}_t^{(k)T} \delta \mathbf{R}_t^{(k)}}\right]^T + \frac{\delta \begin{Bmatrix} \mathbf{u} \\ d \end{Bmatrix}_t^{(k)} \delta \begin{Bmatrix} \mathbf{u} \\ d \end{Bmatrix}_t^{(k)T}}{\delta \begin{Bmatrix} \mathbf{u} \\ d \end{Bmatrix}_t^{(k)T} \delta \mathbf{R}_t^{(k)}}$$

(6.22)

由此可见，此算法无须像牛顿迭代算法中对刚度矩阵重新计算，而是直接利用了上一迭代步的刚度矩阵信息，从而显著降低了计算量。上述相场模型通过用户自定义单元（UEL）子程序完成相关单元的计算，主要包括刚度矩阵和残余力向量的求解。此外，由历史变量表示的驱动力存储在单元的积分点，在不同的迭代步和增量步中进行传递。

6.4 基于四叉树和 SBFEM-FEM 耦合的多尺度网格划分

对于尺寸较大的混凝土结构构件，需要将计算域分割成两个尺度域：潜在开裂的细观区域和线弹性宏观区域，前者考虑细观异质性对损伤断裂的影响，后者作宏观模拟来提高计算效率，也就是将小尺度下模拟的局部细观裂缝演化细节嵌入在大尺度下模拟的结构整体中。多尺度模拟的关键在于，既要将大尺度上直接作用的荷载传递到小尺度上，也要将小尺度上的损伤断裂和非线性响应反馈到大尺度上的结构整体行为。不同尺度之间存在复杂的过渡或边界区域，也需要像细观区域一样采用精细网格，确保不同尺度之间的信息传递。如果将多尺度计算域看成是如图 6.4 所示的图像分割问题，就可以直接采用像素或体素单元[6]进行网格自动划分，该思路简单直接，但网格较为密集、计算量较大，且未解决宏观区域采用粗化网格的需求，而这对提高模拟和分析效率是十分关键的。

 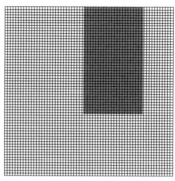

(a) 计算域的图像分割　　　　　(b) 计算域的像素化结构

图 6.4　**图像分割问题**

Finkel 和 Bentley[32] 最先提出了四叉树分解算法（quadtree decomposition），采用了层级树（hierarchical tree）的概念，能够将图像或计算域细分为大小不同的块体或单元。相比于最初的密集像素单元，这些块体的过渡和衔接更加灵活，形成了一种高效分层数据结构。因此，四叉树分解算法非常适合实现单元尺寸层级不同区域的快速网格划分和平滑过渡。此外，通过 MATLAB 中的 qtdecomp 函数就能够实现完全自动化和自适应的网格划分[33]。采用图 6.4 作为源图像示例，该图像具有 $2n \times 2n$ 个像素（$n=32$）。具体步骤如下：(1) 指定块的最大和最小目标边长，即 h_{max} 和 h_{min}；(2) 用 h_{max} 将原始图像划分为一系列粗化的块；(3) 进行四叉树分解，将每个块细分为 4 个较小的块；(4) 递归离散细化，直到满足 h_{min}，方可终止离散，同时所有的块需遵循四叉树网格平衡条件，即相邻块的尺寸比最大不能超过 2∶1，从米级到毫米级仅需 10 次递归离散（$2^{10}=1024$）。还需要注意的是，四叉树分解算法将在分割区域的边界附近形成非常密集的细化网格。

图 6.5 给出了四组使用恒定 h_{min} 但不同 h_{max} 的四叉树网格划分结果。图 6.4（b）中的全像素划分则可作为另外特例，其中 $h_{min}=h_{max}=1$。此外，对四叉树结构的索引也非常方便，容易实现后续模型单元和节点的分组和排序。

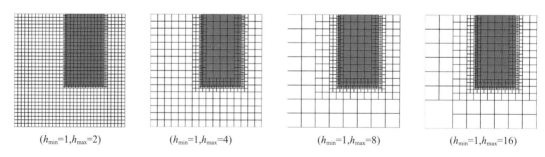

($h_{min}=1,h_{max}=2$)　　　($h_{min}=1,h_{max}=4$)　　　($h_{min}=1,h_{max}=8$)　　　($h_{min}=1,h_{max}=16$)

图 6.5　**使用恒定 h_{min} 但不同 h_{max} 进行四叉树分解**
（原始计算域包含 64×64 个像素）

实际上，可以像图 6.4（b）中一样，将潜在的开裂区域（蓝色）的块大小设置为 h_{min}，即采用精细且均匀的网格来捕捉相场裂缝演化。换句话说，相对较小的单元仅存在于潜在的开裂区域和边界附近，而其他弹性区域则使用尺寸逐渐增大的大块单元，如

图 6.6 所示。与图 6.4（b）全部使用所有像素单元相比，这显著减少了模拟所用单元和节点的数量。

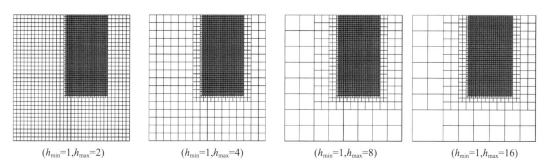

$(h_{min}=1,h_{max}=2)$　　$(h_{min}=1,h_{max}=4)$　　$(h_{min}=1,h_{max}=8)$　　$(h_{min}=1,h_{max}=16)$

图 6.6　使用恒定 h_{min} 但不同 h_{max} 进行四叉树分解

（原始计算域包含 64 × 64 个像素，保持蓝色潜在开裂区域内均为 h_{min}）

每个生成的四叉树块体单元除了 4 个角节点外，有的大块体还存在因与较小块体相邻而在公共边上产生的中间节点，见图 6.7 中的白色圆点。当使用传统 FEM 时，这些中间节点属于两个较小的单元而不属于较大的单元，导致边界上出现位移不相容，该问题也称为悬节点（hanging node）问题。为此，本章直接将四叉树块体看成具有不同节点的 SBFEM 多边形单元，即 SBFEM 四叉树单元，综合考虑对称性和旋转性，按节点排列和边数进行分类，总共有 6 类单元构型、5 种节点数或边数，见图 6.7。因此，四叉树分解结合 SBFEM 表现出很高的灵活性，不需要手动干预和单元富集就能实现网格自动划分和正常计算。在下一节数值算例中，不同的混凝土结构均按以上方法进行多尺度计算域的划分：潜在开裂区域采用较为密集的常规 FEM 单元和相场模型，其他区域采用 SBFEM 四叉树单元进行线弹性模拟。另外还需注意，SBFEM 四叉树单元也满足 5.3.1 节推导的自相似规律，即无论单元大小，只要构型是相同的，单元的刚度矩阵均相同。利用该规律只需按单元构型预先计算和存储一次特征值、位移模态、初始刚度矩阵，在后续计算中直接调用，只需采用实时节点位移场来更新积分常数 c，从而缩减计算时间。因此，SBFEM 四叉树单元不仅简化了前处理过程，还提高了计算效率。

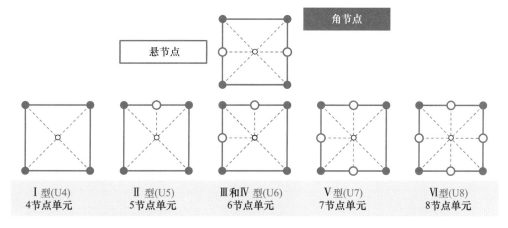

图 6.7　四叉树分解产生的不同构型 SBFEM 多边形单元（已考虑对称性和旋转性）

6.5 多尺度断裂的蒙特卡洛模拟

本节研究三个混凝土典型构件的非线性断裂特性，其中 Weibull 随机场被映射到构件的潜在开裂区域，并采用相场黏结裂缝模型进行模拟，其他区域采用 SBFEM 进行宏观线弹性模拟，同时将多尺度计算域进行四叉树网格划分。为简化计算，均不考虑自重影响[34]。每个混凝土构件算例均采用 50 个 Weibull 随机场样本开展蒙特卡洛模拟，采用了不同的相关长度 l_c 和方差 Var 组合：在 Hirsch[35] 建议的骨料粒径范围内选取 l_c＝3.125mm、6.25mm、12.5mm，根据文献 [3] 选取 Var＝0.1MPa^2、0.5MPa^2。三个构件算例总共进行了 3×3×2×50＝900 次模拟。在一台计算机工作站上进行计算，配备 Intel（R）Xeon（R）Gold 6248R CPU @3.00GHz 和 64GB 内存。

6.5.1 三点弯曲下的带缺口梁

先模拟带缺口梁的三点弯曲实验，为 I 型断裂模式，实验参考 Grégoire 等[36]。图 6.8 说明了几何尺寸和边界条件，缺口宽度和深度分别为 2mm 和 50mm。在 P 点采用位移控制的加载方式，并通过缺口底部两节点记录裂缝张开口位移（CMOD）。在缺口顶端附近建立了 55mm×55mm 的细观模拟区域，以追踪潜在的裂缝扩展，采用基于常规 FEM 四边形单元的相场黏结裂缝模型。该三点弯曲梁的其余宏观区域被认为是线弹性

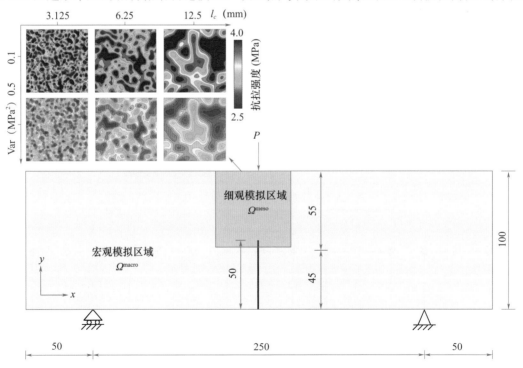

图 6.8　三点弯曲下的带缺口梁几何尺寸、边界和加载条件（单位：mm）

的均质混凝土,采用 SBFEM 四叉树单元。本算例中,共生成 50 个具有 140×140 个网格点的拉伸强度 Weibull 随机场样本,并映射到细观模拟区域。

如图 6.9 所示,通过四叉树分解算法对求解域进行网格划分,细观模拟区域统一采用均匀的 FEM 四节点单元,尺寸为 $h_{\min}=0.23$mm。而在宏观模拟区域则采用不同节点的 SBFEM 单元完成由细到粗的网格划分。求解域共有 63614 个节点和 61837 个单元,其中只有 4421 个 SBFEM 单元用于宏观模拟区域。表 6.2 列出了主要材料参数:根据文献 [36],弹性模量和泊松比分别为 37000MPa 和 0.2;细观区域的平均抗拉强度和断裂能分别为 3.5MPa 和 0.100N/mm。本算例的相场尺度参数为 $b=1.15$mm,采用平面应力假设,平面外厚度为 50mm。总共有 3×2×50=300 个蒙特卡洛模拟,单个模拟大约耗时 4h。

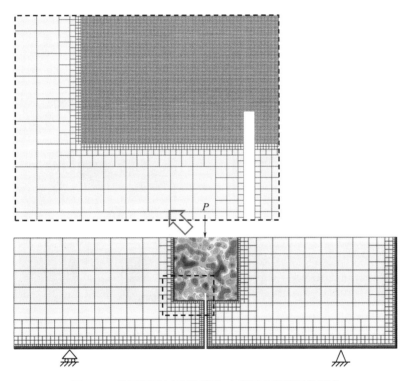

图 6.9 使用四叉树分解算法对求解域进行网格划分

表 6.2 三点弯曲下带缺口梁算例的材料参数

计算域	弹性模量(MPa)	泊松比	平均抗拉强度(MPa)	断裂能(N/mm)
细观区域	37000	0.20	3.5	0.100
宏观区域	37000	0.20	—	—

图 6.10 给出了计算得到的六个裂缝路径作为示例。为揭示随机异质性的影响,还显示了不同相关长度 l_c 和方差 Var 组合时的随机场样本,其中白线表示提取出的裂缝路径,其损伤值大于 0.9。根据观察,对于采用的 Ⅰ 型断裂算例,裂缝倾向于绕过抗拉强度较大的区域而向较弱区域扩展,裂缝的曲折度随着 l_c 的降低和 Var 的增加而提高,见图 6.10(b)。

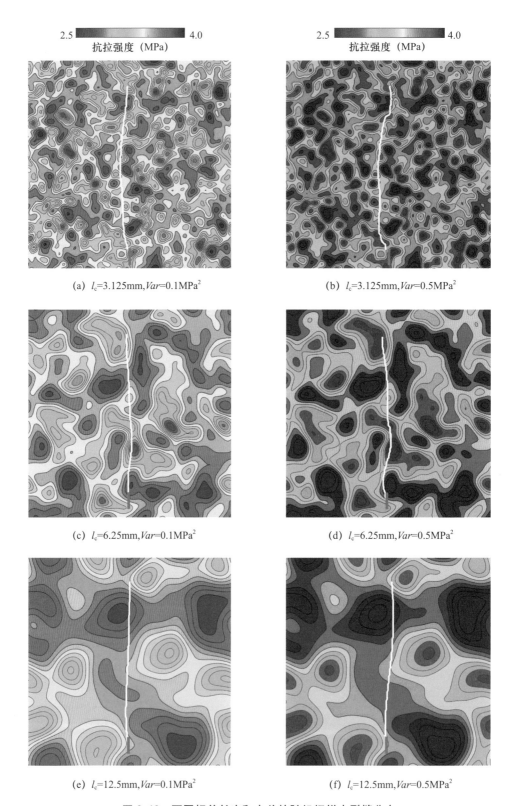

图 6.10 不同相关长度和方差的随机场样本裂缝分布

图 6.11 和图 6.12 分别给出了所有蒙特卡洛模拟样本预测的裂缝路径和荷载-CMOD 曲线，每个图中均包含 50 个样本，其中平均结果用红色显示。图 6.12 中还绘制了实验数据[36]用于比较。模拟结果表现出由随机场表征的细观异质性所引起的不确定性。同样值得注意的是，在此 I 型断裂模式算例中，裂缝路径的离散性随着 l_c 的增加而降低、随着 Var 的增加而提高。

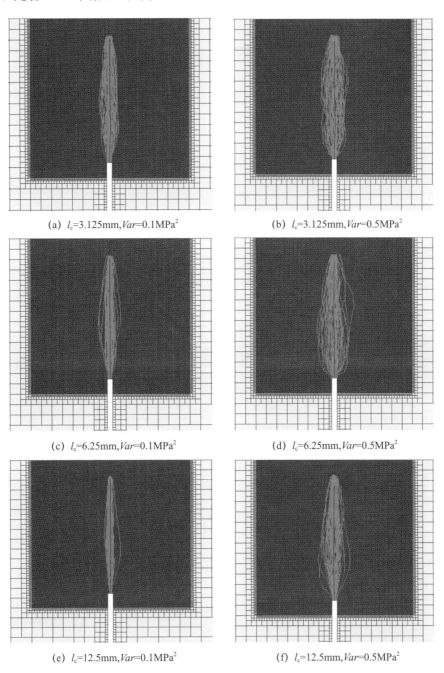

(a) l_c=3.125mm,Var=0.1MPa^2　　　　(b) l_c=3.125mm,Var=0.5MPa^2

(c) l_c=6.25mm,Var=0.1MPa^2　　　　(d) l_c=6.25mm,Var=0.5MPa^2

(e) l_c=12.5mm,Var=0.1MPa^2　　　　(f) l_c=12.5mm,Var=0.5MPa^2

图 6.11　不同相关长度和方差的所有蒙特卡洛随机场样本裂缝分布
（平均裂缝路径用红色显示）

从图 6.12 中还可以看出，随着 l_c 的增加，峰值荷载及其标准差 SD 均有增加，峰前非线性段、峰值荷载和软化曲线随 Var 的增大而波动较大，这也导致平均峰值荷载降低。

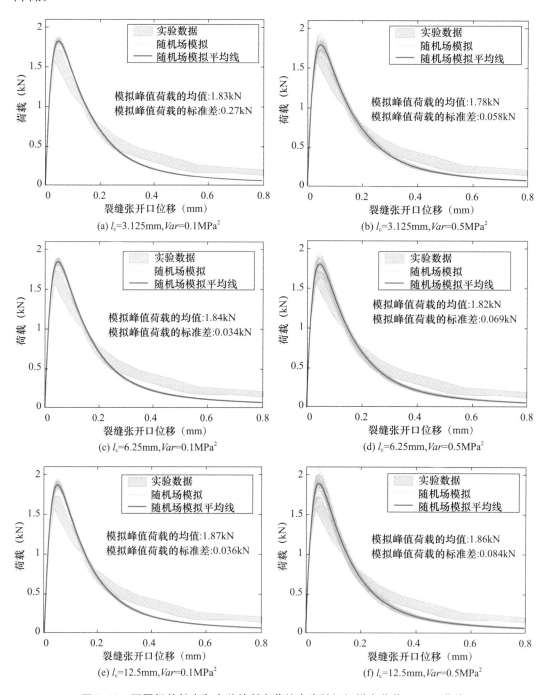

图 6.12 不同相关长度和方差的所有蒙特卡洛随机场样本荷载-CMOD 曲线

(平均曲线用红色显示，实验数据[36]用淡蓝显示)

图 6.13 展示了不同相关长度和方差下，该算例样本数量对峰值荷载变异系数（CoV）的影响。由图可知，50 个样本足以获得统计上的收敛。另外，从图 6.14 可以看出，峰值荷载的累积分布函数与高斯分布函数非常接近。

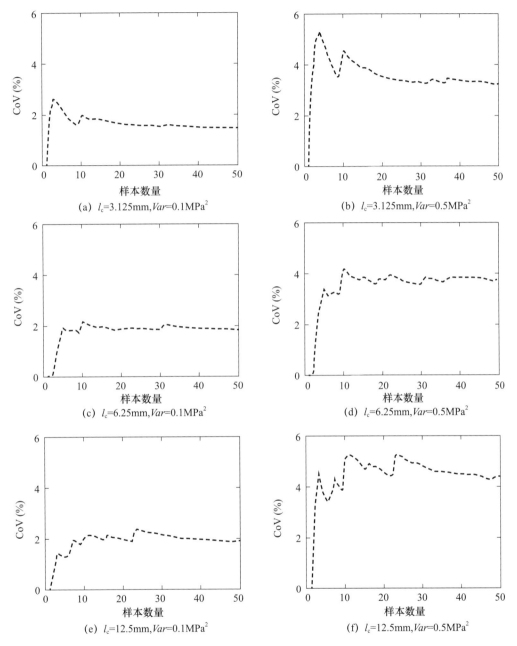

图 6.13 不同相关长度和方差的蒙特卡洛样本数对峰值荷载 CoV 值的影响

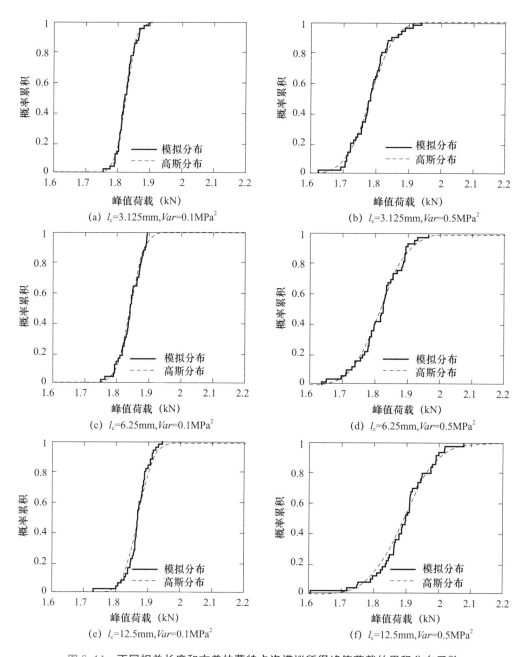

图 6.14 不同相关长度和方差的蒙特卡洛模拟所得峰值荷载的累积分布函数

作为对比,图 6.15 为采用与图 6.9 相同网格但不含随机场的均匀模型的模拟结果。如预期,该模型出现了直线状的裂缝路径,并且只有一种荷载-位移曲线,这凸显了使用蒙特卡洛模拟的必要性,有助于进行有意义的统计分析,从而为结构可靠性评估提供参考。

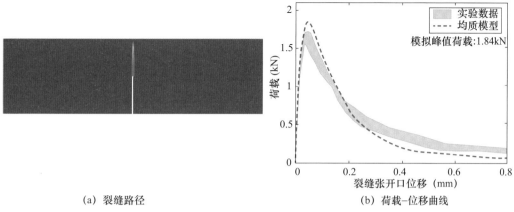

(a) 裂缝路径　　　　　　　　(b) 荷载-位移曲线

图 6.15　三点弯曲下的带缺口梁的 I 型断裂模拟
(采用无随机场的均质模型并与实验数据[36]对比)

6.5.2　偏心加载下的带缺口梁

对于混合型断裂模式,本节模拟带缺口梁的偏心加载问题,实验参考 Gálvez 等[37]。图 6.16 说明了几何尺寸和边界条件,缺口宽度和深度分别为 2mm 和 75mm。在与梁跨中相距 150mm 的 P 点采用位移控制的加载方式,并通过缺口底部两节点记录裂缝张开口位移(CMOD)。在缺口顶端附近建立了 90mm×90mm 的细观模拟区域,用来追踪潜在的裂缝演化过程,采用基于常规 FEM 四边形单元的相场黏结裂缝模型。其余宏观区域被认为是线弹性的均质混凝土,采用 SBFEM 四叉树单元。本算例中,共生成 50 个具有 230×230 个网格点的拉伸强度 Weibull 随机场样本,并映射到细观模拟区域。

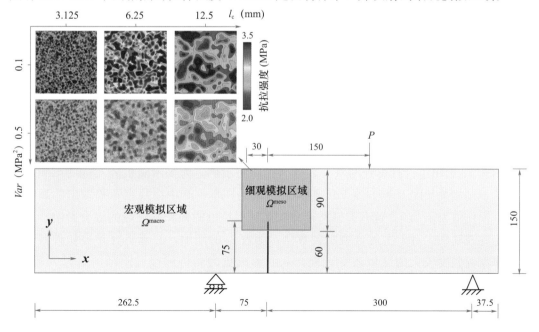

图 6.16　偏心加载下的带缺口梁几何尺寸、边界和加载条件(单位:mm)

如图 6.17 所示，通过四叉树分解算法对求解域进行网格划分，细观模拟区域统一采用均匀的 FEM 四节点单元，尺寸为 $h_{min}=0.24$mm，而在宏观模拟区域，采用不同节点的 SBFEM 单元完成由细到粗的网格划分。求解域共有 152770 个节点和 148501 个单元，其中只有 10589 个 SBFEM 单元用于宏观模拟区域。表 6.3 列出了主要材料参数：根据文献 [41]，弹性模量和泊松比分别为 38000MPa 和 0.2；细观区域的平均抗拉强度和断裂能分别为 3.0MPa 和 0.069N/mm。本算例的相场尺度参数为 $b=1.20$mm，同样采用平面应力假设，平面外厚度为 50mm。总共有 $3\times2\times50=300$ 个蒙特卡洛模拟，单个模拟大约耗时 10h。

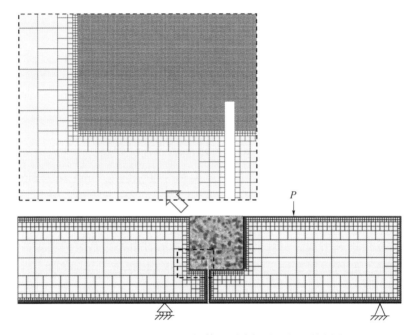

图 6.17 使用四叉树分解算法对求解域进行网格划分

表 6.3 偏心加载下带缺口梁算例的材料参数

计算域	弹性模量（MPa）	泊松比	平均抗拉强度（MPa）	断裂能（N/mm）
细观区域	38000	0.20	3.0	0.069
宏观区域	38000	0.20	—	—

图 6.18 给出了计算得到的六个裂缝路径作为示例。为揭示随机异质性的影响，还显示了不同相关长度 l_c 和方差 Var 组合的随机场样本，其中白线表示提取出的裂缝路径，其损伤值大于 0.9。这些裂缝路径分布受到所经过的强和弱区域的综合影响，表现出一定的波动性。对于本混合型断裂算例，随着 l_c 的增加，裂缝更容易被如骨料或未水化水泥等强度较大的区域改变走向，从而形成更为曲折的裂缝路径。当 l_c 不变时，增加 Var 也会导致裂缝路径更加波动。

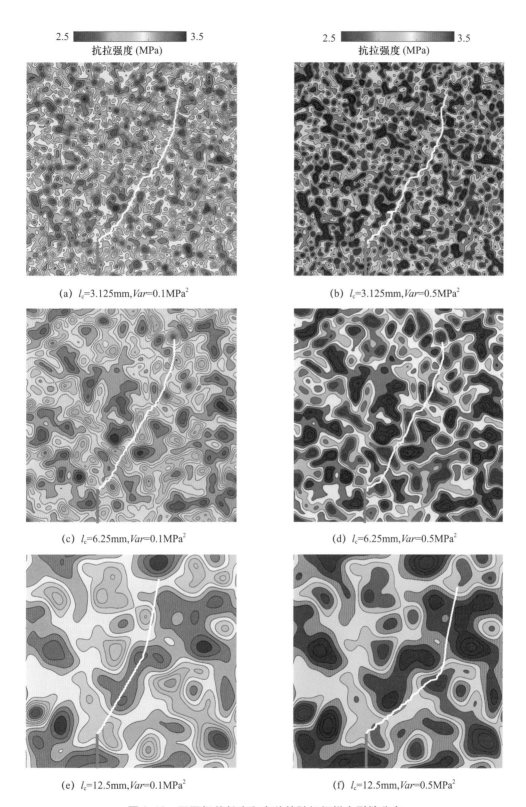

图 6.18 不同相关长度和方差的随机场样本裂缝分布

图 6.19 和图 6.20 分别给出了所有蒙特卡洛模拟样本预测的裂缝路径和荷载-CMOD 曲线，每个图中均包含 50 个样本，其中平均结果用红色显示。图中均绘制了实验数据[37]作为比较。值得注意的是，较大的 l_c 和 Var 意味着更强的异质性，这导致裂缝路径的随机性更大。因此，在考虑细观不确定性的情况下，混凝土结构在偏心加载下的非线性断裂行为非常复杂。本章采用的随机场、损伤相场和多尺度方法能够有效地模拟涉及材料软化特性的裂缝起裂和扩展过程。

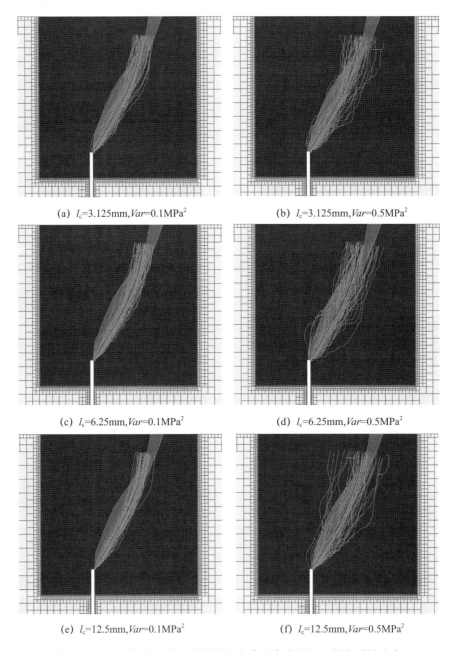

(a) l_c=3.125mm,Var=0.1MPa^2 (b) l_c=3.125mm,Var=0.5MPa^2

(c) l_c=6.25mm,Var=0.1MPa^2 (d) l_c=6.25mm,Var=0.5MPa^2

(e) l_c=12.5mm,Var=0.1MPa^2 (f) l_c=12.5mm,Var=0.5MPa^2

图 6.19　不同相关长度和方差的所有蒙特卡洛随机场样本裂缝分布
（平均裂缝路径用红色显示，实验数据[37]用黄色显示）

在图 6.20 中，观察到随着 l_c 的增加，峰值载荷标准差 SD 增加明显，同时平均峰值载荷也增加。但是，在 Var 较大的情况下，峰前非线性段、峰值载荷和软化部分的波动更加显著，这也导致平均峰值荷载降低。上述结论和 6.5.1 节一致。

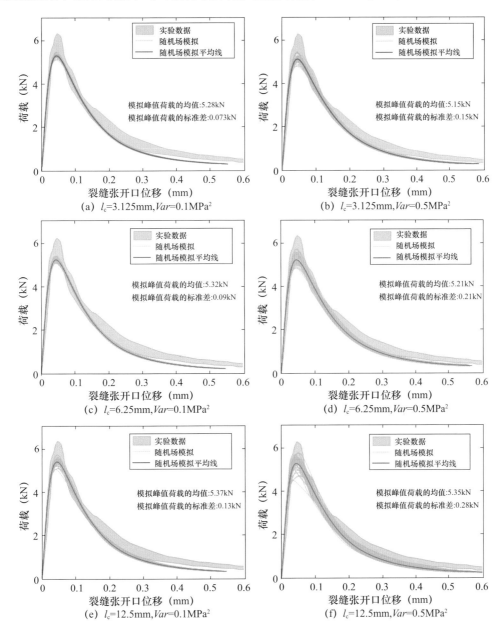

图 6.20 不同相关长度和方差的所有蒙特卡洛随机场样本荷载-CMOD 曲线
（平均曲线用红色显示，实验数据[37]用淡蓝显示）

根据图 6.21 可以得出结论，不同的相关长度和方差下，50 个样本已足够使峰值荷载的变异系数（CoV）在统计上收敛。此外，由图 6.22 可观察到，峰值荷载的累积分布函数与高斯分布函数非常接近。

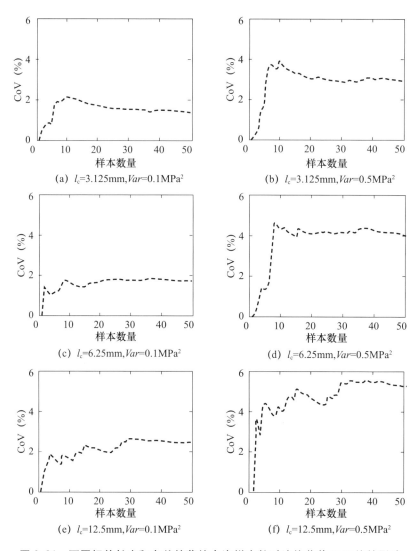

图 6.21 不同相关长度和方差的蒙特卡洛样本数对峰值荷载 CoV 值的影响

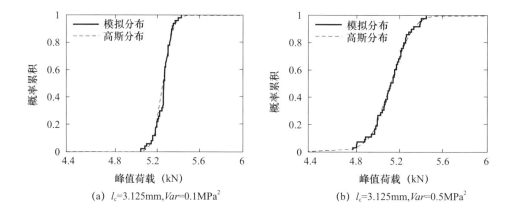

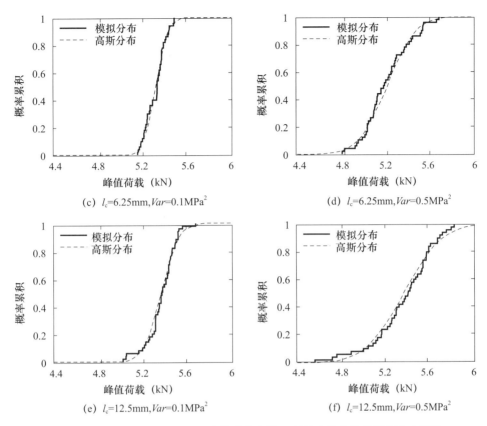

图 6.22 不同相关长度和方差的蒙特卡洛模拟所得峰值荷载的累积分布函数

作为比较，图 6.23 展示了均质模型的模拟结果，使用与图 6.17 相同的网格，但没有采用随机场反映细观异质性。因此，无论是裂缝路径还是荷载-CMOD 曲线，均只有一个单独的模拟结果，并且预测的裂缝较为光滑，无法反映真实裂缝路径的粗糙性。这也表明，从大量样本中获取有意义的统计信息非常重要，能够消除确定性研究中有限数据不可避免的偏差和偶然性因素。

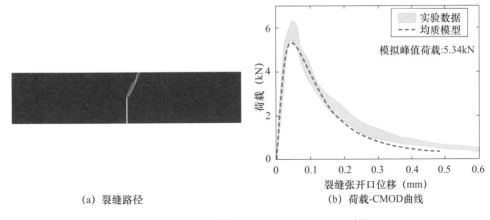

图 6.23 偏心加载下的带缺口梁的混合型断裂模拟
（采用无随机场的均质模型并与实验数据[37]对比）

6.5.3 集中荷载下的 L 形板

第三个算例是在集中荷载作用下的 L 形混凝土板,为混合型断裂模式,实验参考 Winkler 等[38],许多学者[39-41]也采用数值方法研究过该经典实验。图 6.24 给出了几何尺寸和边界条件,与板右端相距 20mm 的 P 点采用位移控制的加载方式,同时记录该点的竖向荷载和位移。在板的中部建立了 250mm×250mm 的细观模拟区域,用来追踪潜在的裂缝演化过程,采用基于常规 FEM 四边形单元的相场黏结裂缝模型。其余宏观区域被认为是线弹性的均质混凝土,采用 SBFEM 四叉树单元。本算例中,共生成 50 个具有 650×650 个网格点的拉伸强度 Weibull 随机场样本,并映射到细观模拟区域。

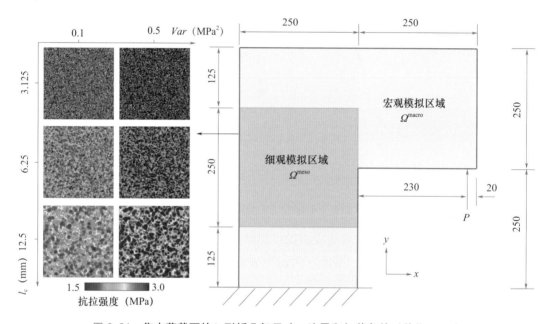

图 6.24 集中荷载下的 L 形板几何尺寸、边界和加载条件(单位:mm)

通过四叉树分解算法对求解域进行网格划分,如图 6.25 所示。在细观模拟区域,使用均匀的 FEM 四节点单元进行网格划分,单元尺寸为 $h_{\min}=0.67$mm。而在宏观模拟区域,则使用不同节点数量和大小的 SBFEM 单元完成网格划分。求解域共有 141328 个节点和 140367 个单元,其中只有 1983 个 SBFEM 单元用于宏观模拟区域。表 6.4 列出了主要材料参数:根据文献 [40],弹性模量和泊松比分别为 20000MPa 和 0.18;细观区域的平均抗拉强度和断裂能分别为 2.5MPa 和 0.120N/mm。本算例的相场尺度参数为 $b=3.36$mm,采用平面应力假设,平面外厚度为 100mm。总共有 $3\times2\times50=300$ 个蒙特卡洛模拟,单个模拟大约耗时 9h。

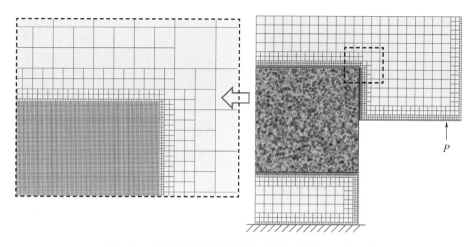

图 6.25　使用四叉树分解算法对求解域进行网格划分

表 6.4　集中荷载下 L 形板算例的材料参数

计算域	弹性模量（MPa）	泊松比	平均抗拉强度（MPa）	断裂能（N/mm）
细观区域	20000	0.18	2.5	0.120
宏观区域	20000	0.18	—	—

图 6.26 展示了六个裂缝路径的计算结果作为示例。为了揭示随机异质性的影响，图中还展示了不同相关长度 l_c 和方差 Var 组合的随机场样本，其中白线表示提取出的裂缝路径，其损伤值大于 0.9。和前一个混合型断裂算例一致，随着 l_c 的增加，裂缝更容易被如骨料或未水化水泥等强度较大的区域改变走向，从而形成更为曲折的裂缝路径。当 l_c 不变时，增加 Var 也会导致裂缝路径更加波动。

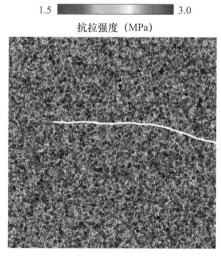

(a) l_c=3.125mm, Var=0.1MPa^2

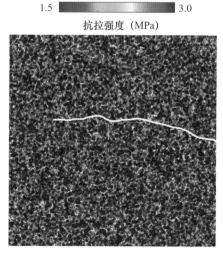

(b) l_c=3.125mm, Var=0.5MPa^2

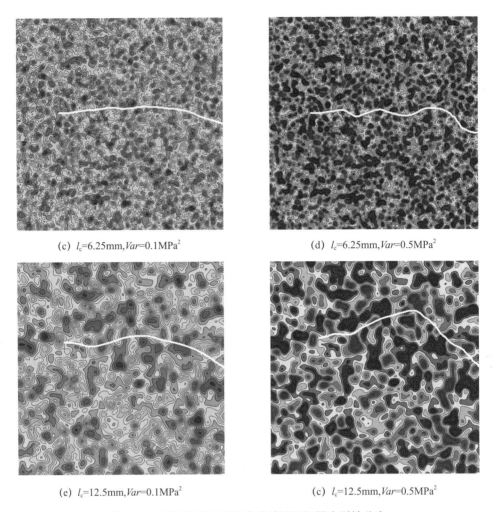

(c) l_c=6.25mm, Var=0.1MPa^2
(d) l_c=6.25mm, Var=0.5MPa^2
(e) l_c=12.5mm, Var=0.1MPa^2
(c) l_c=12.5mm, Var=0.5MPa^2

图 6.26 不同相关长度和方差的随机场样本裂缝分布

图 6.27 和图 6.28 分别展示了所有蒙特卡洛模拟样本的裂缝路径和载荷-位移曲线,并与实验数据[38]进行比较。每个分图均有 50 条裂缝或曲线,其中较大的 l_c 和 Var 对应随机性更强的结果,这也揭示了细观随机断裂模拟相对于传统均质模拟的优势[13,41],因为后者预测的裂缝路径相对较光滑,并且仅接近于实验包络曲线的下界限。然而,在图 6.27 (d) 中,当 l_c = 6.25mm 和 Var = 0.5MPa^2 时,一方面,随着异质性的增加,出现了一些实验中未观察到的位置较低的裂缝,主要是因为更强的异质性更容易形成最薄弱链,也增强了裂缝路径的随机性。另一方面,Du 等学者[39]采用确定性细观结构,通过提高动态应变率来等效地激发随机响应,也发现了类似的较低裂缝。这些结果表明混凝土结构的随机断裂模式取决于自身异质性和外部加载。此外,基于随机场的蒙特卡洛模拟反映了多样化的断裂响应,能够作为传统实验方法的有效补充。

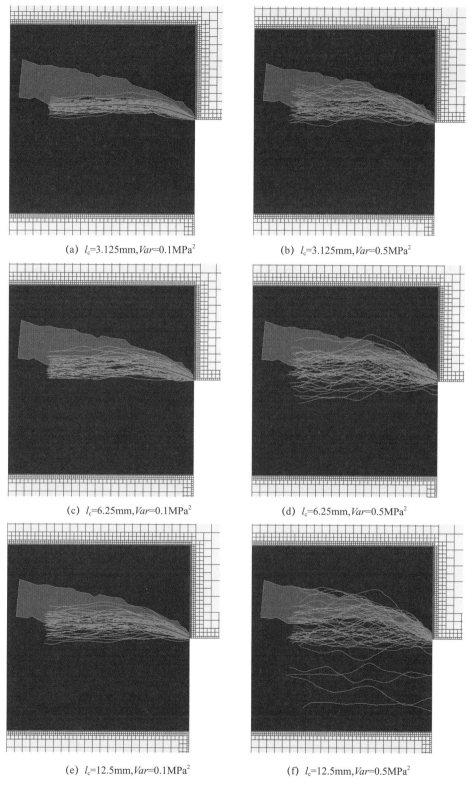

图 6.27　不同相关长度和方差的所有蒙特卡洛随机场样本裂缝分布
（平均裂缝路径用红色显示，实验数据[38]用黄色显示）

在图 6.28 中，模拟所得荷载-位移曲线存在一定离散性，特别是软化段，这反映细观随机异质性的影响。当 Var 较高时，峰前段、峰值载荷和软化段波动更明显，这也导致了较低的平均峰值载荷。随着 l_c 增加，峰值载荷的变异程度愈发明显。然而，与前述算例揭示的单调趋势不同，当 l_c 从 3.125mm 增为 6.25mm 时，平均峰值载荷减小，但当 l_c 达到 12.5mm 时，峰值载荷增加。这表明 l_c 对承载能力的影响取决于所模拟的混凝土结构类型。

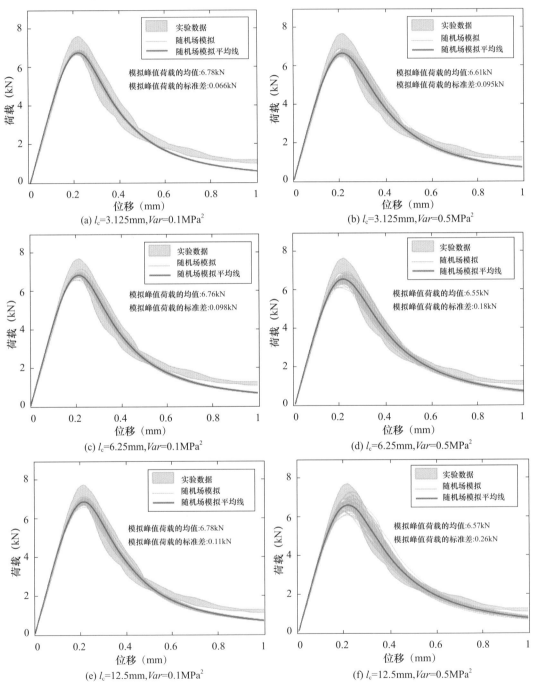

图 6.28　不同相关长度和方差的所有蒙特卡洛随机场样本荷载-位移曲线

（平均曲线用红色显示，实验数据[38]用淡蓝显示）

图 6.29 的结果显示在不同的相关长度和方差下，使用 50 个样本已足够使峰值荷载的变异系数（CoV）在统计上收敛。从图 6.30 中还可以观察到，峰值荷载的累积分布函数与高斯分布函数吻合较好，这表明峰值荷载的分布可以用高斯分布进行近似描述。

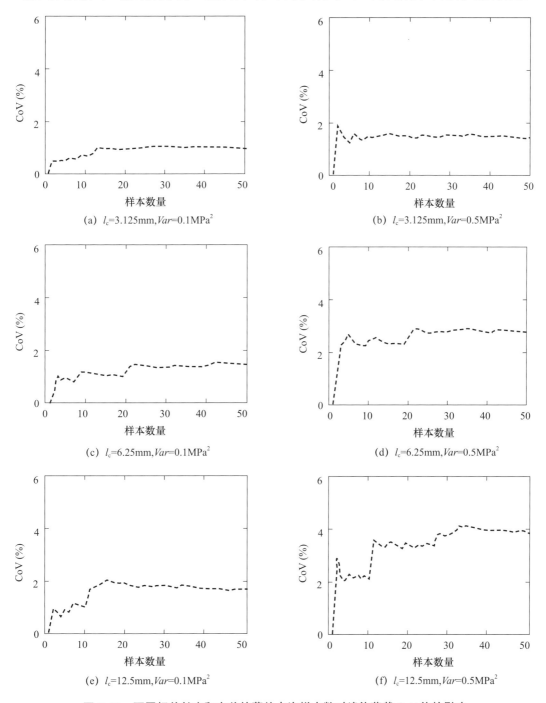

(a) l_c=3.125mm, Var=0.1MPa^2

(b) l_c=3.125mm, Var=0.5MPa^2

(c) l_c=6.25mm, Var=0.1MPa^2

(d) l_c=6.25mm, Var=0.5MPa^2

(e) l_c=12.5mm, Var=0.1MPa^2

(f) l_c=12.5mm, Var=0.5MPa^2

图 6.29 不同相关长度和方差的蒙特卡洛样本数对峰值荷载 CoV 值的影响

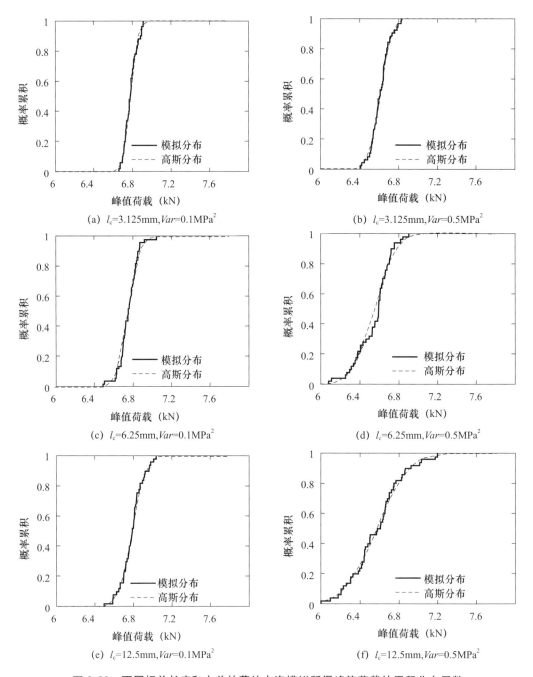

图 6.30 不同相关长度和方差的蒙特卡洛模拟所得峰值荷载的累积分布函数

图 6.31 展示了使用与图 6.25 相同网格但没有随机场的均质模型的模拟结果,图中只有一条模拟所得裂缝路径和荷载-位移曲线。这再次说明了采用随机场进行蒙特卡洛模拟的优点:能够包含比确定性研究中有限数据更全面的统计信息,因此能够更好地用于评估结构可靠性。

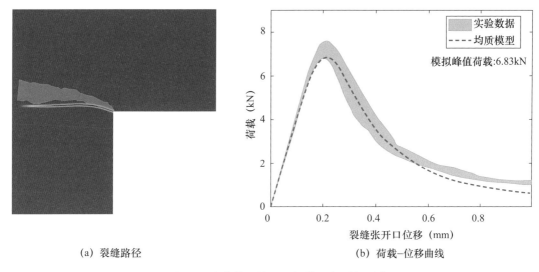

(a) 裂缝路径　　　　　　　　　　(b) 荷载-位移曲线

图 6.31　集中荷载下的 L 形板的混合型断裂模拟
（采用无随机场的均质模型并与实验数据[38]对比）

6.6　混凝土拉伸特性的尺寸效应统计分析

混凝土是一种广泛使用的工程材料，由微细观尺度上随机分布的骨料、砂浆、界面和初始孔洞组成，其内在异质性导致裂缝尖端前存在断裂过程区。该区域受到微细观尺度上的损伤起裂、界面脱黏、骨料阻裂、咬合或桥连作用以及裂缝面摩擦等因素的影响，使得混凝土类材料具有准脆性，在宏观上表现出峰后软化行为，伴随有应力重分布、能量耗散和应变/损伤局部化等微细观特征。断裂过程区的尺寸通常与结构尺寸相比不可忽略，这使得经典的线弹性断裂力学（适用于大体积结构）难以应用，也凸显了传统均质模型的局限性和细观研究的必要性。随着结构尺寸的增加，脆性增加而名义强度下降，即所谓的结构尺寸效应，同时也存在不同特征之间的过渡状态[42,43]。通常将实验室小尺度上测得的材料断裂性能用于结构设计，因此深入开展尺寸效应研究具有十分重要的理论意义和工程实践价值。

目前主要有三种经典尺寸效应理论或定律：基于随机强度的 Weibull 统计理论[44]、基于断裂能释放的 Bažant 确定性尺寸效应律[45-47]和考虑裂缝分形特征的 Carpinteri 尺寸效应理论[48]。众所周知，混凝土的细观多相组分在应力分布、裂缝形成和扩展、能量释放以及最终破坏模式中起着关键作用，这也与尺寸效应密切相关。然而，尺寸效应与固有异质性之间的关联尚不明确，该问题对传统实验来说具有很大的难度，但可以通过越来越有效的混凝土细观模拟进行探究，例如 Man 等[42]、Van Mier 和 Van Vliet[49]以及 Grassl 等[50]使用离散格构模型研究了准脆性材料的尺寸效应；Karihaloo 等[51]和 Duan 等[52]采用虚拟裂缝模型、Rangari 等[53]使用离散元法分别研究了混凝土尺寸效应；Jin 等[54,55]采用连续损伤塑性模型研究了混凝土动态拉伸和压缩条件下的尺寸效应。

和 5.5 节线弹性均匀化研究类似，混凝土拉伸特性的尺寸效应也涉及代表性体积单元（representative volume element，RVE）的讨论，只有当非均质材料样本的尺寸大于 RVE 临界值时，该样本才能被认为在统计上是均匀的[56-58]。因此，为确定 RVE 临界尺寸，一方面需要进行含大量随机样本的蒙特卡洛模拟，获得如弹性模量和强度的统计结果来评估尺寸效应和结构可靠性。值得注意的是，目前关于混凝土细观材料和结构参数对损伤断裂行为和尺寸效应影响的统计规律研究还十分不足，同时混凝土细观显式建模仍然具有很大的挑战性[59,60]，这主要由于复杂的细观结构建模和网格生成有一定的困难，并且大量样本的非线性损伤断裂求解计算成本较大。考虑到前文所述采用随机场进行细观模拟具有的优势，特别是其能够避免在蒙特卡洛模拟和统计分析中生成大量的复杂细观结构，本节在随机场模型和相场黏结裂缝模型的基础上，进一步研究混凝土单轴拉伸的尺寸效应统计规律。另一个重要的方面是，混凝土名义强度的尺寸效应通常利用三点弯曲下的带缺口梁进行分析[51,61-63]。然而这可能会引起误解，即尺寸效应分析需采用带预制缺口的结构构件。事实上，对于带缺口和不带缺口的结构构件，均可基于能量释放和应变/应力梯度进行断裂过程的尺寸效应研究[47]。因此，本节对不含缺口试件开展位移加载控制的单轴拉伸数值实验，与 Wang 等[64]建议一致，从而避免在初始阶段就引入局部应力集中，同时也允许研究弥散分布的微裂缝及其局部化为宏观裂缝的过程，而不仅限于预设开裂区域。

本节主要考虑随机场表征的材料异质性所引起的非线性断裂的确定性尺寸效应，通过蒙特卡洛模拟对宏观拉伸强度进行统计分析，重点研究试件尺寸和随机场参数（相关长度和方差）的影响。

6.6.1 尺寸和随机场参数的影响

选取五种不同尺寸的方形试件进行模拟，即 $D=25$mm、37.5mm、50mm、62.5mm、100mm，向试件映射抗拉强度随机场。在保持平均抗拉强度 3.5MPa 和断裂能 0.15N/mm^2 的前提下，对随机场相关长度 l_c 和方差 Var 进行组合选取，即根据 Hirsch[35]给出的骨料粒径范围有 $l_c=3.125$mm、6.25mm、12.5mm 以及 $Var=0.1$MPa^2、0.5MPa^2 和 1.5MPa$^{2[3]}$。作为示例，图 6.32 显示了不同尺寸的随机场模型样本（$D=25$mm、37.5mm、50mm、62.5mm、100mm），其中 $l_c=6.25$mm，相同尺寸的样本具有相同的 Weibull 分布，但具有不同的方差 $Var=0.1$MPa^2、0.5MPa^2、1.5MPa^2。深蓝色区域表示低抗拉强度（例如缺陷、孔洞、弱夹杂等），而深红色区域表示高抗拉强度（例如粗骨料）。对于不同模型尺寸，随机场的网点数为 $N=64$、96、128、160、256，相关尺度参数汇总于表 6.5。采用 FEM 进行网格划分，单元平均尺寸为 $h=D/N=0.39$mm，相场长度尺度参数为 $b=5h$。

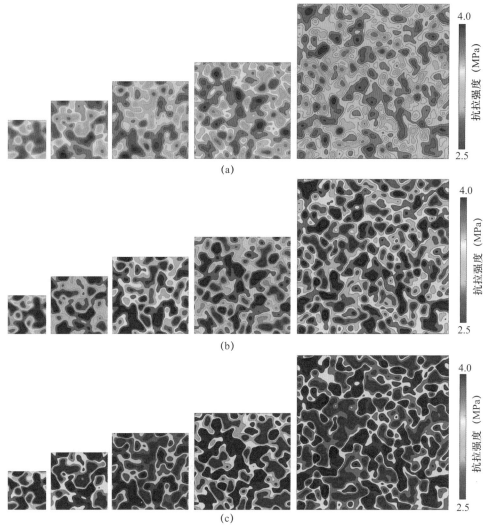

图 6.32 不同尺寸的随机场模型样本（从左到右为 D =25、37.5、50、62.5、100mm；
从上到下为 $Var=$ (a) 0.1MPa^2、(b) 0.5MPa^2、(c) 1.5MPa^2）

表 6.5 不同试件尺寸 D=25mm、37.5mm、50mm、62.5mm、100mm 和
相关长度 l_c=3.125mm、6.25mm、12.5mm 对应的随机场尺度参数

试件尺寸 D (mm)	25	37.5	50	62.5	100
l_c (mm)			3.125		
N	64	96	128	160	256
d_c	8	8	8	8	8
l_c (mm)			6.25		
N	64	96	128	160	256
d_c	16	16	16	16	16
l_c (mm)			12.5		
N	64	96	128	160	256
d_c	32	32	32	32	32

总共进行了 $5\times3\times3\times100=4500$ 次单轴拉伸模拟,加载条件和求解设置同前述章节,计算结果用于尺寸效应统计分析。对应于图6.32,图6.33比较了不同尺寸 $D=$ 25mm、37.5mm、50mm、62.5mm 和 100mm 的最终裂缝形态,其中 $l_c=6.25$mm,相同尺寸的样本具有相同的 Weibull 分布,但具有不同的方差 $Var=0.1$MPa^2、0.5MPa^2、1.5MPa^2。由图可见,裂缝倾向于绕过抗拉强度较大的区域而向较弱区域扩展,较大的 Var 导致更加曲折的路径和更多的微裂缝,该规律与尺寸无关,只是最小尺寸的样本(25mm)由于裂缝偏转的可选择区域有限,呈现出相近的裂缝形态。

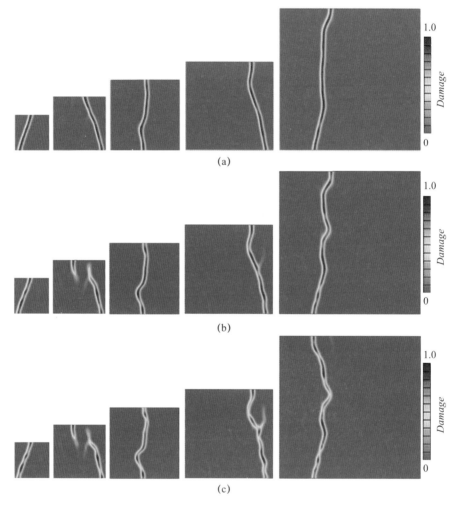

图 6.33 不同尺寸的随机场模型样本最终裂缝分布(对照图6.33,$l_c=6.25$mm)

注:从左到右为 $D=25$mm、37.5mm、50mm、62.5mm、100mm;

从上到下为 $Var=$(a)0.1MPa^2、(b)0.5MPa^2、(c)1.5MPa^2。

表6.6～表6.8总结了蒙特卡洛模拟得到的抗拉强度的均值、标准差 SD 和变异系数 CoV。对于给定的随机场相关长度 l_c,随着试件尺寸的增加,不同随机场方差 Var 的拉伸强度的标准差 SD 和变异系数 CoV 均减小,表明更大的试件具有更稳定和均匀的响应。

表 6.6　$l_c=3.125\text{mm}$ 的抗拉强度蒙特卡洛模拟结果（$Var=0.1\text{MPa}^2$，0.5MPa^2 和 1.5MPa^2）

试件尺寸 D（mm）	25	37.5	50	62.5	100
Var			0.1MPa^2		
Mean（MPa）	3.36	3.33	3.31	3.29	3.27
SD（MPa）	0.027	0.025	0.022	0.021	0.015
CoV	0.80%	0.75%	0.66%	0.64%	0.46%
Var			0.5MPa^2		
Mean（MPa）	3.12	3.06	3.02	3.00	2.97
SD（MPa）	0.056	0.052	0.043	0.041	0.030
CoV	1.79%	1.70%	1.42%	1.37%	1.01%
Var			1.5MPa^2		
Mean（MPa）	2.77	2.68	2.61	2.59	2.56
SD（MPa）	0.087	0.080	0.066	0.062	0.047
CoV	3.14%	2.99%	2.53%	2.39%	1.83%

表 6.7　$l_c=6.25\text{mm}$ 的抗拉强度蒙特卡洛模拟结果（$Var=0.1\text{MPa}^2$，0.5MPa^2 和 1.5MPa^2）

试件尺寸 D（mm）	25	37.5	50	62.5	100
Var			0.1MPa^2		
Mean（MPa）	3.37	3.33	3.29	3.27	3.24
SD（MPa）	0.050	0.039	0.035	0.032	0.024
CoV	1.48%	1.17%	1.06%	0.98%	0.74%
Var			0.5MPa^2		
Mean（MPa）	3.17	3.08	3.01	2.97	2.92
SD（MPa）	0.110	0.079	0.070	0.067	0.049
CoV	3.47%	2.56%	2.33%	2.26%	1.68%
Var			1.5MPa^2		
Mean（MPa）	2.87	2.73	2.63	2.56	2.49
SD（MPa）	0.160	0.120	0.110	0.099	0.073
CoV	5.57%	4.40%	4.18%	3.87%	2.93%

表 6.8　$l_c=12.5\text{mm}$ 的抗拉强度蒙特卡洛模拟结果（$Var=0.1\text{MPa}^2$，0.5MPa^2 和 1.5MPa^2）

试件尺寸 D（mm）	25	37.5	50	62.5	100
Var			0.1MPa^2		
Mean（MPa）	3.49	3.39	3.34	3.29	3.23
SD（MPa）	0.054	0.052	0.051	0.043	0.033
CoV	1.55%	1.53%	1.53%	1.31%	1.02%
Var			0.5MPa^2		
Mean（MPa）	3.44	3.22	3.12	3.03	2.92
SD（MPa）	0.120	0.107	0.103	0.090	0.066
CoV	3.49%	3.33%	3.33%	2.97%	2.26%

续表

试件尺寸 D (mm)	25	37.5	50	62.5	100
Var	1.5MPa^2				
Mean (MPa)	3.32	2.97	2.81	2.67	2.52
SD (MPa)	0.212	0.169	0.160	0.137	0.092
CoV	6.39%	5.69%	5.69%	5.09%	3.61%

图 6.34 中的左列绘制了不同 l_c 的试件抗拉强度均值与标准差随试件尺寸和 Var 的变化情况。对于所有的相关长度，随着试件尺寸增大，抗拉强度均值逐渐减小，并且递减速率随着 l_c 增大而增大。同时，对于给定的试件尺寸，较大的 l_c 或较高的 Var 均会导致较高的 SD 和 CoV，表明这两个随机场参数增大均可引起混凝土异质性增强。

为确定 RVE 临界尺寸，图 6.34 中的右列给出了不同 l_c 的试件抗拉强度 CoV 随试件尺寸和 Var 的变化情况。当 $l_c=3.125$mm（小骨料）且 $Var=0.1$MPa^2（弱异质性）时，随着试件尺寸的增大，变异系数趋于稳定水平，RVE 临界尺寸大约为 50～62.5mm。这与 5.5.3 节均匀化弹性参数结果一致。同时，随着 Var 的增加，即更高异质性的情况下，CoV 的稳定趋势被延迟。然而，当 l_c 增加到 6.25mm 和 12.5mm 时，在达到最大试件尺寸 100mm 时均未有明确的 CoV 稳定段出现，见图 6.34（b）和（c），表明这种情况下抗拉强度的 RVE 临界尺寸不易确定。对比 5.5.3 和文献 [65] 的结果，发现抗拉强度的 RVE 临界尺寸比均匀化弹性参数的更大，这需要采用更大范围的试件尺寸来作进一步研究，从而匹配更大 l_c（即大骨料）的情况。

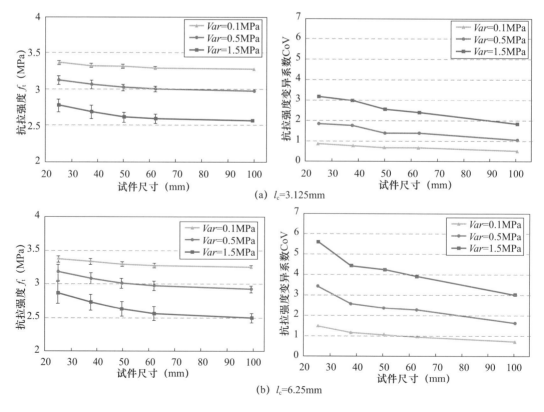

(a) $l_c=3.125$mm

(b) $l_c=6.25$mm

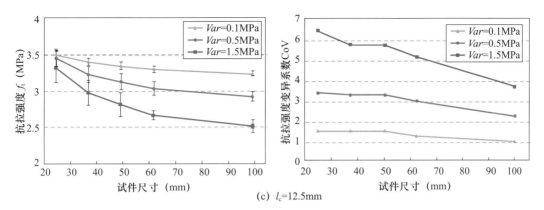

(c) $l_c=12.5$mm

图6.34 不同随机场相关长度和方差的试件抗拉强度均值和变异系数（CoV）随尺寸的变化

图 6.35 进一步比较了不同试件尺寸、l_c 和 Var 的平均应力-应变全曲线。由图可见（亦对照表 6.6～表 6.8），抗拉强度随着试件尺寸增加而单调递减，随着 Var 的增加而降低，这在较大尺寸的试件中更为明显，表明具有相同 Var 的较大混凝土试件包含更多缺陷，因此结构性能退化更严重。而 l_c 增加（即骨料变大）会导致小尺寸试件（$D \leqslant 37.5$mm）强度单调增加。此外，可以看到峰后软化段随着尺寸的增加而变陡，表明大尺寸试件更容易发生脆性破坏，这与实验结果一致[46]。随着 Var 的增加和试件尺寸的减小，峰前非线性段变得更为明显，这有助于解释抗拉强度的 RVE 临界尺寸比均匀化弹性参数的更大[56]。

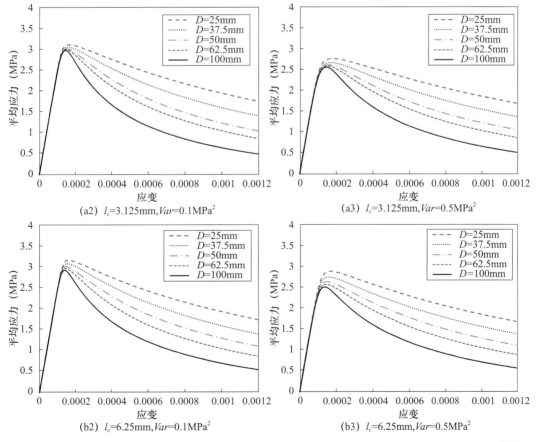

(a2) $l_c=3.125$mm,$Var=0.1$MPa^2

(a3) $l_c=3.125$mm,$Var=0.5$MPa^2

(b2) $l_c=6.25$mm,$Var=0.1$MPa^2

(b3) $l_c=6.25$mm,$Var=0.5$MPa^2

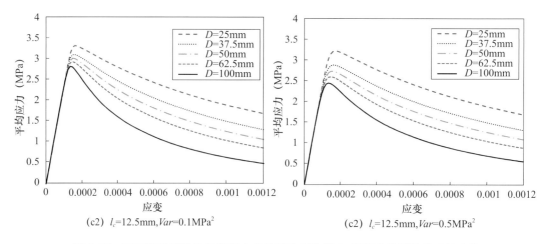

图 6.35 不同随机场相关长度和方差的试件平均应力-应变全曲线随尺寸的变化

6.6.2 考虑随机场参数的尺寸效应律

单轴拉伸断裂过程中,在试件达到峰值荷载之前,会在多个局部区域形成较稳定的断裂过程区,因此 Weibull 最薄弱环理论的串联链模型不再适用;同时,对所模拟的断裂过程,内在能量释放引发的应力重分布效应[47]也比 Weibull 尺寸效应统计理论更为合适。此外,本章采用的基于非局部理论的相场黏结裂缝模型考虑了材料特征长度,这在 Weibull 理论中也是被忽略的。因此,模拟结果将与 Bažant 尺寸效应律[47]进行比较,具有如下表达式

$$f_t = \frac{Bf'_t}{\sqrt{1+\dfrac{D}{D_0}}} \tag{6.23}$$

式中,f_t 为混凝土名义强度;D 为试件尺寸,B 和 D_0 是对强度数据进行曲线拟合获得的在尺寸范围内的经验参数;f'_t 对应最小尺寸试件。式(6.23)一般也可写为

$$\log\left(\frac{f_t}{Bf'_t}\right) = \log\left(1+\frac{D}{D_0}\right)^m \tag{6.24}$$

其中,系数 m 在 Bažant 尺寸效应律中取 -0.5,因此,式(6.24)可进一步变换为

$$\left(\frac{f'_t}{f_t}\right)^2 = \frac{1}{D_0 B^2} \cdot D + \frac{1}{B} \tag{6.25}$$

将表 6.6~表 6.8 所列数据按式(6.25)使用最小二乘法拟合,获得表 6.9 中的回归参数 B 和 D_0,相关系数 R^2 均大于 0.91。

表 6.9 对不同随机场相关长度和方差得到的回归参数 B 和 D_0

l_c (mm)	3.125	6.25	12.5
Var (MPa^2)		0.1	
D_0 (mm)	1414.6	896.1	463.4
B	1.005	1.007	1.014

续表

l_c (mm)	3.125	6.25	12.5
Var (MPa^2)		0.5	
D_0 (mm)	760.0	423.0	191.8
B	1.006	1.014	1.031
Var (MPa^2)		1.5	
D_0 (mm)	469.9	225.0	107.6
B	1.007	1.029	1.078

由表 6.9 可知，B 基本保持不变，而 D_0 随着 l_c 和 Var 的增加而减小。进而利用两个回归参数，绘制双对数图，横纵坐标分别为 $\log(f_t/Bf'_t)$ 和 $\log(D/D_0)$，见图 6.36。作为比较，还绘制了反映脆性材料线弹性断裂力学（LEFM）的直线（虚线表示）和无尺寸效应塑性材料的强度基准线（点划线表示），图中曲线表示 Bažant 尺寸效应曲线，即式（6.25）。

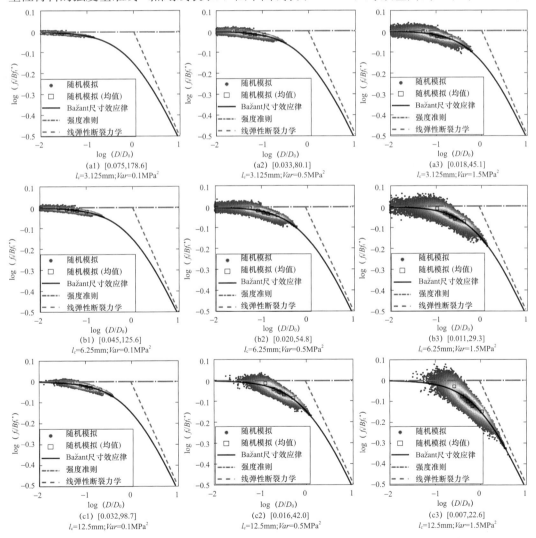

图 6.36 不同随机场相关长度和方差的尺寸效应律（红色为概率密度估计最高值）

图 6.36 给出了各试件尺寸以及不同 l_c 和 Var 情况下拟合得到的 $\log(f_t/Bf'_t)$ 和 $\log(D/D_0)$ 的散点,结果表明,当 l_c 或 Var 较大时(即更强的异质性),散点的分散程度更大,同时也给出了每幅图散点颜色代表的概率密度区间。由图可见,概率密度估计(probability density estimation,PDE)最大的区域(红色)以及方框表示的均值,同 Bažant 尺寸效应曲线吻合较好。当试件尺寸、l_c 或 Var 增加时,预测数据趋近于具有 $-1/2$ 斜率的 LEFM 下降线,表明抗拉强度的尺寸效应变得显著;当试件尺寸、l_c 或 Var 减小时,预测数据趋向于水平强度基准线,表明尺寸效应逐渐消失。换而言之,基于随机场的蒙特卡洛模拟结果能够很好地捕捉到 Bažant 尺寸效应曲线发展趋势:对于小尺寸结构,曲线趋于水平渐近线;对于非常大尺寸结构,曲线趋于 LEFM 渐近线。此外,蓝色散点图表示 PDE 较低,并且有一部分散点超过了水平渐近线,这在数值和实验研究中也有类似报道[46,54]。因此,基于随机场的蒙特卡洛模拟所揭示的尺寸效应包含了更全面的统计信息,对于基于可靠度的结构设计比单一曲线或确定性研究能够提供的有限数据更有意义。

另外,图 6.37 将 b3 工况($l_c = 6.25\text{mm}$ 和 $Var = 1.5\text{MPa}^2$)与单轴拉伸实验数据[66]进行比较,该实验的最大骨料粒径为 8.0mm。由图可见,模拟结果很好地覆盖了实验数据,并揭示了基于随机场的蒙特卡洛模拟能够为少量实验数据的有限统计信息提供有效补充。

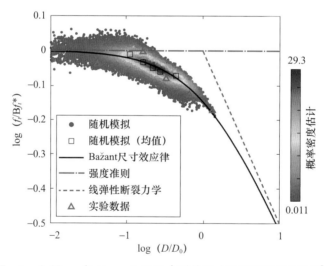

图 6.37 $l_c = 6.25\text{mm}$ 和 $Var = 1.5\text{MPa}^2$ 时的尺寸效应律与实验数据[66]比较

根据上述分析,可以通过数据回归得到考虑随机场参数的尺寸效应律

$$f_t = \frac{\overline{f} \cdot (0.01 \cdot l_c - 0.1 \cdot Var^{0.86} + 0.92)}{\sqrt{1 + \dfrac{D}{D_0(l_c, Var)}}} \quad \text{对于 } D \geqslant 25\text{mm} \quad [6.26(a)]$$

$$D_0(l_c, Var) = 1350 \cdot l_c^{-0.81} \cdot Var^{-0.43} \quad [6.26(b)]$$

式(6.26)表明了抗拉强度 f_t 与试件尺寸 D、随机场参数(l_c 和 Var)之间的函数关系,其中 $\overline{f}$ 是随机场的特征抗拉强度(即所采用随机场平均强度 3.5MPa)。式(6.26)代表的尺寸效应律可直观显示为如图 6.38 所示的特征曲面。

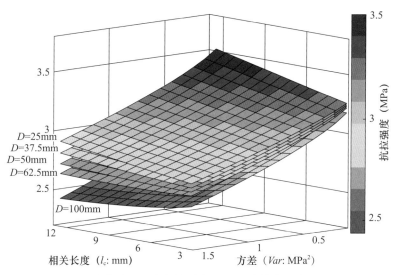

图 6.38　考虑随机场参数的抗拉强度尺寸效应律的特征曲面

6.7　本章小结

本章结合了随机场和损伤相场，模拟了复杂裂缝在混凝土细观异质结构中的演化：首先，采用四叉树分解算法进行网格划分，提出了 SBFEM-FEM 耦合的多尺度模拟方法，针对混凝土典型构件的断裂问题开展了大量样本的蒙特卡洛模拟；其次，开展了混凝土拉伸特性的尺寸效应统计分析。围绕随机场长度和方差这两个关键参数在裂缝形态和荷载-位移曲线的影响等方面进行了详细讨论，结果表明随机场能够有效模拟细观异质性导致的构件力学响应离散性。大量样本蒙特卡洛模拟的预测结果，相比确定性实验和均质模拟提供的少量数据，可以提供更为丰富和有价值的统计信息，对于可靠性设计更为重要。

结果表明，当随机场相关长度或方差增加时，细观结构异质性增强，抗拉强度的尺寸效应变得更为显著。峰前非线性段随着方差的增加更加明显。相比于第 5 章均匀化弹性参数在 RVE 临界尺寸达到 62.5mm 时就能收敛（4.5 倍骨料粒径），当随机场相关长度为 6.25mm 和 12.5mm 时，抗拉强度即使在最大试件中（尺寸 100mm 时）也未收敛（不小于 8 倍骨料粒径），表明以拉伸强度为研究对象的混凝土试件 RVE 临界尺寸更难得到明确的数值。另外，当试件尺寸、相关长度或方差增加时，预测数据逼近斜率为 $-1/2$ 的 LEFM 下降线，表明拉伸强度的尺寸效应增加；当试件尺寸、相关长度或方差减小时，预测数据趋向于水平强度基准线，表明尺寸效应逐渐消失。对于更强的细观异质性，预测数据更为分散，模拟结果能为 Bažant 确定性尺寸效应律提供统计方面的补充。

参考文献

[1] BAXTER S C, HOSSAIN M I, GRAHAM L L. Micromechanics based random material property fields for particulate reinforced composites [J]. International journal of solids and structures, 2001, 38 (50-51): 9209-9220.

[2] YANG Z J, XU X F. A heterogeneous cohesive model for quasi-brittle materials considering spatially varying random fracture properties [J]. Computer methods in applied mechanics and engineering, 2008, 197 (45-48): 4027-4039.

[3] YANG Z J, SU X T, CHEN J F, et al. Monte Carlo simulation of complex cohesive fracture in random heterogeneous quasi-brittle materials [J]. International journal of solids and structures, 2009, 46 (17): 3222-3234.

[4] GORGOGIANNI A, ELIÁŠ J, LE J L. Mesh objective stochastic simulations of quasibrittle fracture [J]. Journal of the mechanics and physics of solids, 2022, 159: 104745.

[5] HAI L, LI J. Modeling tensile damage and fracture of quasi-brittle materials using stochastic phase-field model [J]. Theoretical and applied fracture mechanics, 2022, 118: 103283.

[6] HUANG Y J, ZHANG H, LI B B, et al. Generation of high-fidelity random fields from micro CT images and phase field-based mesoscale fracture modelling of concrete [J]. Engineering fracture mechanics, 2021, 249: 107762.

[7] ELIÁŠ J, VOŘECHOVSKÝ M. Fracture in random quasibrittle media: I. Discrete mesoscale simulations of load capacity and fracture process zone [J]. Engineering fracture mechanics, 2020, 235: 107160.

[8] WU J Y. A unified phase-field theory for the mechanics of damage and quasi-brittle failure [J]. Journal of the mechanics and physics of solids, 2017, 103: 72-99.

[9] 吴建营. 固体结构损伤破坏统一相场理论、算法和应用 [J]. 力学学报, 2021, 53 (2): 301-329.

[10] WU J Y, HUANG Y L, NGUYEN V P, et al. Crack nucleation and propagation in the phase-field cohesive zone model with application to Hertzian indentation fracture [J]. International journal of solids and structures, 2022, 241: 111462.

[11] FENG D C, WU J Y. Phase-field regularized cohesive zone model (CZM) and size effect of concrete [J]. Engineering fracture mechanics, 2018, 197: 66-79.

[12] NGUYEN V P, WU J Y. Modeling dynamic fracture of solids with a phase-field regularized cohesive zone model [J]. Computer methods in applied mechanics and engineering, 2018, 340: 1000-1022.

[13] WU J Y. A geometrically regularized gradient-damage model with energetic equivalence [J]. Computer methods in applied mechanics and engineering, 2018, 328: 612-637.

[14] WU J Y, NGUYEN V P. A length scale insensitive phase-field damage model for brittle fracture [J]. Journal of the mechanics and physics of solids, 2018, 119: 20-42.

[15] ZHANG P, TAN S T, HU X F, et al. A double-phase field model for multiple failures in composites [J]. Composite structures, 2022, 293: 115730.

[16] HAI L, WRIGGERS P, HUANG Y J, et al. Dynamic fracture investigation of concrete by a rate-dependent explicit phase field model integrating viscoelasticity and micro-viscosity [J]. Computer methods in applied mechanics and engineering, 2024, 418: 116540.

[17] 李兆霞. 大型土木结构多尺度损伤预后的现状、研究思路与前景 [J]. 东南大学学报, 2013, 43 (5): 1111-1121.

[18] ZIAEI-RAD V, SHEN Y X. Massive parallelization of the phase field formulation for crack propagation with time adaptivity [J]. Computer methods in applied mechanics and engineering, 2016, 312: 224-253.

[19] SUN B, WANG X, LI Z X. Meso-scale image-based modeling of reinforced concrete and adaptive multi-scale analyses on damage evolution in concrete structures [J]. Computational materials science, 2015, 110: 39-53.

[20] 徐磊, 崔姗姗, 姜磊, 等. 基于双重网格的混凝土自适应宏细观协同有限元分析方法 [J]. 工程力学, 2022, 39 (4): 197-208.

[21] XU L, JIANG L, SHEN L, et al. Adaptive hierarchical multiscale modeling for concrete trans-scale damage evolution [J]. International journal of mechanical sciences, 2023, 241: 107955.

[22] SHINOZUKA M, JAN C M. Digital simulation of random processes and its applications [J]. Journal of sound and vibration, 1972, 25 (1): 111-128.

[23] YANG J N. Simulation of random envelope processes [J]. Journal of sound and vibration, 1972, 21 (1): 73-85.

[24] XU X F, GRAHAM-BRADY L. A stochastic computational method for evaluation of global and local behavior of random elastic media [J]. Computer methods in applied mechanics and engineering, 2005, 194 (42-44): 4362-4385.

[25] XU X F. Morphological and multiscale modeling of stochastic complex materials [D]. The Johns Hopkins University, 2006. Ph. D.

[26] BAŽANT Z P, PANG S D, VOŘECHOVSKÝ M, et al. Energetic-statistical size effect simulated by SFEM with stratified sampling and crack band model [J]. International journal for numerical methods in engineering, 2007, 71 (11): 1297-1320.

[27] WU J Y, CERVERA M. A novel positive/negative projection in energy norm for

the damage modeling of quasi-brittle solids [J]. International journal of solids and structures, 2018, 139: 250-269.

[28] MIEHE C, WELSCHINGER F, HOFACKER M. Thermodynamically consistent phase-field models of fracture: Variational principles and multi-field FE implementations [J]. International journal for numerical methods in engineering, 2010, 83 (10): 1273-1311.

[29] AMOR H, MARIGO J J, MAURINI C. Regularized formulation of the variational brittle fracture with unilateral contact: Numerical experiments [J]. Journal of the mechanics and physics of solids, 2009, 57 (8): 1209-1229.

[30] CORNELISSEN H, HORDIJK D, REINHARDT H. Experimental determination of crack softening characteristics of normalweight and lightweight concrete [J]. Heron, 1986, 31 (2): 45-46.

[31] WU J Y, HUANG Y L. Comprehensive implementations of phase-field damage models in Abaqus [J]. Theoretical and applied fracture mechanics, 2020, 106: 102440.

[32] FINKEL R A, BENTLEY J L. Quad trees a data structure for retrieval on composite keys [J]. Acta Informatica, 1974, 4 (1): 1-9.

[33] LI S, CUI X Y. N-sided polygonal smoothed finite element method (nSFEM) with non-matching meshes and their applications for brittle fracture problems [J]. Computer methods in applied mechanics and engineering, 2020, 359: 112672.

[34] 魏新江, 任梦博, 冯鹏, 等. 纤维混凝土断裂性能的研究现状及展望 [J]. 工业建筑, 2022, 52 (02): 1-9.

[35] HIRSCH T J. Modulus of elasticity iof concrete affected by elastic moduli of cement paste matrix and aggregate [J]. Journal proceedings, 1962, 59 (3): 427-452.

[36] GRÉGOIRE D, ROJAS-SOLANO L B, PIJAUDIER-CABOT G. Failure and size effect for notched and unnotched concrete beams [J]. International journal for numerical and analytical methods in geomechanics, 2013, 37 (10): 1434-1452.

[37] GÁLVEZ J C, ELICES M, GUINEA G V, et al. Mixed mode fracture of concrete under proportional and nonproportional loading [J]. International journal of fracture, 1998, 94 (3): 267-284.

[38] WINKLER B, HOFSTETTER G, NIEDERWANGER G. Experimental verification of a constitutive model for concrete cracking. Proceedings of the Institution of Mechanical Engineers, Part L: Journal of Materials [J]: Design and applications, 2001, 215 (2): 75-86.

[39] DU X L, JIN L, MA G W. Numerical simulation of dynamic tensile-failure of concrete at meso-scale [J]. International journal of impact engineering, 2014, 66: 5-17.

[40] RODRIGUES E A, MANZOLI O L, BITENCOURT JR L A G, et al. An adaptive concurrent multiscale model for concrete based on coupling finite elements [J]. Com-

puter methods in applied mechanics and engineering, 2018, 328: 26-46.

[41] YANG D, HE X Q, LIU X F, et al. A peridynamics-based cohesive zone model (PD-CZM) for predicting cohesive crack propagation [J]. International journal of mechanical sciences, 2020: 105830.

[42] MAN H K, VAN MIER J G M. Damage distribution and size effect in numerical concrete from lattice analyses [J]. Cement and concrete composites, 2011, 33 (9): 867-880.

[43] DU X L, JIN L. Size effect in concrete materials and structures [M]. Beijing, China: Science Press, 2021.

[44] WEIBULL W. Wide applicability [J]. Journal of applied mechanics, 1951, 103 (730): 293-297.

[45] BAŽANT Z P. Scaling of quasibrittle fracture: asymptotic analysis [J]. International journal of fracture, 1997, 83 (1): 19.

[46] BAŽANT Z P, PLANAS J. Fracture and size effect in concrete and other quasibrittle materials [M]. CRC press, 1997.

[47] BAŽANT Z P. Size effect [J]. International journal of solids and structures, 2000, 37 (1-2): 69-80.

[48] CARPINTERI A. Multifractral scaling law for the nominal strength variation of concrete structures [J]. Size effect in concrete structures, 1994: 193-206.

[49] VAN MIER J G M, VAN VLIET M R A. Influence of microstructure of concrete on size/scale effects in tensile fracture [J]. Engineering fracture mechanics, 2003, 70 (16): 2281-2306.

[50] GRASSL P, GRÉGOIRE D, SOLANO L R, et al. Meso-scale modelling of the size effect on the fracture process zone of concrete [J]. International journal of solids and structures, 2012, 49 (13): 1818-1827.

[51] KARIHALOO B L, ABDALLA H M, XIAO Q Z. Deterministic size effect in the strength of cracked concrete structures [J]. Cement and concrete research, 2006, 36 (1): 171-188.

[52] DUAN K, HU X, WITTMANN F H. Size effect on specific fracture energy of concrete [J]. Engineering fracture mechanics, 2007, 74 (1-2): 87-96.

[53] RANGARI S, MURALI K, DEB A. Effect of meso-structure on strength and size effect in concrete under compression [J]. Engineering fracture mechanics, 2018, 195: 162-185.

[54] JIN L, YU W X, DU X, et al. Dynamic size effect of concrete under tension: A numerical study [J]. International journal of impact engineering, 2019, 132: 103318.

[55] JIN L, YU W X, DU X L, et al. Meso-scale modelling of the size effect on dynamic compressive failure of concrete under different strain rates [J]. Interna-

tional journal of impact engineering, 2019, 125: 1-12.

[56] GITMAN I M, ASKES H, SLUYS L J. Representative volume: existence and size determination [J]. Engineering fracture mechanics, 2007, 74 (16): 2518-2534.

[57] NGUYEN V P, LLOBERAS-VALLS O, STROEVEN M, et al. On the existence of representative volumes for softening quasi-brittle materials-a failure zone averaging scheme [J]. Computer methods in applied mechanics and engineering, 2010, 199 (45-48): 3028-3038.

[58] OLIVER J, CAICEDO M, HUESPE A E, et al. Reduced order modeling strategies for computational multiscale fracture [J]. Computer methods in applied mechanics and engineering, 2017, 313: 560-595.

[59] KANIT T, FOREST S, GALLIET I, et al. Determination of the size of the representative volume element for random composites: statistical and numerical approach [J]. International journal of solids and structures, 2003, 40 (13-14): 3647-3679.

[60] GITMAN I M, GITMAN M B, ASKES H. Quantification of stochastically stable representative volumes for random heterogeneous materials [J]. Archive of applied mechanics, 2006, 75 (2-3): 79-92.

[61] BOCCA P, CARPINTERI A, VALENTE S. Size effects in the mixed mode crack propagation: softening and snap-back analysis [J]. Engineering fracture mechanics, 1990, 35 (1-3): 159-170.

[62] PLANAS J, GUINEA G V, ELICES M. Generalized size effect equation for quasibrittle materials [J]. Fatigue & Fracture of Engineering Materials & Structures, 1997, 20 (5): 671-687.

[63] BAŽANT Z P, YU Q. Size effect in fracture of concrete specimens and structures: new problems and progress [J]. Acta Polytechnica, 2004, 44 (5-6).

[64] WANG X F, YANG Z J, YATES J R, et al. Monte Carlo simulations of mesoscale fracture modelling of concrete with random aggregates and pores [J]. Construction and building materials, 2015, 75: 35-45.

[65] WANG Z M, HUANG Y J, YANG Z J, et al. Efficient meso-scale homogenisation and statistical size effect analysis of concrete modelled by scaled boundary finite element polygons [J]. Construction and building materials, 2017, 151: 449-463.

[66] VAN VLIET M R A, VAN MIER J G M. Experimental investigation of size effect in concrete and sandstone under uniaxial tension [J]. Engineering fracture mechanics, 2000, 65 (2-3): 165-188.